TEMES CLAU 14

CÀLCUL
D'UNA VARIABLE

M. Carme Leseduarte Milán
M. Dolors Llongueras Arola
Antoni Magaña Nieto

UPC Edicions UPC
UNIVERSITAT POLITÈCNICA DE CATALUNYA

Aquesta obra compta amb el suport de la Generalitat de Catalunya

En col·laboració amb el Servei de Llengües i Terminologia de la UPC

Disseny de la coberta: Ernest Castelltort
Disseny de col·lecció: Tono Cristòfol
Maquetació: Mercè Aicart

Primera edició: març de 2009
Reimpressió: agost de 2009

©   Els autors, 2009

©   Edicions UPC, 2009
       Edicions de la Universitat Politècnica de Catalunya, SL
       Jordi Girona Salgado 1-3, 08034 Barcelona
       Tel.: 934 137 540   Fax: 934 137 541
       Edicions Virtuals: www.edicionsupc.es
       E-mail: edicions-upc@upc.edu

       Producció: LIGHTNING SOURCE

Dipòsit legal: B-16173-2009
ISBN: 978-84-9880-365-5

Índex

Introducció

Per cursar qualsevol carrera d'enginyeria és necessari tenir uns bons fonaments en les disciplines científiques bàsiques, com és el càlcul. Aquest llibre, fruit de la nostra experiència docent durant els darrers anys, pretén posar a l'abast de l'estudiantat de les assignatures Càlcul I i Càlcul Infinitesimal I de l'Escola Tècnica Superior d'Enginyeries Industrial i Aeronàutica de Terrassa (ETSEIAT) un resum complet de la teoria que s'imparteix en ambdues assignatures. Aquest resum teòric va acompanyat d'una extensa col·lecció de problemes resolts, que creiem que pot ajudar la persona interessada a entendre millor i consolidar els conceptes teòrics. Alhora, els problemes resolts es poden utilitzar com a model en el moment que l'alumnat hagi de resoldre altres problemes de forma autònoma. Per afavorir aquest aprenentatge autònom, s'ha inclòs un recull de problemes per resoldre (amb les seves solucions respectives).

El llibre està dividit en vuit capítols. Als sis primers, es tracten els temes clàssics d'un curs de càlcul d'una variable. El primer està dedicat als nombres reals i complexos. El segon, als conceptes bàsics de les funcions d'una variable real, com les operacions amb funcions o l'esbós de la gràfica d'una funció en coordenades polars. Al tercer capítol, s'estudia el concepte de límit d'una funció en un punt, la noció de funció contínua i les seves propietats. El capítol quart està dedicat a la derivació de funcions i les seves aplicacions. Al cinquè, s'introdueix la integral de Riemann per a funcions d'una variable, es veuen mètodes per determinar primitives i s'estudien aplicacions de la integral al càlcul d'àrees planes, de volums de cossos de revolució i de volums de cossos de secció donada. Al capítol sisè, s'estudien les successions i les sèries, començant pel principi d'inducció matemàtica i acabant amb les sèries de potències, tant reals com complexes, que seran d'utilitat en assignatures posteriors.

La matèria del capítol setè, que hem titulat *Conceptes previs*, no forma part, estrictament parlant, del programa de les assignatures de càlcul que s'han mencionat anteriorment. Tanmateix, ens ha semblat oportú incloure en aquest capítol un breu resum de resultats teòrics i pràctics que, suposadament, ja haurien d'haver estat explicats en assignatures prèvies. Com que sovint aquesta suposició no és del tot certa, es recorden les beceroles del càlcul. Per exemple, es repassen propietats dels polinomis o conceptes bàsics de geometria, com ara les fórmules per calcular àrees d'algunes figures planes o volums de sòlids regulars. També hi ha un resum de trigonometria plana i de geometria analítica. Es recorda com es resolen equacions de diversos tipus (polinòmiques, irracionals, trigonomètriques...) i es repassa el càlcul de derivades i el de primitives. Cal destacar que aquest capítol comença amb un test que serveix per mesurar els coneixements inicials de l'alumne o l'alumna. D'aquesta manera, cada estudiant pot decidir en quins aspectes ha d'aprofundir més o menys. Finalment, el capítol vuitè conté les solucions del test i de tots els problemes proposats al llarg del text. També s'ha inclòs un índex alfabètic per facilitar la localització dels conceptes.

Per acabar, volem agrair la col·laboració dels companys i les companyes de la Secció de Terrassa del Departament de Matemàtica Aplicada II; alguns d'ells han aportat desinteressadament problemes que ara formen part d'aquest recull; d'altres han contribuït amb els seus comentaris a configurar el material que finalment s'hi ha inclòs. També volem donar les gràcies a Edicions UPC, que s'encarrega de l'edició i la difusió d'aquest llibre.

Terrassa, març de 2008

M. C. Leseduarte, M. D. Llongueras i A. Magaña

Els nombres

1

1.1 Diferents classes de nombres

Els primers nombres que vam conèixer, ja de petits, van ser els *nombres naturals*. Sorgeixen de la necessitat de comptar: $\mathbb{N} = \{1, 2, 3, 4, \dots\}$. Aquests, però, no són suficients per descriure moltes situacions quotidianes elementals, com ara una quantitat de diners que devem a algú, una temperatura sota zero... Des d'un punt de vista estrictament matemàtic, la insuficiència de $\mathbb{N}$ es manifesta en intentar resoldre l'equació $x + b = a$, que només té solució en $\mathbb{N}$ si a és més gran que b.

Per tal de resoldre aquest tipus de situacions i d'altres de semblants, es construeix el conjunt dels *nombres enters*: $\mathbb{Z} = \{\dots, -3, -2, -1, 0, 1, 2, 3, \dots\}$. Tanmateix, si volem repartir equitativament un litre de suc de taronja entre 3 persones, la quantitat exacta que correspon a cadascuna d'elles no es pot expressar mitjançant un nombre enter. Com abans, des d'un punt de vista matemàtic, equacions del tipus $q \cdot x = p$ (amb $q \neq 0$) no sempre tenen solució en $\mathbb{Z}$.

Necessitem, doncs, un altre conjunt més gran que $\mathbb{Z}$, on les qüestions anteriors tinguin resposta. Aquest conjunt és el dels *nombres racionals*: $\mathbb{Q} = \left\{ x = \frac{p}{q} : p, q \in \mathbb{Z}, q \neq 0 \right\}$. D'aquests quocients entre dos nombres enters, en diem *fraccions*. Hi ha infinites fraccions que representen el mateix nombre racional; penseu, per exemple, en $\frac{1}{2}, \frac{2}{4}, \frac{3}{6}$... Es diu que dues fraccions són *equivalents* si representen el mateix nombre racional. De totes les fraccions equivalents a una donada, s'anomena *fracció irreductible* aquella tal que el màxim comú divisor (m.c.d.) del denominador i el numerador és 1 (és a dir, $\frac{p}{q}$ és irreductible si m.c.d.$(p, q) = 1$).

Observem que tots els nombres naturals són enters i que tots els enters són nombres racionals. Notem també que hem considerat el 0 com a nombre enter però no natural. Malauradament, tots aquests nombres són insuficients per mesurar exactament determinades longituds.

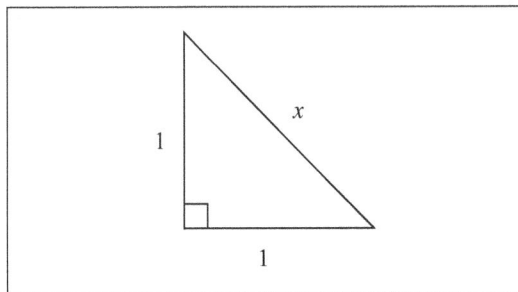

Fig. 1.1 Diagonal $\sqrt{2}$

Per exemple, donat un triangle rectangle amb catets d'una unitat, quant fa exactament la hipotenusa? Si designem per x la hipotenusa i apliquem el teorema de Pitàgores (figura 1.1), tindrem $x^2 = 1 + 1$, d'on $x = \sqrt{2}$. Però resulta que $\sqrt{2}$ no és racional. Com ampliem ara el conjunt de nombres?

1.2 Els nombres reals

Els nombres reals constituiran el suport del nostre curs. En aquesta secció, veurem com es representen i quines propietats tenen.

Representació dels nombres sobre una recta

Considerem una recta i, en un punt arbitrari, hi col·loquem el número 0 (aquest punt l'anomenarem *l'origen*). A la dreta del 0, a una distància indeterminada que podem triar com vulguem, hi col·loquem el número 1, *la unitat*. Els altres nombres queden fixats sobre la recta: els naturals ordenats cap a la dreta del 0 separats un del següent per una unitat. Anàlogament, però cap a l'esquerra, hi afegim els enters negatius.

Per dibuixar els racionals, dividim la unitat en parts iguals, tantes com indica el denominador, i n'agafem les que indica el numerador partint del 0 i tenint en compte el signe. Entre dos racionals qualssevol, hi ha un altre racional (sabríeu dir-ne cap?). Amb tot això queden a la recta molts "forats", com ara, $\sqrt{2}, \pi, e$... Aquests "forats" representen els *nombres irracionals* i els designarem per $\mathbb{R} \setminus \mathbb{Q}$. Finalment, la reunió de tots els nombres que hem exposat constitueixen el conjunt dels *nombres reals* i els designarem per $\mathbb{R}$. La figura 1.2 esbossa aquest conjunt. Tenim $\mathbb{R} = \mathbb{Q} \cup (\mathbb{R} \setminus \mathbb{Q})$.

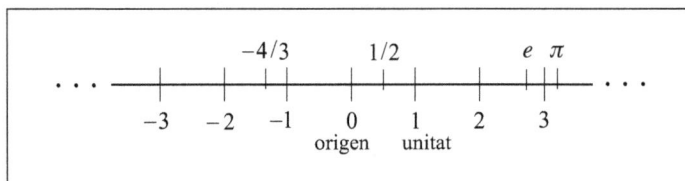

Fig. 1.2 Els nombres reals

Els irracionals es designen $\mathbb{R} \setminus \mathbb{Q}$ perquè representen el complementari de $\mathbb{Q}$ dins $\mathbb{R}$. Clarament, les relacions d'inclusió entre els conjunts numèrics que hem descrit són

$$\mathbb{N} \subset \mathbb{Z} \subset \mathbb{Q} \subset \mathbb{R}$$
$$\mathbb{R} \setminus \mathbb{Q} \subset \mathbb{R}$$

A cada nombre real, li correspon un únic punt de la recta i, a cada punt de la recta, li correspon un únic nombre real. Així, la recta s'anomena *recta real*. D'aquesta manera, parlarem indistintament de nombres i de punts (figura 1.3).

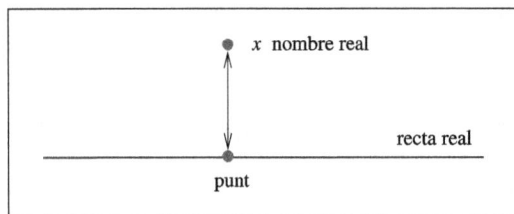

Fig. 1.3 Equivalència entre nombres reals i punts

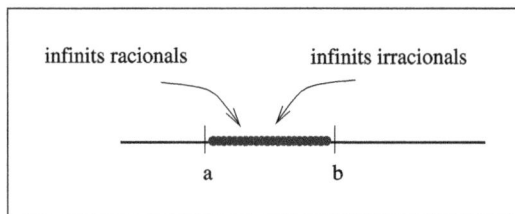

Fig. 1.4 Densitat dels racionals i els irracionals dins $\mathbb{R}$

Propietat de densitat de $\mathbb{Q}$ i $\mathbb{R} \setminus \mathbb{Q}$ en $\mathbb{R}$

Entre dos reals diferents qualssevol hi ha infinits racionals i també infinits irracionals. Per tant, no podem agafar cap segment de la recta real que estigui format només per racionals, o només per irracionals (com il·lustra la figura 1.4). D'això, se'n diu *propietat de densitat de $\mathbb{Q}$ i de $\mathbb{R} \setminus \mathbb{Q}$ en $\mathbb{R}$*.

Ordenació dels nombres reals

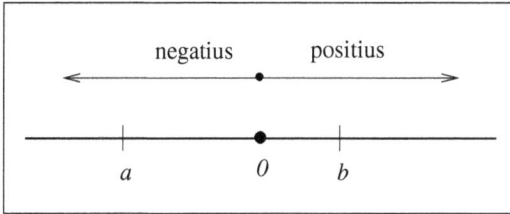

negatius   positius

a 0 b

Fig. 1.5 Orientació dels nombres reals

Els nombres situats a la dreta de l'origen són els *positius* i els de l'esquerra, els *negatius* (figura 1.5). Utilitzem els símbols $<, >, =$ per establir la posició relativa entre dos punts en la recta. Els podem combinar i obtenim els nous símbols $\leq, \geq$.

L'expressió $a \leq b$ significa que a és més petit o igual que b, i, anàlogament, $a \geq b$ significa que a és més gran o igual que b. Aleshores, són certes les expressions

$$5 < 7, \quad 4 \leq 9, \quad 7 \leq 7, \quad 7 = 7, \quad 6 > 2, \quad 8 \geq 3, \quad 1 \geq 1;$$

en canvi, són falses les expressions $7 < 7, \ 5 > 5, \ 3 \geq 5$.

A l'hora de manipular expressions amb desigualtats, hem de tenir en compte les regles següents.

> **Propietats de les desigualtats.** Per a qualssevol nombres reals a, b, c, es compleix:
>
> - $a < b$ i $b < c \implies a < c$.
>
> - $a < b \implies a + c < b + c$ i $a - c < b - c$.
>
> - $a < b$ i $c < d \implies a + c < b + d$.
>
> - $a < b \implies \begin{cases} ac < bc & \text{si} \quad c > 0. \\ ac > bc & \text{si} \quad c < 0. \end{cases}$
>
>   En particular, $a < b \implies -b < -a$.
>
> - $0 < a < b \implies \dfrac{1}{a} > \dfrac{1}{b} > 0$.
>
> - $a < 0 < b \implies \dfrac{1}{a} < 0 < \dfrac{1}{b}$.
>
> - $a < b < 0 \implies 0 > \dfrac{1}{a} > \dfrac{1}{b}$.

Intervals i semirectes

Els intervals i les semirectes (o intervals no fitats) són subconjunts notables de $\mathbb{R}$. Per comoditat, a l'hora de designar-los (i per altres avantatges), introduirem els símbols $+\infty$ i $-\infty$. Convé insistir especialment en el fet que $+\infty$ i $-\infty$ no són nombres. Més endavant també es farà palesa la seva utilitat en l'estudi dels límits.

- *Interval obert*

  $(a, b) = \{x \in \mathbb{R} : a < x < b\}$

  a b

- Interval tancat
  $$[a,b] = \{x \in \mathbb{R} : a \leq x \leq b\}$$

- Intervals mixtos
  $$[a,b) = \{x \in \mathbb{R} : a \leq x < b\}$$

  $$(a,b] = \{x \in \mathbb{R} : a < x \leq b\}$$

- Semirectes obertes
  $$(a,+\infty) = \{x \in \mathbb{R} : x > a\}$$

  $$(-\infty,b) = \{x \in \mathbb{R} : x < b\}$$

- Semirectes tancades
  $$[a,+\infty) = \{x \in \mathbb{R} : x \geq a\}$$

  $$(-\infty,b] = \{x \in \mathbb{R} : x \leq b\}$$

Inequacions

> S'anomena *inequació* tota desigualtat algebraica en què apareixen nombres i incògnites. El conjunt de nombres que compleixen la desigualtat s'anomena *solució de la inequació*.

En el procés de resolució de les inequacions, cal tenir en compte les propietats de les desigualtats.

Exemple 1.1

Resolem la inequació $\dfrac{2x-1}{x+1} \leq 1$. Es compleix que

$$\frac{2x-1}{x+1} \leq 1 \quad \Longleftrightarrow \quad \frac{2x-1}{x+1} - 1 \leq 0 \quad \Longleftrightarrow \quad \frac{x-2}{x+1} \leq 0$$

Per tant, cal considerar els casos en què el numerador sigui positiu o 0 i el denominador negatiu, o bé que el numerador sigui negatiu o 0 i el denominador positiu:

$$\begin{cases} x-2 & \geq 0 \\ x+1 & < 0 \end{cases} \quad \text{o bé} \quad \begin{cases} x-2 & \leq 0 \\ x+1 & > 0 \end{cases}$$

i així,

$$\begin{cases} x & \geq 2 \\ x & < -1 \end{cases} \quad \text{o bé} \quad \begin{cases} x & \leq 2 \\ x & > -1 \end{cases}$$

Finalment, el conjunt solució és: $x \in (-1,2]$.

Suprem, ínfim, màxim i mínim

Sovint ens interessarà situar un conjunt determinat dins la recta real, en el sentit de conèixer nombres que en limitin l'abast; per exemple, nombres que siguin més grans o iguals que tots els elements del conjunt.

Definició 1.2 Sigui A un conjunt de nombres reals.

- Un nombre $k \in \mathbb{R}$ és *una fita superior de* A, si $x \leq k$, $\forall x \in A$.
- Un nombre $k \in \mathbb{R}$ és *una fita inferior de* A, si $x \geq k$, $\forall x \in A$.

Òbviament, si $k \in \mathbb{R}$ és una fita superior (resp. inferior) de A, aleshores qualsevol nombre real més gran (resp. petit) o igual que k també n'és fita superior (resp. inferior).

Definició 1.3 Sigui A un conjunt de nombres reals.

- Si A té alguna fita superior, s'anomena *conjunt fitat superiorment*.
- Si A té alguna fita inferior, s'anomena *conjunt fitat inferiorment*.

Un conjunt fitat superior i inferiorment es diu *conjunt fitat*.

Exemples 1.4

Estudiem uns quants conjunts de nombres reals.

a) Els intervals $[0, 1]$ i $(0, 1)$ són conjunts fitats. En efecte, qualsevol nombre més gran o igual que 1 n'és fita superior, i qualsevol nombre negatiu o 0 n'és fita inferior. Així, el conjunt de les fites superiors és $[1, +\infty)$, i el de les fites inferiors, $(-\infty, 0]$.

b) El conjunt dels nombres naturals és fitat inferiorment, però no superiorment, en $\mathbb{R}$. És evident que $1 \leq n$, $\forall n \in \mathbb{N}$. Per tant, l'1 i qualsevol nombre real menor que 1 són fites inferiors de $\mathbb{N}$. En canvi, no existeix cap nombre real més gran o igual que tots els nombres naturals a la vegada.

c) El conjunt dels nombres racionals no és fitat, ni superiorment ni inferiorment.

Definició 1.5 Sigui A un conjunt de nombres reals.

- Si A és fitat superiorment, la més petita de les fites superiors de A s'anomena *el suprem del conjunt* A i es designa per $\sup A$. Quan $\sup A \in A$, aquest nombre s'anomena *el màxim del conjunt* A i s'escriu $\max A$.
- Si A és fitat inferiorment, la més gran de les fites inferiors de A s'anomena *l'ínfim del conjunt* A i es designa per $\inf A$. En cas que $\inf A \in A$, aquest nombre s'anomena *el mínim del conjunt* A i es designa per $\min A$.

Els conjunts fitats superiorment tenen suprem, però no sempre tenen màxim. El màxim d'un conjunt, quan existeix, és l'element més gran del conjunt. Anàlogament, els conjunts fitats inferiorment tenen ínfim; en canvi, l'existència del mínim depèn de cada cas.

Exemples 1.6

Vegem-ne un parell d'exemples concrets.

a) Considerem el conjunt $A = (0, 1]$. El seu suprem és 1. Atès que $1 \in A$, aquest suprem també és el màxim. Això significa que l'1 és l'element més gran de l'interval $(0, 1]$. D'altra banda, la fita inferior més gran de A és 0; aleshores, $\inf A = 0$. En aquest cas, però, $0 \notin A$; per tant, el conjunt A no té mínim. Intuïtivament, no hi ha cap nombre real dins l'interval $(0, 1]$ que sigui el més petit de tots dins el propi interval.

b) El conjunt $\mathbb{N}$ no té suprem —i, per tant, no té màxim— perquè no és fitat superiorment. Com que $\mathbb{N}$ és fitat inferiorment, té ínfim i val 1. A més a més, $1 \in \mathbb{N}$ i, per tant, $\min \mathbb{N} = 1$ (l'1 és el nombre natural més petit).

Expressió decimal dels nombres reals

Els nombres reals admeten una representació decimal de la forma $a_0'a_1a_2a_3\ldots$ Aquesta representació és *finita* o *infinita periòdica* (és a dir, es repeteix a partir d'un lloc determinat) quan el nombre és racional, i és *infinita no periòdica* quan el nombre és irracional, com és el cas de π o de e. Aquí teniu, per exemple, les 100 primeres xifres decimals del número π:

$$\pi = 3'1415926535897932384626433832795028841971693993751058209749944592$$
$$30781640628620899862803482534211 7068\ldots$$

L'expressió decimal d'un nombre irracional és única. Tanmateix, hi ha nombres racionals que admeten dues expressions decimals diferents: són aquells que, a partir d'un lloc determinat, tenen totes les xifres iguals a 9 o totes les xifres iguals a 0. Vegem-ne un exemple: el número $1'23999\ldots$ també es pot escriure com $1'24000\ldots$ Per comprovar que aquestes dues representacions decimals corresponen al mateix nombre racional, n'hi ha prou a buscar-ne la fracció generatriu, que és $31/25$.

Valor absolut i distància

Definició 1.7 *El valor absolut d'un nombre real x és*

$$|x| = \begin{cases} x, & \text{si } x \geq 0. \\ -x, & \text{si } x < 0. \end{cases}$$

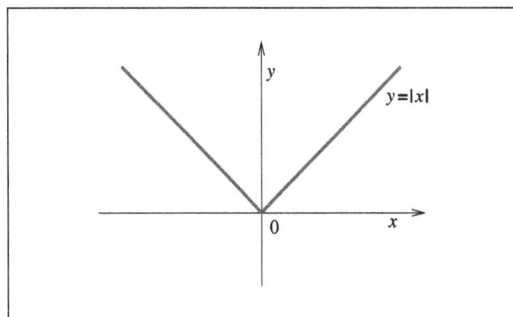

Fig. 1.6 Funció valor absolut

La funció valor absolut té dues branques (figura 1.6). Observem que

$$|x| = \text{màx}\{x, -x\}.$$
$$|x| = \sqrt{x^2}.$$

La noció de valor absolut ens permet definir una distància molt intuïtiva sobre $\mathbb{R}$. Geomètricament, $|x|$ representa la distància de x a 0, com podem veure a la figura 1.7.

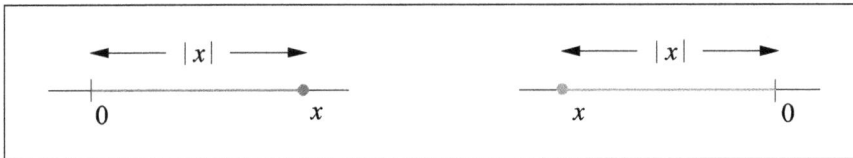

Fig. 1.7 Valor absolut. Distància d'un nombre real a l'origen

Anàlogament, per a tot $x, y \in \mathbb{R}$, la distància entre x i y és

$$d(x,y) = |x - y| = |y - x|.$$

Propietats del valor absolut. Per a tot $x, y \in \mathbb{R}$, es compleix:

- $|x| \geq 0, \quad |x| = 0 \Longleftrightarrow x = 0.$

- $|x| = |-x|.$

- $\begin{cases} \text{Si } c > 0, & |x| < c \Longleftrightarrow -c < x < c. \\ \text{Si } c \geq 0, & |x| \leq c \Longleftrightarrow -c \leq x \leq c. \\ \text{Si } c \geq 0, & |x| \geq c \Longleftrightarrow x \leq -c \text{ o } x \geq c \quad \text{(figura 1.8)}. \end{cases}$

- $-|x| \leq x \leq |x|.$

- $|xy| = |x||y|.$

- $|x+y| \leq |x| + |y| \qquad \text{(desigualtat triangular)}.$

- $|x-y| \leq |x| + |y|.$

- $|x-y| \geq ||x| - |y||.$

- $\left| \dfrac{x}{y} \right| = \dfrac{|x|}{|y|} \qquad \text{si } y \neq 0.$

- $|x^n| = |x|^n.$

Fig. 1.8 Propietats del valor absolut

1.3 Els nombres complexos

L'equació $x^2 + 1 = 0$ no té cap solució real ja que no és possible trobar cap nombre real tal que el seu quadrat sigui -1. En aquest cas, una solució de l'equació anterior és un *nombre imaginari*, designat per i, tal que $i^2 = -1$ (l'altra solució serà $-i$). Repassem una mica la història. De fet, els *nombres imaginaris* s'introduïren en la matemàtica com una eina per resoldre equacions de tercer grau, no només de segon grau.

Situem-nos a Milà al segle XVI, concretament a l'any 1545. En la seva obra *Ars Magna*, Gerolamo Cardano (1501-1576) dóna un mètode per resoldre l'equació cúbica mitjançant arrels. Ell parteix de l'equació cúbica

$$ax^3 + bx^2 + cx = d.$$

Fent la substitució $x = y - \frac{b}{3a}$ i dividint per a, obté

$$y^3 + \underbrace{\left[\frac{3ac - b^2}{3a^2}\right]}_{m} y = \underbrace{\frac{27a^2 d + 9abc - 2b^3}{27a^3}}_{n}$$

És a dir,

$$y^3 + my = n. \tag{1.1}$$

Per resoldre l'equació (1.1), considera dues variables arbitràries, t i u, de manera que

$$y = t - u.$$

Elevant al cub, obté

$$y^3 = t^3 - 3t^2 u + 3tu^2 - u^3 = t^3 - 3tu(t - u) - u^3 = t^3 - 3tuy - u^3$$

és a dir,

$$y^3 + 3tuy = t^3 - u^3. \tag{1.2}$$

Com que t i u són arbitràries, comparant les equacions (1.1) i (1.2), considera ara

$$\begin{cases} m = 3tu \\ n = t^3 - u^3 \end{cases}$$

i aconsegueix l'equació $t^6 - \frac{m^3}{27} - nt^3 = 0$, que és una *equació de segon grau* de la variable t^3

$$\left(t^3\right)^2 - m\left(t^3\right) - \frac{m^3}{27} = 0.$$

Per tant, utilitzant només l'arrel quadrada positiva, obté[1]

$$t = \sqrt[3]{\frac{n}{2} + \sqrt{\frac{n^2}{4} + \frac{m^3}{27}}} \quad \text{i} \quad u = \sqrt[3]{-\frac{n}{2} + \sqrt{\frac{n^2}{4} + \frac{m^3}{27}}}.$$

---

[1] Substituint la t a $n = t^3 - u^3$ i aïllant la u.

Fent $y = t - u$,

$$y = \sqrt[3]{\frac{n}{2} + \sqrt{\frac{n^2}{4} + \frac{m^3}{27}}} - \sqrt[3]{-\frac{n}{2} + \sqrt{\frac{n^2}{4} + \frac{m^3}{27}}}.$$

Finalment, substitueix m i n en funció de a, b i c:

$$m = \frac{3ac - b^2}{3a^2} \quad \text{i} \quad n = \frac{27a^d + 9abc - 2b^3}{27a^3},$$

desfà el canvi, $x = y - \frac{b}{3a}$, i determina la solució x.

Apliquem, per exemple, el procés anterior a l'equació $2x^3 - 30x^2 + 162x = 350$. En aquest cas, el canvi ens dóna $y^3 + 6y - 20 = 0$ i tenim[2]

$$y = \sqrt[3]{10 + \sqrt{108}} - \sqrt[3]{-10 + \sqrt{108}} = 2, \text{ és a dir, } x = 7.$$

I, per a $x^3 - 15x = 4$, resulta

$$x = \sqrt[3]{2 + \sqrt{-121}} - \sqrt[3]{-2 + \sqrt{-121}}.$$

Què significa $\sqrt{-121}$? Sembla fàcil dir que l'equació anterior no té solució, però a simple vista es comprova que $x = 4$ n'és una.

Davant d'aquesta situació, Cardano abandonà la recerca. Posteriorment, Rafael Bombelli (1526-1573) decidí treballar amb les arrels quadrades de nombres negatius aplicant les mateixes regles que s'apliquen als nombres reals. S'observa que

$$(2 + \sqrt{-1})^3 = 2 + 11\sqrt{-1} = 2 + \sqrt{-121}$$

Anàlogament,

$$(-2 + \sqrt{-1})^3 = -2 + \sqrt{-121}$$

I llavors, Bombelli va arribar a la solució

$$x = \sqrt[3]{2 + \sqrt{-121}} - \sqrt[3]{-2 + \sqrt{-121}} = (2 + \sqrt{-1}) - (-2 + \sqrt{-1}) = 4.$$

Definició 1.8 Anomenem *nombre complex*, de part real a i part imaginària b, una expressió de la forma

$$z = a + bi, \quad \text{on} \quad a, b \in \mathbb{R} \quad \text{amb} \quad i^2 = -1.$$

Designem per $\mathbb{C}$ el conjunt dels nombres complexos.

---

[2] No és immediat comprovar que, efectivament, aquesta expressió és 2; cal elevar al cub la igualtat dues vegades.

Dos nombres complexos són iguals si i només si tenen la mateixa part real i la mateixa part imaginària. Si a tot nombre real a li associem el complex $a+0i$, aleshores podem dir que el conjunt dels nombres reals està contingut dins el conjunt dels nombres complexos:

$$\mathbb{N} \subset \mathbb{Z} \subset \mathbb{Q} \subset \mathbb{R} \subset \mathbb{C}.$$

Operacions amb complexos en forma binòmica

Amb els nombres complexos, també es poden fer les operacions aritmètiques usuals. La suma i el producte de nombres complexos es defineixen de manera que respectin la suma i el producte dels nombres reals.

> **Definició 1.9** Donats els nombres complexos $z_1 = a+bi$ i $z_2 = c+di$, definim
> - la *suma*: $z_1 + z_2 = (a+bi)+(c+di) = a+c+(b+d)i$
> - el *producte*: $z_1 \cdot z_2 = (a+bi)\cdot(c+di) = ac-bd+(ad+bc)i$
> - el *quocient*, si el denominador no és nul:
>
> $$\frac{z_1}{z_2} = \frac{a+bi}{c+di} = \frac{(a+bi)(c-di)}{(c+di)(c-di)} = \frac{ac+bd}{c^2+d^2} + \frac{bc-ad}{c^2+d^2}i$$
>
> si $z_2 \neq 0$, és a dir, si $c^2+d^2 \neq 0$.

Representació gràfica

Podem establir una relació bijectiva (un a un) entre els nombres complexos i els punts del pla —que anomenarem *pla complex*— anàloga a la correspondència entre els punts d'una recta i els nombres reals. L'eix d'abscisses es diu *eix real*, ja que correspon als nombres reals, i l'eix d'ordenades és *l'eix imaginari*.

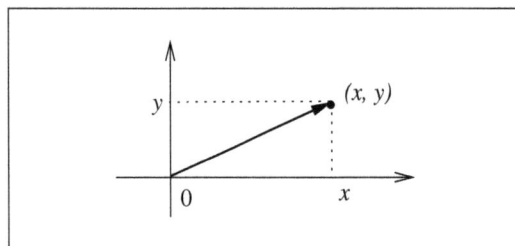

Fig. 1.9 Representació d'un complex

N'hi ha prou a interpretar el nombre complex $x+yi$ com un parell ordenat de nombres reals (x,y):

$$x+yi \quad \longleftrightarrow \quad (x,y)$$

També representem un nombre complex com un vector dirigit des de l'origen fins al punt (x,y) (figura 1.9). L'extrem (x,y) s'anomena *afix* del complex.

Aquest enfocament permet aplicar als nombres complexos les mateixes lleis que s'apliquen a les quantitats vectorials utilitzades en la física i en la mecànica: forces, velocitats, acceleracions... Per exemple, la suma de complexos es pot obtenir geomètricament amb la regla del paral·lelogram.

Sigui $z = x+yi$, aleshores

- $\bar{z} = x-yi$ s'anomena *conjugat de z*.
- $-z = -x-yi$ s'anomena *oposat de z*.

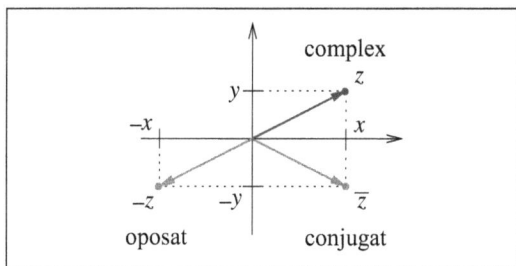

Fig. 1.10 Conjugat i oposat d'un complex

La representació gràfica és molt aclaridora (figura 1.10).

Propietats de la conjugació. Per a tot $z, w \in \mathbb{C}$, es compleix

- $\overline{z+w} = \overline{z} + \overline{w}$.

- $\overline{z \cdot w} = \overline{z} \cdot \overline{w}$.

- $\overline{\overline{z}} = z$.

- $z = \overline{z} \iff z \in \mathbb{R}$.

- $z = -\overline{z} \iff z$ és imaginari pur.

- $\text{Re}(z) = \dfrac{z + \overline{z}}{2}, \ \text{Im}(z) = \dfrac{z - \overline{z}}{2}$.

Mòdul i argument. Diferents maneres d'expressar un nombre complex

Definició 1.10 Donat el nombre complex $z = x + yi$, anomenem *mòdul de z* la longitud del vector associat i el designem per $|z|$, és a dir,

$$|z| = \sqrt{x^2 + y^2} = \sqrt{z \cdot \overline{z}}.$$

Si $z \neq 0$, l'angle α, format per la direcció positiva de l'eix real i el vector OZ (mesurat en sentit *positiu*, és a dir, en sentit contrari al de les agulles del rellotge) s'anomena *argument de z*.

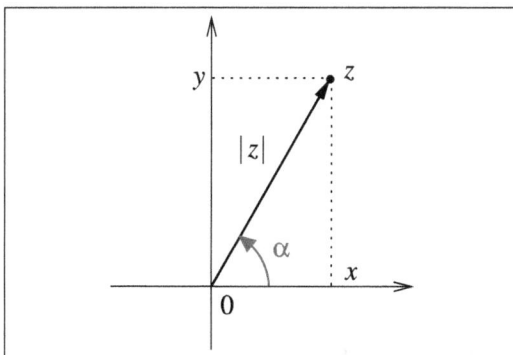

Fig. 1.11 Mòdul i argument d'un complex

Geomètricament, $|z|$ representa la distància de l'afix (x, y) a l'origen, o la longitud del vector corresponent. Quan $y = 0$, el mòdul es redueix al valor absolut dels nombres reals.

Notem que α no és únic, ja que $\alpha + 2\pi$, $\alpha + 3\pi$, $\alpha - 2\pi$... també són vàlids per representar-ne l'argument. En endavant, considerarem $\alpha \in [0, 2\pi)$ com a determinació principal de l'argument (figura 1.11).

A partir del gràfic anterior, observem que, si $z \neq 0$, aleshores

$$\cos\alpha = \frac{x}{|z|}, \quad \sin\alpha = \frac{y}{|z|}.$$

Llavors, escrivim $z = x + yi = |z|(\cos\alpha + i\sin\alpha)$, expressió anomenada *forma trigonomètrica de z*. De fet, tot nombre complex z es pot expressar en les formes:

binòmica	$z = x + yi$
cartesiana	$z = (x, y)$
trigonomètrica	$z = |z|(\cos\alpha + i\sin\alpha)$
polar	$z = |z|_\alpha$
exponencial	$z = |z|e^{i\alpha}$

El pas *de forma cartesiana a forma polar* $(x, y) \longmapsto (|z|, \alpha)$ ve donat per les relacions següents:

el mòdul és $|z| = +\sqrt{x^2 + y^2}$

i l'argument,

$$\alpha = \begin{cases} \operatorname{arctg}\frac{y}{x} & \text{si} \quad x > 0. \\ \operatorname{arctg}\frac{y}{x} + \pi & \text{si} \quad x < 0. \end{cases}$$

$$\alpha = \begin{cases} \frac{\pi}{2} & \text{si} \quad y > 0 \\ \frac{3\pi}{2} & \text{si} \quad y < 0 \end{cases} \quad \text{quan } x = 0, \ y \neq 0.$$

Aquests últims nombres, els que corresponen a $x = 0$, $y \neq 0$, estan situats sobre l'eix imaginari. Podem veure'ls a la figura 1.12.

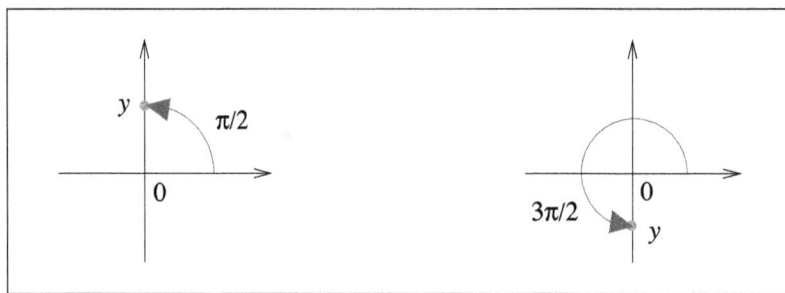

Fig. 1.12 Nombres complexos imaginaris purs, a l'eix imaginari

És convenient representar gràficament el nombre complex per determinar-ne l'argument amb facilitat.

El pas *de forma polar a forma cartesiana* $(|z|, \alpha) \longmapsto (x, y)$ és immediat

$$x = |z|\cos\alpha, \quad y = |z|\sin\alpha.$$

Propietats del mòdul d'un nombre complex. Per a tot $z, w \in \mathbb{C}$, es compleix

- $|z| \geq 0, \quad |z| = 0 \Longleftrightarrow z = 0$.

- $|zw| = |z||w|$.

- $|z + w| \leq |z| + |w| \qquad$ (desigualtat triangular).

- $|z| = |\bar{z}| = |-z| = |-\bar{z}|$.

- $|\mathrm{Re}\, z| \leq |z|, \quad |\mathrm{Im}\, z| \leq |z|$.

- $|z| = \sqrt{z \cdot \bar{z}}$.

- $z \cdot \bar{z} = |z|^2$.

- $\dfrac{1}{z} = \dfrac{\bar{z}}{|z|^2}, \quad$ si $z \neq 0$.

- $\dfrac{z}{|z|}$ té mòdul 1.

Exemples 1.11

a) Donat $z = -\sqrt{2} + \sqrt{2}i$, expressat en forma binòmica, passem-lo a forma polar.

Cal determinar-ne el mòdul i l'argument. Clarament, el mòdul és 2 i l'argument $\alpha = \mathrm{arctg}\,(-1) + \pi = \frac{3\pi}{4}$; per tant

$$z = 2\left(\cos\frac{3\pi}{4} + i\sin\frac{3\pi}{4}\right) = 2_{\frac{3\pi}{4}}.$$

b) Donat el nombre $z = \left(\frac{1}{2}\right)_{\frac{5\pi}{6}}$, en forma polar, escrivim-lo en forma binòmica.

Directament, tenim

$$z = \left(\frac{1}{2}\right)_{\frac{5\pi}{6}} = \frac{1}{2}\left(\cos\frac{5\pi}{6} + i\sin\frac{5\pi}{6}\right) = \frac{1}{2}\left(-\frac{\sqrt{3}}{2} + \frac{1}{2}i\right) = -\frac{\sqrt{3}}{4} + \frac{1}{4}i.$$

El concepte de mòdul ens permet definir una distància en $\mathbb{C}$. Per a tot $z, w \in \mathbb{C}$, la distància entre z i w és $d(z, w) = |z - w| = |w - z|$. En particular, si $z, w \in \mathbb{R}$, la distància entre ells coincideix amb la distància entre nombres reals.

Exemples 1.12

a) Els complexos que satisfan $|z - 2| = 3$ es troben situats a distància 3 del número $z = 2$. Per tant, formen la circumferència de centre $z = 2$ i radi 3.

b) El conjunt $\{z \in \mathbb{C} : |z| \leq 1\}$ és el disc unitat, és a dir, els nombres del pla complex que disten de l'origen una unitat o menys.

Val a dir que el conjunt dels nombres complexos no admet una ordenació —recordem que $\mathbb{R}$ sí que és ordenat—; només podem ordenar els mòduls dels complexos (perquè són nombres reals).

Operacions amb complexos en forma polar

Hem vist com sumar, restar, multiplicar i dividir nombres complexos en forma binòmica. Atès que és senzill, sovint és més convenient fer el producte i el quocient en forma polar.

Producte i quocient

Considerem els complexos $z = |z|_\alpha$ i $w = |w|_\beta$ en forma polar. Aleshores

$$z = |z|(\cos\alpha + i\sin\alpha), \quad w = |w|(\cos\beta + i\sin\beta).$$

- El *producte* dels complexos és

$$z \cdot w = \big(|z|(\cos\alpha + i\sin\alpha)\big) \cdot \big(|w|(\cos\beta + i\sin\beta)\big) = \ldots = |z| \cdot |w|\big(\cos(\alpha+\beta) + i\sin(\alpha+\beta)\big)$$

per tant,

$$z \cdot w = (|z| \cdot |w|)_{\alpha+\beta}.$$

És a dir, el mòdul del producte és el producte dels mòduls i l'argument del producte és la suma d'arguments.

- Si $w \neq 0$, el *quocient* dels complexos és

$$\frac{z}{w} = \frac{|z|(\cos\alpha + i\sin\alpha)}{|w|(\cos\beta + i\sin\beta)} = \ldots \qquad \text{(multiplicant i dividint pel conjugat)}$$

$$= \frac{|z|}{|w|}\left[\cos(\alpha - \beta) + i\sin(\alpha - \beta)\right]$$

per tant,

$$\frac{z}{w} = \left(\frac{|z|}{|w|}\right)_{\alpha-\beta} \qquad \text{sempre que} \quad w \neq 0.$$

És a dir, el mòdul del quocient és el quocient dels mòduls i l'argument del quocient és la diferència d'arguments.

Exemple 1.13

Donats els nombres complexos $z = \sqrt{2} - \sqrt{2}\,i$ i $z' = -\frac{1}{2} - \frac{\sqrt{3}}{2}\,i$ calculem en forma polar el producte $z \cdot z'$ i el quocient $\frac{z}{z'}$.

Un esquema gràfic ens ajuda a no equivocar-nos a l'hora de determinar l'argument. Observem que z es troba al quart quadrant i z' al tercer (figura 1.13). Així,

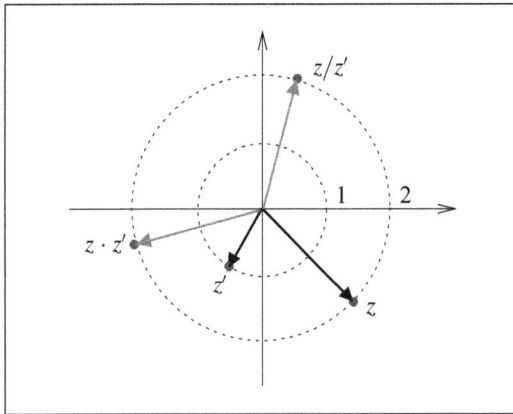

$$|z| = \sqrt{2+2} = 2; \quad \operatorname{tg}\alpha = \frac{-\sqrt{2}}{\sqrt{2}}; \quad \alpha = \frac{7\pi}{4},$$

$$|z'| = \sqrt{\frac{1}{4} + \frac{3}{4}} = 1; \quad \operatorname{tg}\beta = \frac{-\frac{\sqrt{3}}{2}}{-\frac{1}{2}}; \quad \beta = \frac{4\pi}{3}.$$

Per tant, $z = 2_{\frac{7\pi}{4}}$, $z' = 1_{\frac{4\pi}{3}}$. Obtenim, doncs,

$$z \cdot z' = 2_{\frac{7\pi}{4}} \cdot 1_{\frac{4\pi}{3}} = 2_{\frac{13\pi}{12}}, \qquad \frac{z}{z'} = \frac{2_{\frac{3\pi}{4}}}{1_{\frac{4\pi}{3}}} = 2_{\frac{5\pi}{12}}.$$

Fig. 1.13 Operacions amb complexos

Potenciació. Fórmula de De Moivre

Com a cas particular del producte, podem calcular les potències de complexos. Així,

$$z^n = (|z|_\alpha)^n = (|z|^n)_{n\alpha}, \qquad \text{on } n \in \mathbb{Z}.$$

Aleshores,

$$\left[|z|(\cos\alpha + i\sin\alpha)\right]^n = |z|^n(\cos n\alpha + i\sin n\alpha)$$

En particular, si z té mòdul 1, obtenim

$$(\cos\alpha + i\sin\alpha)^n = \cos n\alpha + i\sin n\alpha$$

igualtat coneguda com a fórmula de De Moivre.

Exemple 1.14

Calculem i^{94}.

Resoldrem l'exercici de dues maneres.

a) La primera, expressant i en forma polar i determinant-ne la potència. Escrivim $i = 0 + 1i$; per tant, $|i| = +\sqrt{1} = 1$. L'argument és, doncs, $\alpha = \frac{\pi}{2}$. Aleshores,

$$i^{94} = \left(1_{\frac{\pi}{2}}\right)^{94} = 1_{\frac{94\pi}{2}} = 1_{47\pi} = -1.$$

b) La segona, directament. Observem que

$$
\begin{aligned}
i^1 &= i \\
i^2 &= -1 \\
i^3 &= i^2 \cdot i &&= -i \\
i^4 &= i^3 \cdot i &&= -i \cdot i &&= 1
\end{aligned}
$$

(a partir d'aquí es repeteixen)

$$
\begin{aligned}
i^5 &= i^4 \cdot i &&= i \\
i^6 &= i^5 \cdot i &&= -1 \\
i^7 &= i^6 \cdot i &&= -i \\
i^8 &= i^7 \cdot i &&= 1 \\
&\vdots
\end{aligned}
$$

Llavors, qualsevol potència de i és sempre i, -1, $-i$ o 1. Al nostre cas,

$$
i^{94} = i^{23 \cdot 4 + 2} = i^{23 \cdot 4} \cdot i^2 = 1 \cdot (-1) = -1 \, .
$$

Radicació

> **Definició 1.15** Donats $z \in \mathbb{C}$, $z \neq 0$ i $n \in \mathbb{N}$, anomenem *arrel enèsima de* z qualsevol nombre complex w tal que $w^n = z$. Representarem per $\sqrt[n]{z}$ totes les arrels enèsimes de z.

Cada complex $z \neq 0$ té n arrels enèsimes diferents. En efecte, suposem que w és una arrel enèsima de $z = |z|_\alpha$. Escrivim $w = |w|_\theta$. Aleshores, elevant l'arrel enèsima a n, obtenim

$$
w^n = z \quad \Longrightarrow \quad \left(|w|_\theta\right)^n = |z|_\alpha \quad \Longrightarrow \quad \left(|w|^n\right)_{n\theta} = |z|_\alpha .
$$

Aquests complexos, per ser iguals, han de tenir el mateix mòdul i els arguments han de coincidir, llevat d'un múltiple enter de 2π (és a dir, els arguments poden diferir en un nombre enter de voltes). Això vol dir que

$$
|w|^n = |z|, \qquad n\theta = \alpha + 2\pi k .
$$

La primera equació, $|w|^n = |z|$, és una igualtat entre nombres reals; la solució és $|w| = \sqrt[n]{|z|}$. És a dir, el mòdul de les arrels és l'arrel enèsima del mòdul, com a únic nombre real positiu que ho satisfà. Per tant, totes les arrels enèsimes de z tenen el mateix mòdul.

Pel que fa a l'argument, $n\theta = \alpha + 2\pi k$ implica que $\theta = \dfrac{\alpha + 2\pi k}{n}$. Aquesta expressió pren exactament n valors diferents entre $[0, 2\pi)$ (que corresponen a n valors consecutius de k). Aleshores, obtenim n arguments diferents per a les arrels enèsimes de z, que són

$$
\theta = \frac{\alpha + 2\pi k}{n} = \frac{\alpha}{n} + \frac{2\pi k}{n}, \quad k = 0, 1, 2, \ldots, n-1 .
$$

És clar que, per a $k = n, n+1, n+2, \ldots$ obtenim arguments equivalents als que ja tenim. Observem, doncs, que hi ha n arrels enèsimes de z diferents, totes situades sobre la circumferència de centre l'origen i radi $\sqrt[n]{|z|}$, i equiespaiades per un angle $\dfrac{2\pi k}{n}$. Resumint,

$$
\text{si } z = |z|_\alpha, \text{ aleshores } \sqrt[n]{z} = \left(\sqrt[n]{|z|}\right)_{\frac{\alpha + 2\pi k}{n}}, \quad \text{per a } k = 0, 1, 2, \ldots, n-1 .
$$

Exemple 1.16

Donat el nombre complex $z = -8 + 8\sqrt{3}\,i$, obtinguem $\sqrt[4]{z}$.

Hem de ser conscients que calcularem un total de quatre nombres complexos diferents. En primer lloc, calculem el mòdul de z, $|z| = \sqrt{64 + 64 \cdot 3} = 16$. Després l'argument, $\alpha = \mathrm{arctg}\left(-\sqrt{3}\right) = \frac{2\pi}{3}$. El mòdul de les quatre arrels quartes és $\sqrt[4]{16} = 2$, ja que 2 és l'únic real positiu a tal que $a^4 = 16$. Els arguments de les arrels quartes són

$$\frac{\frac{2\pi}{3} + 2\pi k}{4} = \frac{\pi}{16} + \frac{\pi}{2}\,k, \quad k = 0, 1, 2, 3.$$

Així, doncs, les arrels quartes són:
$$k = 0 \quad \Rightarrow \quad w_0 = 2_{\frac{\pi}{6}} = 2(\cos\tfrac{\pi}{6} + i\sin\tfrac{\pi}{6}) = \sqrt{3} + i$$
$$k = 1 \quad \Rightarrow \quad w_1 = 2_{\frac{2\pi}{3}} = 2(\cos\tfrac{2\pi}{3} + i\sin\tfrac{2\pi}{3}) = -1 + \sqrt{3}\,i$$
$$k = 2 \quad \Rightarrow \quad w_2 = 2_{\frac{7\pi}{6}} = 2(\cos\tfrac{7\pi}{6} + i\sin\tfrac{7\pi}{6}) = -\sqrt{3} - i$$
$$k = 3 \quad \Rightarrow \quad w_3 = 2_{\frac{10\pi}{6}} = 2(\cos\tfrac{10\pi}{6} + i\sin\tfrac{10\pi}{6}) = -1 - \sqrt{3}\,i.$$

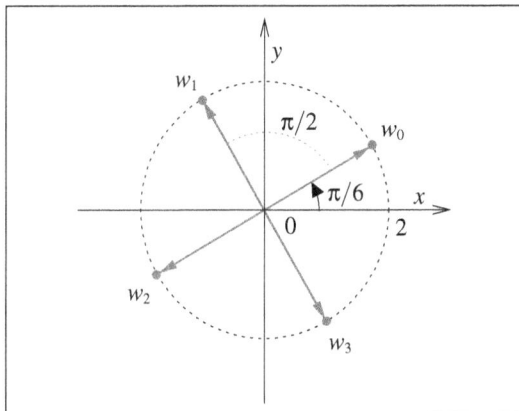

Fig. 1.14 Les 4 arrels quartes

Gràficament, tenim les quatre arrels w_0, w_1, w_2 i w_3 sobre la circumferència de centre l'origen i radi 2 (el seu mòdul). Les arrels són equiespaiades per un angle de $\pi/2$ radiants, és a dir, la quarta part de la circumferència sencera (figura 1.14).

Arrels enèsimes i polígons

Els afixos de les arrels enèsimes d'un nombre complex $z \neq 0$ són els vèrtexs d'un polígon regular inscrit en la circumferència de centre l'origen i radi $\sqrt[n]{|z|}$. Les figures 1.15 i 1.16 il·lustren aquesta propietat.

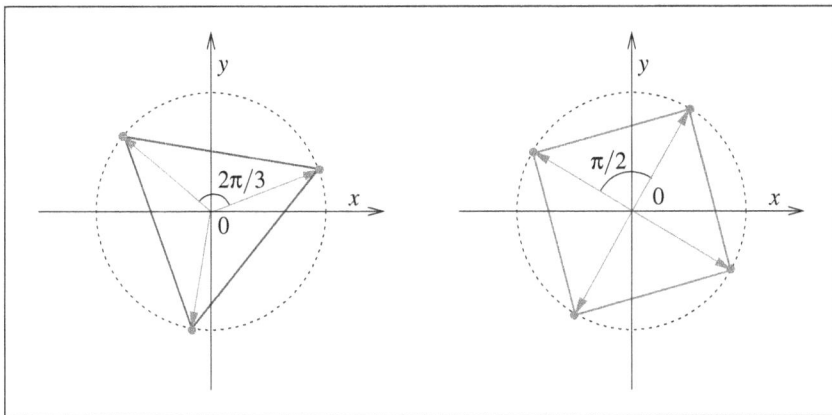

Fig. 1.15 Arrels terceres i quartes

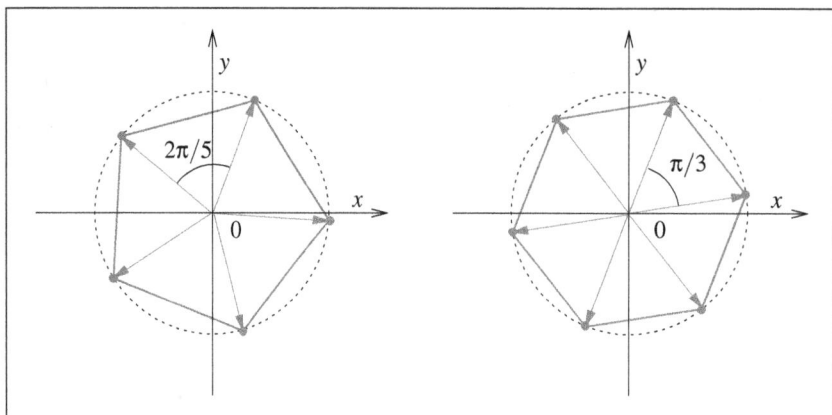

Fig. 1.16 Arrels cinquenes i sisenes

Descomposició d'un polinomi en factors primers

En aquesta secció, utilitzem el teorema fonamental de l'àlgebra per descompondre els polinomis en factors primers.

Recordem que un número γ és *una arrel d'un polinomi* $P(z)$ si és solució de l'equació $P(z) = 0$, és a dir, si compleix $P(\gamma) = 0$.

> **Teorema 1.17 Teorema fonamental de l'àlgebra.** *Tot polinomi de grau $n \geq 1$ amb coeficients complexos, $P(z) = a_0 + a_1 z + a_2 z^2 + \ldots + a_n z^n$, $a_n \neq 0$, té alguna arrel en $\mathbb{C}$.*

Considerem $P_n(z)$ un polinomi de grau n. Pel teorema fonamental de l'àlgebra, existeix γ_1, una arrel de $P_n(z)$; aleshores, podem descompondre'l com:

$$P_n(z) = a_0 + a_1 z + a_2 z^2 + \ldots + a_n z^n = (z - \gamma_1) P_{n-1}(z),$$

on $P_{n-1}(z)$ és un polinomi de grau $n - 1$. Si ara apliquem de nou el teorema fonamental de l'àlgebra al polinomi $P_{n-1}(z)$, trobem una altra arrel γ_2 i, per tant, podem escriure

$$P(z) = (x - \gamma_1)(x - \gamma_2) \cdot P_{n-2}(z).$$

Repetint el procés n vegades, arribarem finalment al resultat següent.

> **Corol·lari 1.18 Una altra versió del teorema fonamental de l'àlgebra.** *Sigui $P_n(z)$ un polinomi de grau $n \geq 1$. Aleshores*
>
> $$P(z) = a_n(z - \gamma_1)(z - \gamma_2) \ldots (z - \gamma_n),$$
>
> *on $\gamma_1, \gamma_2, \ldots, \gamma_n$ són les n arrels del polinomi $P(z)$ i a_n és el coeficient de z^n.*

Les arrels $\gamma_1, \gamma_2, \ldots, \gamma_n$ no han de ser necessàriament diferents. Una arrel que apareix més d'una vegada s'anomena *múltiple* i les que ho fan només un cop, *simples*.

Observació 1.19 *Els polinomis irreductibles o primers en* $\mathbb{C}$ *són de grau* 1, *mentre que en* $\mathbb{R}$ *són els de grau* 1 *i els de grau* 2 *que no tenen arrels reals.*

Per exemple, donat el polinomi $P(z) = 3(z-1)^2(z+2i)(z-2i)(z+4)^3$ (que ja està descompost en factors), tenim

> 1 és una arrel múltiple amb multiplicitat 2 (o doble),
>
> $-2i$ és una arrel simple (o bé amb multiplicitat 1),
>
> $2i$ és una arrel simple,
>
> -4 és una arrel múltiple amb multiplicitat 3 (o triple).

És fàcil comprovar la propietat següent:

> Si un polinomi amb coeficients reals té una arrel complexa $\gamma = a + bi$ amb multiplicitat s, aleshores el número $\bar{\gamma} = a - bi$ també és arrel del polinomi i té la mateixa multiplicitat.

És a dir, les arrels complexes apareixen a parells. Aquesta propietat no és necessàriament certa si els coeficients del polinomi són complexos, com ara

$$P(z) = z^2 - (2+3i)z - 5 + i = \big(z - (i-1)\big)\big(z - (3i+3)\big).$$

Exemple 1.20

Donat el polinomi $P(z) = z^4 - 1$, en determinem

a) les arrels,

b) la descomposició en factors primers amb coeficients complexos,

c) la descomposició en factors primers amb coeficients reals.

En primer lloc, observem que es tracta d'un polinomi amb coeficients reals.

a) Les arrels del nostre polinomi són les arrels quartes del complex 1, és a dir, $z = \sqrt[4]{1} = \sqrt[4]{1_0}$. Calculant aquestes arrels quartes, obtenim els quatre complexos $1_{\frac{\pi k}{2}}$, per a $k = 0, 1, 2, 3$, que són $1, i, -1, -i$.

b) La descomposició en factors primers —o irreductibles— a coeficients complexos és, doncs,

$$z^4 - 1 = (z-1)(z+1)(z-i)(z+i).$$

N'hi ha quatre polinomis irreductibles en $\mathbb{C}$, tots de grau 1, és clar.

c) La descomposició en factors primers —o irreductibles— amb coeficients reals s'obté a partir de la descomposició en $\mathbb{C}$: $z^4 - 1 = (z-1)(z+1)\underbrace{(z-i)(z+i)}_{(*)}$, i queda

$$z^4 - 1 = (z-1)(z+1)(z^2+1).$$

Aquí tenim tres polinomis irreductibles en $\mathbb{R}$, dos de grau 1 i un de grau 2. Fixem-nos que a l'expressió $(*)$ consten dues arrels conjugades: i, $-i$; per tant, el producte $(*)$ és una expressió amb coeficients reals.

Problemes resolts

Problema 1

Resoleu les inequacions següents:

a) $x^2 - 5x + 4 \leq 0$

b) $x^2 > 49$

c) $\dfrac{x+4}{2x-1} \leq 0$

[Solució]

a) Tenim que $x^2 - 5x + 4 = 0 \Longleftrightarrow x_1 = 1, x_2 = 4$. Observem, d'altra banda, que la gràfica de $y = x^2 - 5x + 4$ és una paràbola convexa que talla l'eix d'abscisses als punts $x_1 = 1$ i $x_2 = 4$ (la primera paràbola de la figura 1.17). Per tant,

$$x^2 - 5x + 4 \leq 0 \Longleftrightarrow x \in [1,4].$$

b) Observem que $x^2 > 49 \Longleftrightarrow x^2 - 49 > 0$. A més, $x^2 - 49 = 0 \Longleftrightarrow x_1 = -7$ i $x_2 = 7$. D'altra banda, la gràfica de $y = x^2 - 49$ correspon a una paràbola convexa que talla a l'eix d'abscisses en $x_1 = -7$ i $x_2 = 7$ (el segon dibuix de la figura 1.17).

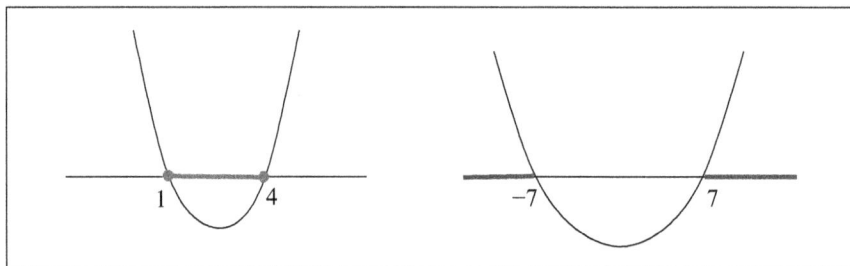

Fig. 1.17 Interpretacions gràfiques de les solucions

Finalment,

$$x^2 - 49 > 0 \Longleftrightarrow x \in (-\infty, -7) \cup (7, +\infty).$$

c) En aquest cas,

$$\frac{x+4}{2x-1} \leq 0 \ \text{si} \ \begin{cases} x+4 \leq 0 \\ 2x-1 > 0 \end{cases} \Longleftrightarrow x \leq -4 \text{ i } x > \frac{1}{2} \ \text{(això és impossible)},$$

o bé

$$\frac{x+4}{2x-1} \leq 0 \ \text{si} \ \begin{cases} x+4 \geq 0 \\ 2x-1 < 0 \end{cases} \Longleftrightarrow x \geq -4 \text{ i } x < \frac{1}{2} \Longleftrightarrow x \in \left[-4, \frac{1}{2}\right).$$

La solució és la reunió d'ambdues solucions anteriors, és a dir, el conjunt $\left[-4, \frac{1}{2}\right)$.

Problema 2

Trobeu els nombres reals x que satisfan la inequació $\dfrac{x+2}{1-x} > 1$.

[Solució]

Resoldrem el problema de dues maneres. En primer lloc, observem que

$$\frac{x+2}{1-x} > 1 \iff \frac{x+2}{1-x} - 1 > 0 \iff \frac{2x+1}{1-x} > 0.$$

Per tal que aquest quocient sigui positiu, el numerador i el denominador han de tenir el mateix signe, és a dir,

$$\{2x+1 > 0 \ \text{i} \ 1-x > 0\} \quad \text{o bé} \quad \{2x+1 < 0 \ \text{i} \ 1-x < 0\}.$$

La solució de la primera opció és l'interval $\left(-\frac{1}{2}, 1\right)$. Atès que no hi ha cap nombre que satisfaci la segona opció, el resultat és el conjunt $\left(-\frac{1}{2}, 1\right)$.

Una altra forma de resoldre l'exercici és la següent. Clarament $x \neq 1$; aleshores, podem estudiar els dos casos: $x > 1$ i $x < 1$.

Si $x > 1$, el denominador de $\dfrac{x+2}{1-x}$ és negatiu, el numerador positiu i el quocient resulta, doncs, negatiu. En aquest cas, la inequació no té solució perquè un nombre negatiu no pot ser mai més gran que un de positiu.

Si $x < 1$, aleshores $1-x > 0$ i podem multiplicar les dues bandes de la desigualtat per $1-x$ sense que canviï el sentit de la desigualtat. D'aquesta forma, obtenim

$$x+2 > 1-x \iff 2x > -1 \iff x > -\frac{1}{2}$$

que, juntament amb la condició $x < 1$, ens dóna $-\frac{1}{2} < x < 1$. Per tant, el conjunt solució és l'interval $\left(-\frac{1}{2}, 1\right)$.

Problema 3

Resoleu la inequació $|x^2 - 7x + 8| < 2$.

[Solució]

Per les propietats del valor absolut, la desigualtat és equivalent a $-2 < x^2 - 7x + 8 < 2$. Així obtenim dues inequacions que s'han de satisfer simultàniament:

$$-2 < x^2 - 7x + 8 \quad \text{i} \quad x^2 - 7x + 8 < 2.$$

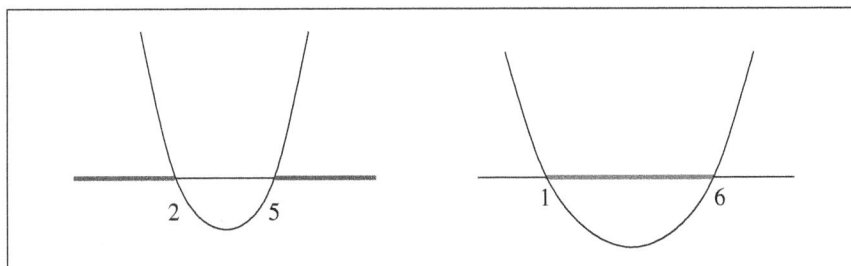

Fig. 1.18 Solucions gràfiques de les dues inequacions

Les ordenem i factoritzem, i es converteixen en

$$(x-2)(x-5) > 0 \quad \text{i} \quad (x-1)(x-6) < 0.$$

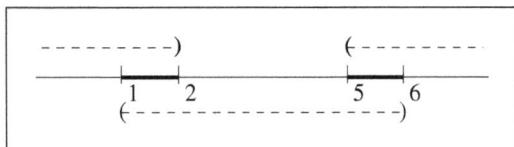

Fig. 1.19 Intersecció de les solucions parcials

La solució de la primera inequació és el conjunt $(-\infty, 2) \cup (5, +\infty)$ i la de la segona és l'interval $(1,6)$; el dibuix apareix a la figura 1.18. Finalment, la solució de la inequació inicial és el conjunt intersecció dels dos anteriors (figura 1.19):

$$\left[(-\infty, 2) \cup (5, +\infty)\right] \cap (1,6) = (1,2) \cup (5,6).$$

Problema 4

Resoleu la inequació $|x-3| + |x+2| \geq 10$.

[Solució]

Observem que

$$|x-3| = \begin{cases} x-3 \text{ si } x \geq 3 \\ -x+3 \text{ si } x \leq 3 \end{cases} \quad \text{i} \quad |x+2| = \begin{cases} x+2 \text{ si } x \geq -2 \\ -x-2 \text{ si } x \leq -2 \end{cases}$$

Així, ens convé distingir tres casos.

- Cas 1: $x \leq -2$. Tenim

$$|x-3| + |x+2| \geq 10 \iff -x+3-x-2 \geq 10 \iff$$

$$2x \leq -9 \iff x \leq -\frac{9}{2} \iff x \in \left(-\infty, -\frac{9}{2}\right].$$

- Cas 2: $-2 < x < 3$. Aquí

$$|x-3| + |x+2| \geq 10 \iff -x+3+x+2 \geq 10 \iff 5 \geq 10,$$

que és un absurd; aquest cas, doncs, no té solució.

- Cas 3: $x \geq 3$. Tenim

$$|x-3| + |x+2| \geq 10 \iff x-3+x+2 \geq 10 \iff$$

$$2x \geq 11 \iff x \geq \frac{11}{2} \iff x \in \left[\frac{11}{2}, +\infty\right).$$

Per tant, la solució de la inequació $|x-3| + |x+2| \geq 10$ és el conjunt unió de les solucions dels tres casos:

$$\left(-\infty, -\frac{9}{2}\right] \cup \left[\frac{11}{2}, +\infty\right).$$

Problema 5

Sigui z un nombre complex de mòdul 1. Calculeu el mòdul de $\dfrac{1+2iz}{z-2i}$.

[Solució]

Considerem $z = a + bi$. Per hipòtesi, $|z| = 1$. Aleshores, $|z|^2 = a^2 + b^2 = 1$. Ara, tenint en compte que $\left|\dfrac{z_1}{z_2}\right| = \dfrac{|z_1|}{|z_2|}$ per a tot $z_1, z_2 \in \mathbb{C}$, $z_2 \neq 0$, obtenim

$$\left|\frac{1+2iz}{z-2i}\right| = \frac{|1+2i(a+bi)|}{|a+bi-2i|} = \frac{|1-2b+2ai|}{|a+(b-2)i|}$$

$$= \frac{\sqrt{(1-2b)^2+4a^2}}{\sqrt{a^2+(b-2)^2}} = \frac{\sqrt{1-4b+4b^2+4a^2}}{\sqrt{a^2+b^2-4b+4}}.$$

Finalment, atès que $a^2 + b^2 = 1$, resulta

$$\left|\frac{1+2iz}{z-2i}\right| = \frac{\sqrt{5-4b}}{\sqrt{5-4b}} = 1.$$

Notem que $5 - 4b \neq 0$, ja que, si b fos $5/4$, aleshores $a^2 + b^2 > 1$.

Problema 6

Calculeu la suma $\displaystyle\sum_{n=1}^{100} i^n$. Expresseu-ne el resultat de forma binòmica.

[Solució]

Sabem que $i^1 = i$, $i^2 = -1$, $i^3 = -i$, $i^4 = 1$ i que les potències successives de i es tornen a repetir. És clar, doncs, que la suma de cada grup de quatre sumands seguits dóna zero. A la suma proposada hi ha exactament vint-i-cinc grups de quatre sumands que s'anul·len. Per tant, $\displaystyle\sum_{n=1}^{100} i^n = 0$.

Problema 7

Quins nombres complexos satisfan l'equació $z^5 + \sqrt{3}\,i = -1$?

[Solució]

L'equació donada és equivalent a $z^5 = -1 - \sqrt{3}i$. Per tant, $z = \sqrt[5]{-1-\sqrt{3}i}$. Les solucions són les cinc arrels cinquenes de $-1 - \sqrt{3}i$. El mòdul d'aquest nombre complex és 2 i l'argument val $\alpha = \operatorname{arctg}\sqrt{3} = \dfrac{4\pi}{3}$, ja que està situat al tercer quadrant. Així,

$$z = \sqrt[5]{2_{\frac{4\pi}{3}}}.$$

Obtenim el mòdul de les arrels: $|z| = \sqrt[5]{2}$, i els arguments:

$$\theta_k = \frac{4\pi}{15} + \frac{2k\pi}{5} \quad \text{per a } k = 0, \dots, 4.$$

Les cinc solucions són

$$z_0 = \sqrt[5]{2}_{\frac{4\pi}{15}}, \quad z_1 = \sqrt[5]{2}_{\frac{10\pi}{15}}, \quad z_2 = \sqrt[5]{2}_{\frac{16\pi}{15}}, \quad z_3 = \sqrt[5]{2}_{\frac{22\pi}{15}}, \quad z_4 = \sqrt[5]{2}_{\frac{28\pi}{15}}.$$

Problema 8

Una arrel quarta d'un nombre complex z val $\frac{\sqrt{2}}{4} + i\frac{\sqrt{2}}{4}$. Trobeu aquest nombre complex i les altres tres arrels quartes.

[Solució]

De l'enunciat es dedueix que $z = \left(\frac{\sqrt{2}}{4} + i\frac{\sqrt{2}}{4}\right)^4$. En forma polar, serà $z = \left(\frac{1}{2}_{\frac{\pi}{4}}\right)^4 = \frac{1}{16}_{\pi}$. Per tant, el nombre z és $-\frac{1}{16}$.

Per trobar-ne les altres tres arrels quartes, només hem de calcular $\sqrt[4]{-\frac{1}{16}} = \sqrt[4]{\frac{1}{16}_{\pi}}$. El mòdul de totes les arrels quartes val $\sqrt[4]{\frac{1}{16}} = \frac{1}{2}$. Els arguments es determinen a partir de la relació

$$\theta_k = \frac{\pi + 2k\pi}{4} \text{ per a } k = 0, 1, 2 \text{ i } 3.$$

Les arrels quartes són, doncs,

$$\frac{1}{2}_{\frac{\pi}{4}} = \frac{\sqrt{2}}{4} + \frac{\sqrt{2}}{4}i, \quad \frac{1}{2}_{\frac{3\pi}{4}} = -\frac{\sqrt{2}}{4} + \frac{\sqrt{2}}{4}i, \quad \frac{1}{2}_{\frac{5\pi}{4}} = -\frac{\sqrt{2}}{4} - \frac{\sqrt{2}}{4}i, \quad \frac{1}{2}_{\frac{7\pi}{4}} = \frac{\sqrt{2}}{4} - \frac{\sqrt{2}}{4}i.$$

Problema 9

Calculeu totes les solucions de l'equació $z^6 = (z-1)^6$.

[Solució]

L'equació proposada és equivalent a $z^6 - (z-1)^6 = 0$. Podem descompondre aquesta expressió en suma per diferència:

$$\left[z^3 + (z-1)^3\right]\left[z^3 - (z-1)^3\right] = 0.$$

Desenvolupant els cubs i simplificant l'expressió, obtenim l'equació polinòmica de grau 5

$$(2z^3 - 3z^2 + 3z - 1)(3z^2 - 3z + 1) = 0.$$

Les arrels del polinomi de segon grau són

$$z_1 = \frac{3 + \sqrt{3}i}{6} \quad \text{i} \quad z_2 = \frac{3 - \sqrt{3}i}{6}.$$

El polinomi de tercer grau té almenys una arrel real. Aquesta arrel no és entera ja que els únics divisors de -1 (el terme independent) són 1 i -1 i cap d'ells no és arrel del polinomi. Assagem les possibles arrels racionals (terme independent dividit pel coeficient que acompanya la indeterminada de grau màxim): $\frac{1}{2}$. Efectivament, $z_3 = \frac{1}{2}$ n'és una solució. Ara, aplicant la regla de Ruffini, obtenim

$$2z^3 - 3z^2 + 3z - 1 = \left(z - \frac{1}{2}\right)(2z^2 - 2z + 2).$$

Les solucions d'aquest darrer polinomi de segon grau són

$$z_4 = \frac{1+\sqrt{3}i}{2} \quad \text{i} \quad z_5 = \frac{1-\sqrt{3}i}{2}.$$

Per tant, l'equació del començament té exactament cinc solucions, una de les quals és real:

$$\frac{3 \pm \sqrt{3}i}{6}, \quad \frac{1 \pm \sqrt{3}i}{2} \quad \text{i} \quad \frac{1}{2}.$$

Problema 10

Determineu el valor de $q \in \mathbb{R}^+$ de manera que les solucions de l'equació

$$z(z+4)(z^2+4z+4+4q^2) = 0$$

formin un quadrat en el pla complex. Calculeu-ne l'àrea.

[Solució]

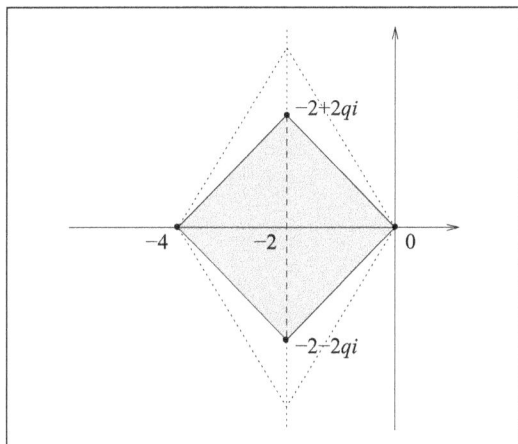

Fig. 1.20 El quadrat format per les solucions

És clar que dues de les solucions són $z=0$ i $z=-4$. Per trobar-ne les altres dues, resolem l'equació de segon grau $z^2+4z+4+4q^2=0$:

$$z = \frac{-4 \pm \sqrt{-16q^2}}{2} = -2 \pm 2qi.$$

Si volem que els afixos dels quatre nombres complexos $0, -4, -2+2qi, -2+2qi$ formin un quadrat —com a la figura 1.20—, la distància entre $-2+2qi$ i $-2-2qi$ (la diagonal vertical del quadrat) ha de ser 4 (com l'altra diagonal, l'horitzontal). Per tant, $4|q|=4$, d'on $q = \pm 1$. Aleshores $q = 1$ ja que l'enunciat demana q positiva.

Per acabar, tenint en compte novament que les diagonals del quadrat valen 4, aquest té àrea 8.

Problemes proposats

Problema 1

Resoleu les inequacions següents:

a) $(x+2)(x-3) > 0$

b) $-9x^2 - 3x + 2 \geq 0$

c) $5x^2 + 2x + 1 < 0$

d) $x^3 - 9x^2 + 11x + 21 < 0$

Problema 2

Calculeu els nombres reals x que compleixen aquestes inequacions:

a) $\dfrac{x-1}{x+1} \geq 3$

b) $\dfrac{1}{x} + \dfrac{1}{1-x} > 0$

Problema 3

Determineu els conjunts de punts que satisfan les desigualtats següents:

a) $|x^2 - 5x + 5| \geq 1$

b) $|x+4| < |x|$

Problema 4

Esbrineu els valors de $\lambda \in \mathbb{R}$ de manera que les arrels de l'equació $x^2 + \lambda x - \lambda + \frac{5}{4} = 0$ siguin reals.

Problema 5

Trobeu els nombres complexos de mòdul 1 que satisfan la igualtat $|z - 1| = |z - i|$.

Problema 6

Sigui el polinomi $P(z) = z^4 + 4z^2 + 16$.

a) Calculeu la suma i el producte de les arrels de $P(z)$.

b) Descomponeu $P(z)$ en factors primers amb coeficients reals.

Problema 7

Proveu que, si z és un complex amb mòdul 1, aleshores $\dfrac{1}{z} = \bar{z}$.

Problema 8

Descomponeu en producte de factors primers el polinomi $4z^2 + 4iz - i\sqrt{3}$.

Problema 9

Quins són els nombres complexos que satisfan $|z - 1| = 2$?

2

Funcions

2.1 Conceptes bàsics

En aquest capítol, estudiarem les funcions reals d'una variable real.

Una *funció* expressa la idea que una quantitat depèn o està determinada per una altra o altres. Per exemple, la longitud d'una circumferència depèn de la longitud del seu radi, el volum d'un cilindre depèn de la longitud del radi de la base i de l'altura, el cost de produir un article determinat depèn del nombre d'articles produïts, de la mà d'obra...

> **Definició 2.1** Una *funció dels nombres reals als nombres reals* és una relació que fa correspondre a cada nombre real (d'un conjunt determinat anomenat *domini*) un altre nombre real, d'una manera única. També s'anomena *funció real de variable real*.

Usualment, per expressar simbòlicament aquesta relació es fa servir la notació següent:

$$f : D \subset \mathbb{R} \longrightarrow \mathbb{R}$$
$$x \longmapsto y = f(x)$$

La f representa la relació de dependència que existeix entre la x i la y, D és el *domini* de la funció, i el fet d'escriure $y = f(x)$ vol dir que hi ha una forma explícita (una fórmula) que permet calcular la y a partir de la x. Diem que x és la variable independent, i y la variable dependent. Evidentment, les lletres per representar les variables poden ser unes altres.

Quan no s'especifica el domini d'una funció, s'entén que aquest és el conjunt de $\mathbb{R}$ més gran possible. En notació abreujada:

$$\text{Dom}(f) = \{x \in \mathbb{R} \mid \exists y \in \mathbb{R} : y = f(x)\}.$$

De vegades, també és interessant conèixer el conjunt *imatge, recorregut* o *rang* de la funció. Aquest està format per tots els nombres reals que s'obtenen en aplicar la funció a tots els nombres del seu domini. En notació abreujada:

$$\text{Im}(f) = \{y \in \mathbb{R} \mid \exists x \in \mathbb{R} : y = f(x)\}.$$

Exemple 2.2

Considerem la funció $f(x) = x^2$ (o, simplement, $y = x^2$). És clar que el seu domini és tot $\mathbb{R}$, atès que qualsevol nombre real es pot elevar al quadrat. Tanmateix, la seva imatge és el conjunt dels nombres reals més grans o iguals que 0.

Prenent un sistema de referència cartesià (és a dir, una recta horitzontal i una altra de vertical que es tallen en un punt distingit, que anomenarem *l'origen de coordenades*), és possible representar gràficament una funció donada explícitament. A l'eix horitzontal (o eix d'abscisses), hi posarem les x, i a l'eix vertical (o eix d'ordenades) les y. Aleshores, la gràfica d'una funció $y = f(x)$ està formada per les parelles de punts (x, y) de $\mathbb{R}^2$ tals que $y = f(x)$, essent x un nombre del domini de f.

Exemple 2.3

A la figura 2.1 veiem, a l'esquerra, un esbós de la gràfica de la funció $y = x^2$ i a la dreta, un de la funció $y = [x]$ (anomenada *part entera de x*).

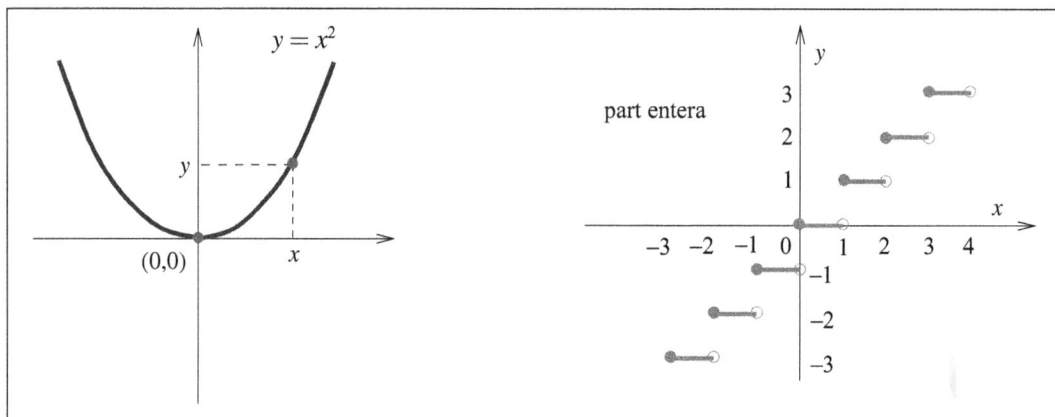

Fig. 2.1 Les funcions $y = x^2$ i $y = [x]$

Atenent el comportament de la funció, aquesta pot rebre diversos qualificatius.

Definició 2.4 Diem que una funció $y = f(x)$ amb domini D és:

- *Parella* si $f(x) = f(-x)$, per a tot $x \in D$.

- *Imparella* o *senar* si $f(x) = -f(-x)$, per a tot $x \in D$.

- *Periòdica* si $f(x) = f(x + kT)$, $T \in \mathbb{R}$, $k \in \mathbb{Z}$ (*T* és el *període de f*).

- *Creixent* en $A \subset D$ si, per a tot $x_1, x_2 \in A$, amb $x_1 < x_2$, es té $f(x_1) \leq f(x_2)$.

  Estrictament creixent en $A \subset D$ si la desigualtat anterior és estricta.

- *Decreixent* en $A \subset D$ si, per a tot $x_1, x_2 \in A$, amb $x_1 < x_2$, es té $f(x_1) \geq f(x_2)$.

  Estrictament decreixent en $A \subset D$ si la desigualtat anterior és estricta.

- *Monòtona* en A si és creixent o decreixent en A.

  Estrictament monòtona en A si és estrictament creixent o decreixent en A.

Exemple 2.5

a) La funció $f(x) = x^2$ és parella, estrictament decreixent en l'interval $(-\infty, 0]$ i estrictament creixent en $[0, \infty)$.

b) La funció $f(x) = [x]$ és creixent en $\mathbb{R}$, però no estrictament creixent.

Exemple 2.6

a) Les figures 2.2 i 2.3 mostren les gràfiques de funcions parelles i imparelles, respectivament.

b) La figura 2.4 mostra dos exemples de funcions periòdiques.

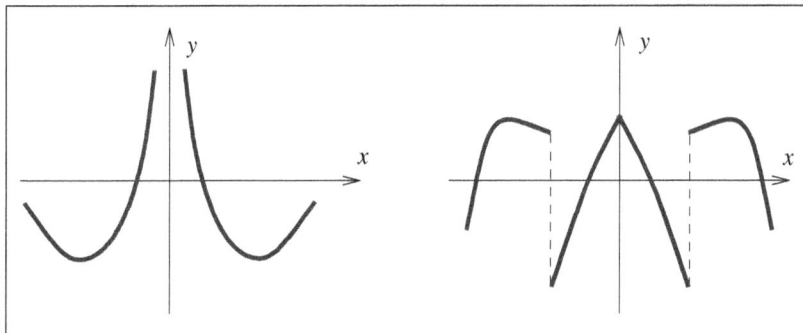

Fig. 2.2 Funcions parelles

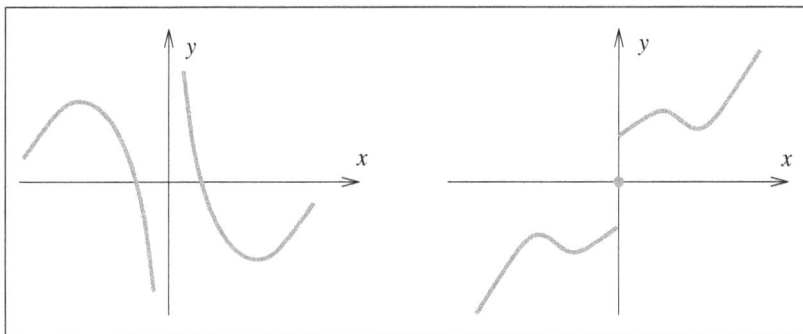

Fig. 2.3 Funcions imparelles

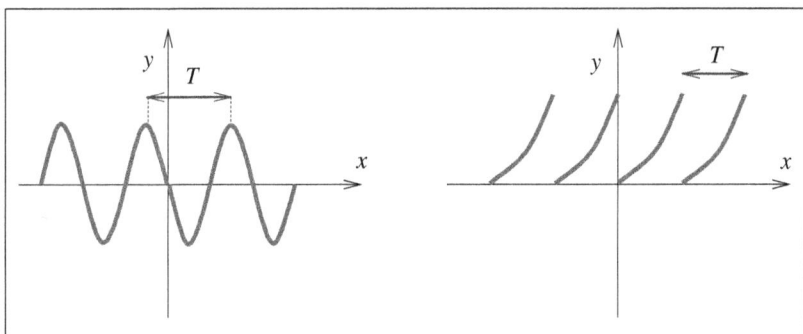

Fig. 2.4 Funcions periòdiques de període T

c) Les figures 2.5 i 2.6 corresponen a gràfiques de funcions monòtones creixents i decreixents.

d) A la figura 2.7 podem veure les gràfiques de dues funcions monòtones a trossos.

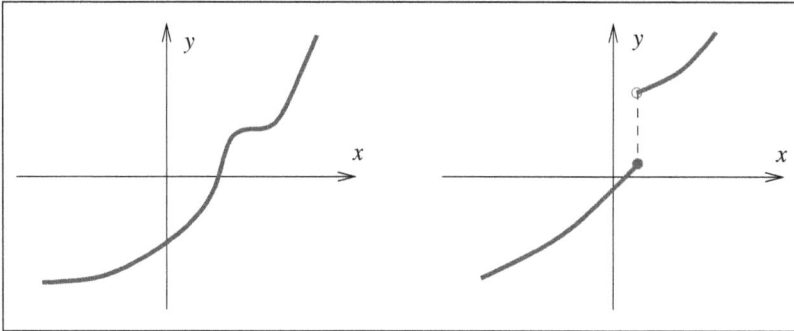

Fig. 2.5 Funcions creixents. La de la dreta és estrictament creixent

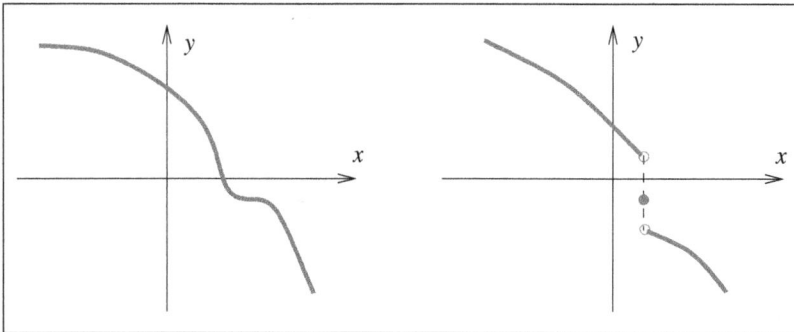

Fig. 2.6 Funcions decreixents. La de la dreta és estrictament decreixent

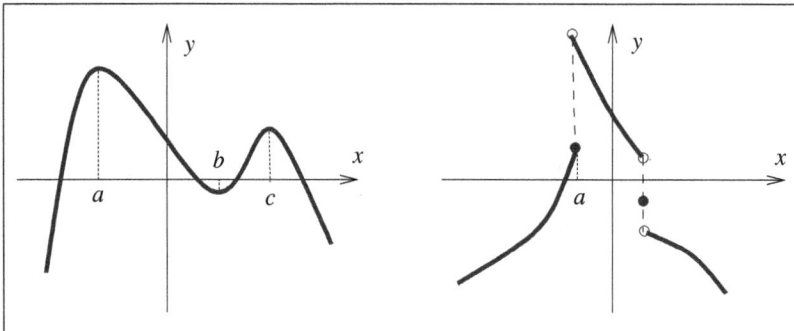

Fig. 2.7 Funcions monòtones a trossos

Definició 2.7

- Una funció $f(x)$ és *fitada inferiorment* en $D \subset \mathbb{R}$ si existeix un nombre real M_1 tal que $M_1 \leq f(x)$, $\forall x \in D$; en aquest cas, M_1 és *una fita inferior de $f(x)$*.

- Una funció $f(x)$ és *fitada superiorment* en $D \subset \mathbb{R}$ si existeix un nombre real M_2 tal que $f(x) \leq M_2$, $\forall x \in D$; en aquest cas, M_2 és *una fita superior de $f(x)$*.

- Una funció $f(x)$ és *fitada* en $D \subset \mathbb{R}$ si ho és inferior i superiorment, és a dir, si existeixen nombres reals M_1, M_2 tals que $M_1 \leq f(x) \leq M_2$, $\forall x \in D$.

La definició anterior de funció fitada és equivalent a dir que existeix un nombre real $M > 0$ tal que $|f(x)| \leq M$, per a tot $x \in D$.

Exemple 2.8

La funció $f(x) = x^2$ és fitada inferiorment perquè, per exemple, $f(x) \geq 0$, per a tot $x \in \mathbb{R}$. En canvi, no és fitada superiorment ja que, per a qualsevol constant $K \in \mathbb{R}$, existeix un nombre real x tal que $x^2 > K$.

2.2 Les funcions elementals

En aquesta secció, repassarem les funcions més usuals i n'introduirem algunes de noves.

Funcions polinòmiques

Una funció polinòmica és del tipus

$$f(x) = a_0 + a_1 x + a_2 x^2 + \cdots + a_n x^n$$

amb $a_i \in \mathbb{R}$, $a_n \neq 0$ i n un nombre enter més gran o igual que zero. Evidentment, el domini d'una funció polinòmica és $\mathbb{R}$.

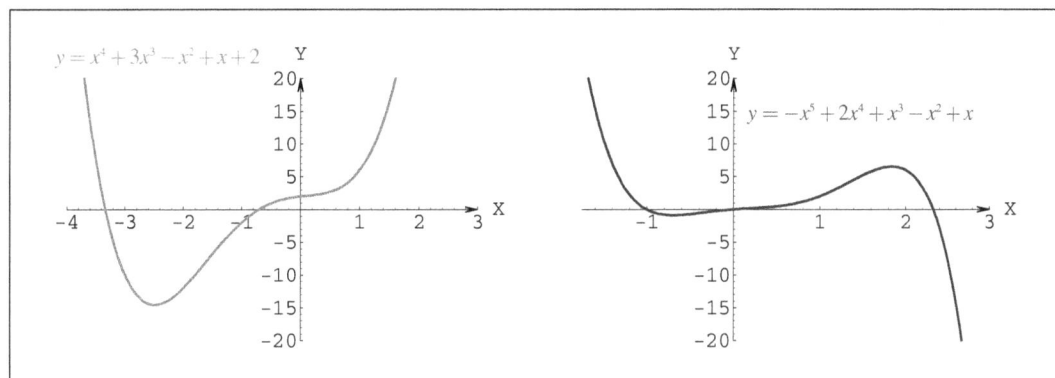

Fig. 2.8 Polinomi de grau 4 amb un sol extrem i polinomi de grau 5 amb dos extrems

Si $n = 0$, s'obtenen les funcions constants: $f(x) = k$. Les gràfiques d'aquestes funcions són rectes horitzontals.

Si $n = 1$, s'obtenen les funcions afins: $f(x) = ax + b$. La gràfica d'una funció afí és una recta inclinada de pendent a. Quan $a > 0$, la funció és estrictament creixent i, quan $a < 0$, estrictament decreixent.

Si $n = 2$, s'obtenen les funcions quadràtiques: $f(x) = ax^2 + bx + c$. La gràfica d'una funció quadràtica és una paràbola. Quan $a > 0$, la paràbola decreix fins al seu vèrtex i a partir d'ell creix. Quan $a < 0$, primer creix i després decreix.

A mesura que n augmenta, també augmenta la complexitat de les funcions polinòmiques. De vegades, per fer l'esbós de la gràfica d'una funció polinòmica, pot ser útil conèixer el nombre d'extrems que té.

En general, el nombre d'extrems d'una funció polinòmica de grau n és:

$$n-1, \quad \text{o} \quad n-1-2, \quad \text{o} \quad n-1-4, \quad \text{o} \quad n-1-6, \quad \text{o} \quad \dots$$

Efectivament, les rectes (grau 1 o bé 0) no tenen cap extrem, les paràboles (grau 2) tenen 1 extrem, les cúbiques (grau 3) en tenen 1 o cap, les quàrtiques (grau 4) poden tenir 3 extrems o 1 de sol, etc. A la figura 2.8, en tenim dos exemples: $f(x) = x^4 + 3x^3 - x^2 + x + 2$ i $g(x) = -x^5 + 2x^4 + x^3 - x^2 + x$.

Funcions racionals

Una funció racional és de la forma $f(x) = \dfrac{P(x)}{Q(x)}$, en què P i Q són polinomis.

El domini d'una funció racional és tot $\mathbb{R}$ excepte els nombres que anul·len el denominador (és a dir, aquells nombres que fan $Q(x) = 0$).

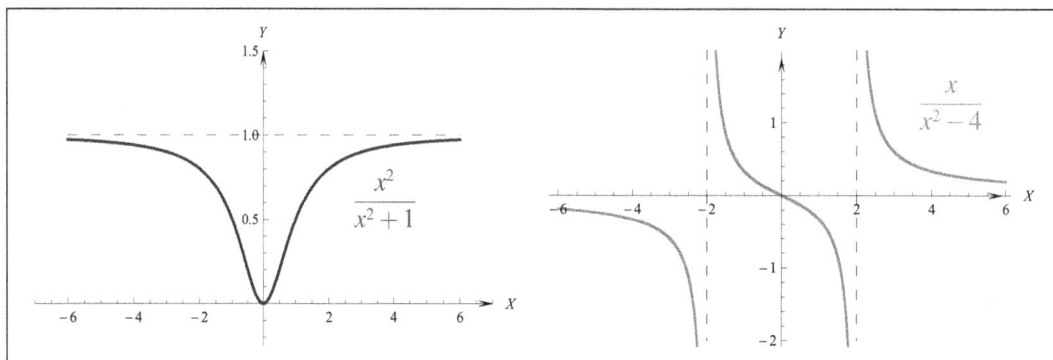

Fig. 2.9 Funcions racionals

Per dibuixar la gràfica d'una funció racional, cal fer-ne un estudi detallat: trobar-ne les asímptotes, els punts de tall amb els eixos... A la figura 2.9, n'hem representat dos exemples: $f(x) = \dfrac{x^2}{x^2 + 1}$ i $g(x) = \dfrac{x}{x^2 - 4}$.

Funcions exponencials

Les funcions exponencials són del tipus $f(x) = a^x$, amb $a > 0$.

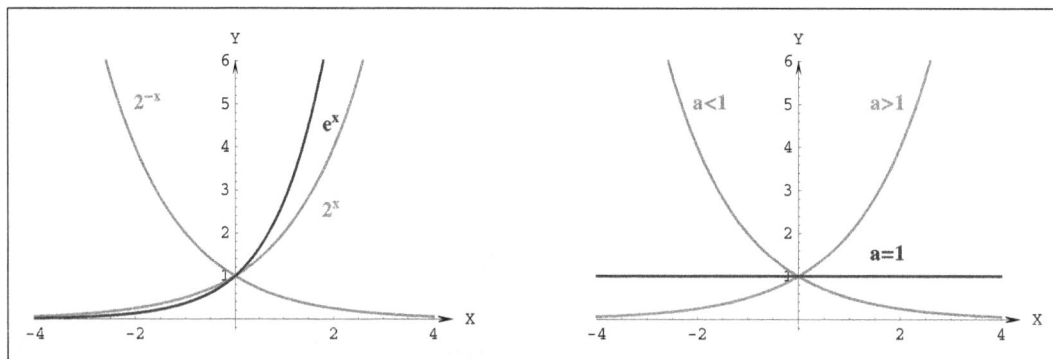

Fig. 2.10 Funció exponencial

El seu domini és tot $\mathbb{R}$. La gràfica, segons si a és més gran o més petita que 1, l'hem esbossada a la figura 2.10.

Observem que la imatge és el conjunt de nombres reals positius (excepte en el cas $a = 1$, que és un punt). L'exponencial és estrictament creixent si $a > 1$ i estrictament decreixent si $0 < a < 1$.

Propietats de la funció exponencial

- $a^x \cdot a^y = a^{x+y}$

- $\dfrac{a^x}{a^y} = a^{x-y}$

- $a^0 = 1$

- $(a^x)^y = a^{xy}$

S'anomenen *equacions exponencials* aquelles en què la incògnita apareix com a exponent en algun dels seus termes. Per resoldre-les, cal tenir en compte les propietats de les potències i la injectivitat de la funció exponencial, és a dir,

$$a^{x_1} = a^{x_2} \Longrightarrow x_1 = x_2.$$

Funcions logarítmiques

Anomenem *logaritme en base a d'un nombre x* la potència a la qual s'ha d'elevar a per obtenir el nombre x. És a dir,

$$\log_a x = y \Longleftrightarrow a^y = x$$

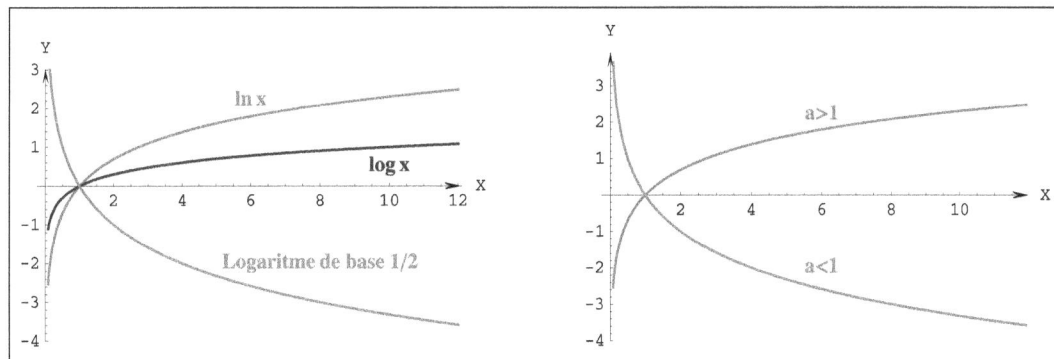

Fig. 2.11 Funció logarítmica

La gràfica, segons si a és més gran o més petita que 1, és la que es veu a la figura 2.11.

Observem que $y = \log_a x$ és estrictament creixent si $a > 1$ i estrictament decreixent si $0 < a < 1$. La funció logarítmica passa pel punt $(1, 0)$. Si la base és el nombre e (d'Euler), la funció s'anomena *logaritme neperià o natural* i s'escriu $y = \ln x$.

Propietats de la funció logarítmica

- $\log_a(x \cdot y) = \log_a x + \log_a y$

- $\log_a \dfrac{x}{y} = \log_a x - \log_a y$

- $\log_a x^n = n \cdot \log_a x$

- $\log_a 1 = 0$

Si a i b són dos nombres positius, es compleix

$$\log_b x = \frac{\log_a x}{\log_a b}$$

i amb aquesta relació podem trobar el logaritme en base b de x, si coneixem els logaritmes en base a.

> Les *equacions logarítmiques* són aquelles en què la incògnita forma part d'alguna expressió logarítmica. Per resoldre-les, cal tenir en compte tant les propietats com la injectivitat de la funció logarítmica, és a dir,
>
> $$\log_a x_1 = \log_a x_2 \Longrightarrow x_1 = x_2$$

Funcions trigonomètriques

Considerem un cercle de radi 1. A cada punt P del cercle, se li assignen un angle $x \in [0, 2\pi)$ i unes coordenades, de manera que l'abscissa és el *cosinus* que designem per $\cos x$, i l'ordenada és el *sinus* que designem per $\sin x$ (figura 2.12).

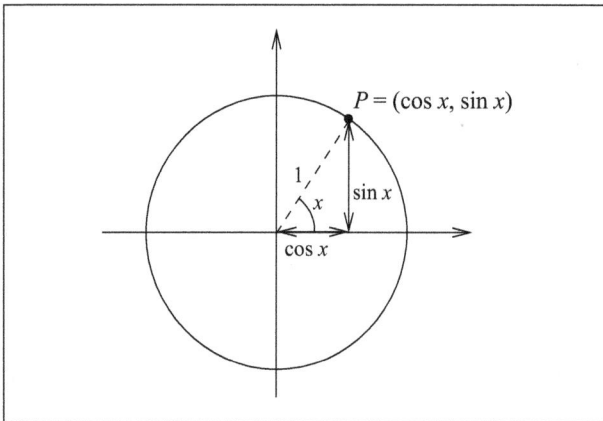

Fig. 2.12 Sinus i cosinus d'un angle

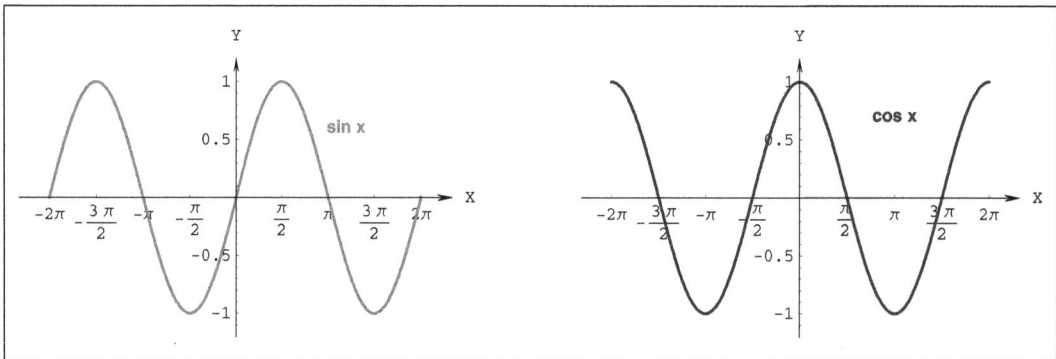

Fig. 2.13 Funcions sinus i cosinus

Podem veure les gràfiques de les funcions $\sin x$ i $\cos x$ a la figura 2.13. Són contínues, amb domini $\mathbb{R}$, recorregut $[-1,1]$, i periòdiques amb període 2π.

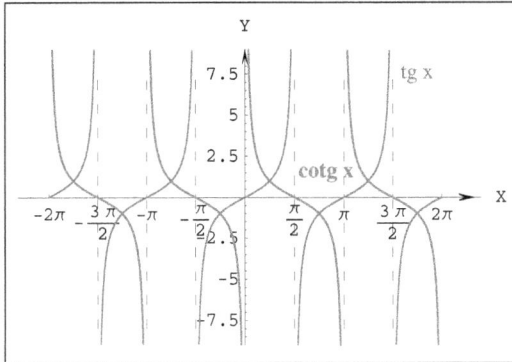

Fig. 2.14 Funcions tangent i cotangent

D'altra banda, la funció

$$\operatorname{tg} x = \frac{\sin x}{\cos x}$$

és una funció periòdica, amb període π, que en els punts de la forma $x = \frac{\pi}{2} + k\pi$ no està definida. El seu recorregut és $\mathbb{R}$. La seva gràfica es veu a la figura 2.14.

També podem definir les *inverses algebraiques* del sinus, el cosinus i la tangent, que anomenem *cosecant*, *secant* i *cotangent*, respectivament:

$$\operatorname{cosec} x = \frac{1}{\sin x}, \quad \sec x = \frac{1}{\cos x}, \quad \operatorname{cotg} x = \frac{1}{\operatorname{tg} x}.$$

Hem il·lustrat les seves gràfiques a les figures 2.14 i 2.15.

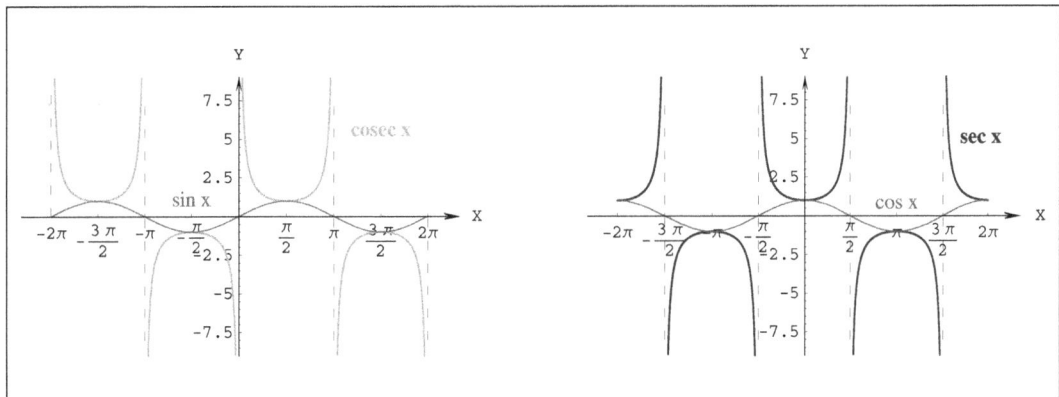

Fig. 2.15 Funcions cosecant i secant

Recordem algunes de les identitats trigonomètriques més rellevants, que utilitzarem al llarg del curs.

Identitats trigonomètriques

- $\cos^2 \alpha + \sin^2 \alpha = 1$.

- $\cos(\alpha \pm \beta) = \cos\alpha \, \cos\beta \mp \sin\alpha \, \sin\beta$.

- $\sin 2\alpha = 2 \sin\alpha \, \cos\alpha$.

- $\operatorname{tg} 2\alpha = \dfrac{2\operatorname{tg}\alpha}{1 - \operatorname{tg}^2\alpha}$.

- $\sin(\alpha \pm \beta) = \sin\alpha \, \cos\beta \pm \sin\beta \, \cos\alpha$.

- $\operatorname{tg}(\alpha \pm \beta) = \dfrac{\operatorname{tg}\alpha \pm \operatorname{tg}\beta}{1 \mp \operatorname{tg}\alpha \, \operatorname{tg}\beta}$.

- $\cos 2\alpha = \cos^2 \alpha - \sin^2 \alpha$.

Les *equacions trigonomètriques* són aquelles en què les incògnites apareixen com a variables d'alguna funció trigonomètrica.

Funcions hiperbòliques

Algunes combinacions de les funcions exponencials e^x i e^{-x} són força freqüents en les aplicacions matemàtiques i, per això, reben noms especials. El *sinus hiperbòlic* i el *cosinus hiperbòlic* es defineixen de la manera següent:

$$\sinh x = \frac{e^x - e^{-x}}{2}, \qquad \cosh x = \frac{e^x + e^{-x}}{2}.$$

La *tangent hiperbòlica* es defineix com

$$\operatorname{tgh} x = \frac{\sinh x}{\cosh x} = \frac{e^x - e^{-x}}{e^x + e^{-x}}.$$

A partir d'aquestes, es defineixen altres funcions hiperbòliques com la *cotangent hiperbòlica*, la *cosecant hiperbòlica* i la *secant hiperbòlica*:

$$\operatorname{cotgh} x = \frac{1}{\operatorname{tgh} x} = \frac{\cosh x}{\sinh x}, \quad \operatorname{cosech} x = \frac{1}{\sinh x}, \quad \operatorname{sech} x = \frac{1}{\cosh x}.$$

Les gràfiques de les funcions hiperbòliques s'aconsegueixen a partir de les gràfiques de les funcions e^x i e^{-x}. A la figura 2.16 observem com s'obtenen les gràfiques del sinus hiperbòlic i del cosinus hiperbòlic (també anomenada *catenària*) a partir de l'exponencial.

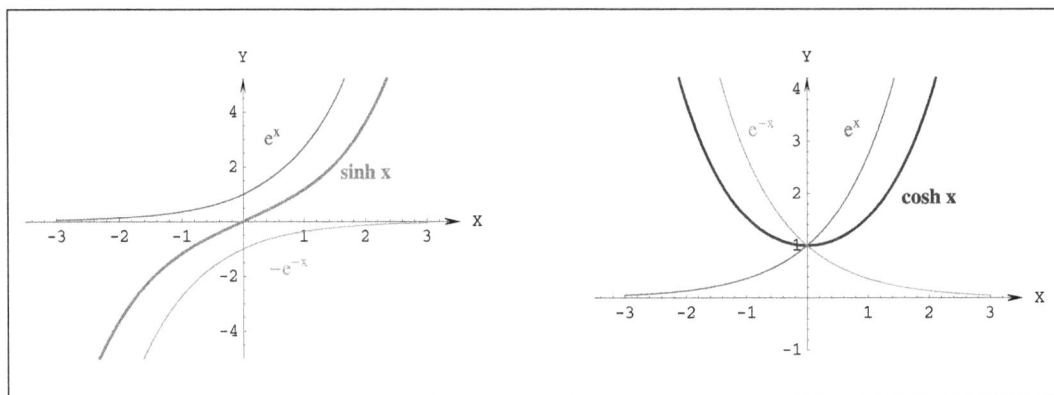

Fig. 2.16 Obtenció de les gràfiques de $\sinh x$ i $\cosh x$ (*catenària*) a partir de l'exponencial

D'altra banda, la figura 2.17 mostra la gràfica de la tangent hiperbòlica.

Les funcions hiperbòliques compleixen unes propietats semblants a les trigonomètriques.

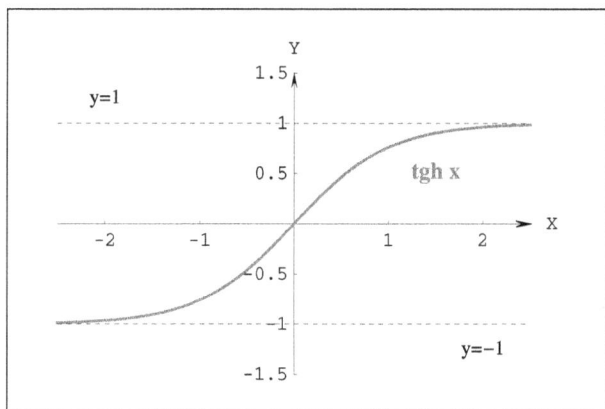

Fig. 2.17 Gràfica de la tangent hiperbòlica

Identitats hiperbòliques

- $\cosh^2 a - \sinh^2 a = 1$.

- $\sinh(a \pm b) = \sinh a \, \cosh b \pm \cosh a \, \sinh b$.

- $\text{tgh}\,(a \pm b) = \dfrac{\text{tgh}\,a \pm \text{tgh}}{1 \pm \text{tgh}\,a \, \text{tgh}\,b}$.

- $\cosh 2a = \cosh^2 a + \sinh^2 a$.

- $\text{sech}^2 x + \text{tgh}^2 x = 1$.

- $\cosh(a \pm b) = \cosh a \, \cosh b \pm \sinh a \, \sinh b$.

- $\sinh 2a = 2 \sinh a \, \cosh a$.

- $\text{tgh}\, 2a = \dfrac{2 \text{tgh}\,a}{1 + \text{tgh}^2 a}$.

Origen del nom de les funcions hiperbòliques

El nom de *funcions hiperbòliques* prové de comparar l'àrea d'una regió circular amb l'àrea d'una regió hiperbòlica. A la figura 2.18, veiem els punts de la forma $(\cos t, \sin t)$, que estan sobre la circumferència $x^2 + y^2 = 1$ i els de la forma $(\cosh t, \sinh t)$, que estan sobre la hipèrbola $x^2 - y^2 = 1$. En ambdós casos, l'àrea del sector ombrejat és $\frac{t}{2}$.

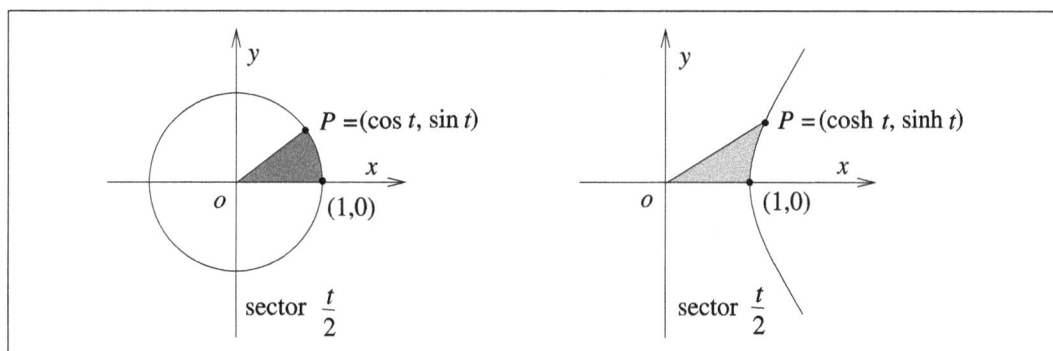

Fig. 2.18 Sinus i cosinus circulars i hiperbòlics

2.3 Operacions algebraiques amb funcions

En moltes situacions, hem de combinar dues funcions o més per obtenir la que necessitem. Vegem-ne alguns exemples.

- Si $C(x)$ és el cost de produir x unitats d'un article determinat i $I(x)$ és l'ingrés obtingut en la venda de x unitats, el benefici $U(x)$ obtingut de produir i vendre x unitats ve donat per

$$U(x) = I(x) - C(x)$$

(obtenim una *diferència* de dues funcions)

- Si $P(t)$ indica la població de Catalunya i $I(t)$ és l'ingrés per càpita en el moment t, l'ingrés total de Catalunya és

$$Cat(t) = P(t) \cdot I(t)$$

(obtenim un *producte* de dues funcions)

- Si el que coneixem és l'ingrés total i la població en qualsevol instant t, l'ingrés per càpita de Catalunya serà

$$I(t) = \frac{Cat(t)}{P(t)}$$

(obtenim un *quocient* de dues funcions)

Definició 2.9 Donades dues funcions f i g, la suma, la diferència, el producte i el quocient d'aquestes funcions es defineixen com

- *suma*: $(f + g)(x) = f(x) + g(x)$
- *diferència*: $(f - g)(x) = f(x) - g(x)$
- *producte*: $(f \cdot g)(x) = f(x) \cdot g(x)$
- *quocient*: $\left(\dfrac{f}{g}\right)(x) = \dfrac{f(x)}{g(x)}$ per a x tal que $g(x) \neq 0$.

Els dominis d'aquestes noves funcions són

$$\mathrm{Dom}\,(f \pm g) = \mathrm{Dom}\,(f \cdot g) = \mathrm{Dom}\,(f) \cap \mathrm{Dom}\,(g),$$

$$\mathrm{Dom}\,\left(\frac{f}{g}\right) = \mathrm{Dom}\,(f) \cap \mathrm{Dom}\,(g) \setminus \{x \mid g(x) = 0\}.$$

Exemple 2.10

Siguin $f(x) = \dfrac{2}{x^2 - 9}$ i $g(x) = \sqrt{x + 1}$. Calculem $f + g$, $f \cdot g$, $\dfrac{f}{g}$ i determinem el domini en cada cas.

a) Tenim que

$$(f+g)(x) = \frac{2}{x^2-9} + \sqrt{x+1}, \quad (f \cdot g)(x) = \frac{2\sqrt{x+1}}{x^2-9},$$

$$\left(\frac{f}{g}\right)(x) = \frac{2}{(x^2-9)\sqrt{x+1}}.$$

b) Observem que $f(x) = \dfrac{2}{x^2-9}$ tindrà sentit sempre que $x^2-9 \neq 0$, és a dir,

$$\mathrm{Dom}\,(f) = \{x \in \mathbb{R} : x \neq \pm 3\}, \quad \text{o bé} \quad x \in \mathbb{R} \setminus \{\pm 3\}.$$

c) D'altra banda, per tal que $g(x) = \sqrt{x+1}$ tingui sentit, cal que $x+1 \geq 0$, és a dir,

$$\mathrm{Dom}(g) = \{x \in \mathbb{R} \quad \text{tals que } x \geq -1\}, \quad \text{o bé} \quad x \in [-1, +\infty).$$

d) Finalment,

$$\mathrm{Dom}\,(f+g) = \mathrm{Dom}\,(f \cdot g) = \mathrm{Dom}\,(f) \cap \mathrm{Dom}(g) = [-1, 3) \cup (3, +\infty),$$

$$\mathrm{Dom}\,\left(\frac{f}{g}\right) = \mathrm{Dom}\,(f) \cap \mathrm{Dom}\,(g) \setminus \{x \mid g(x) = 0\} = (-1, 3) \cup (3, +\infty).$$

2.4 Composició

Considerem l'exemple d'una empresa de calçat esportiu. S'ha observat que el preu p d'un article determinat està en funció de la demanda x:

$$p = f(x) = \frac{200-x}{15}.$$

Els ingressos mensuals I obtinguts per les vendes d'aquest article són

$$I(p) = 200000 - 15p^2.$$

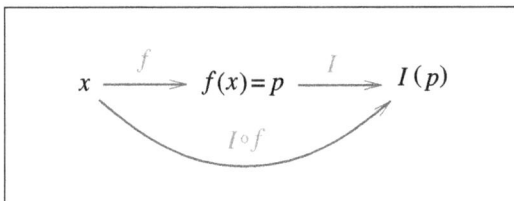

Fig. 2.19 Composició de funcions

Ens podem preguntar quins són els ingressos en funció de la demanda. Com podem veure a l'esquema de la figura 2.19, determinar els ingressos en funció de x equival a encabir la funció f dins de la I, és a dir, *compondre* les funcions f i I.

Així,

$$(I \circ f)(x) = I\big(f(x)\big) = 200.000 - \frac{(200-x)^2}{15}$$

Definició 2.11 Siguin f i g dues funcions tals que la imatge de f està dins del domini de g. Llavors, la *composició* $g \circ f$ (f composta amb g) es defineix com

$$(g \circ f)(x) = g(f(x))$$

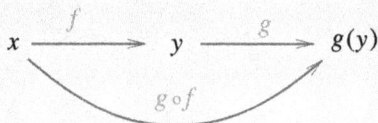

amb $\mathrm{Dom}(g \circ f) = \{x \in \mathrm{Dom}(f) \mid f(x) \in \mathrm{Dom}(g)\}$

Exemple 2.12

Donades $f(x) = x^2 - 9$ i $g(x) = \sqrt{x+5}$, determinem $f \circ g$ i $g \circ f$, com també els dominis on estan definides.

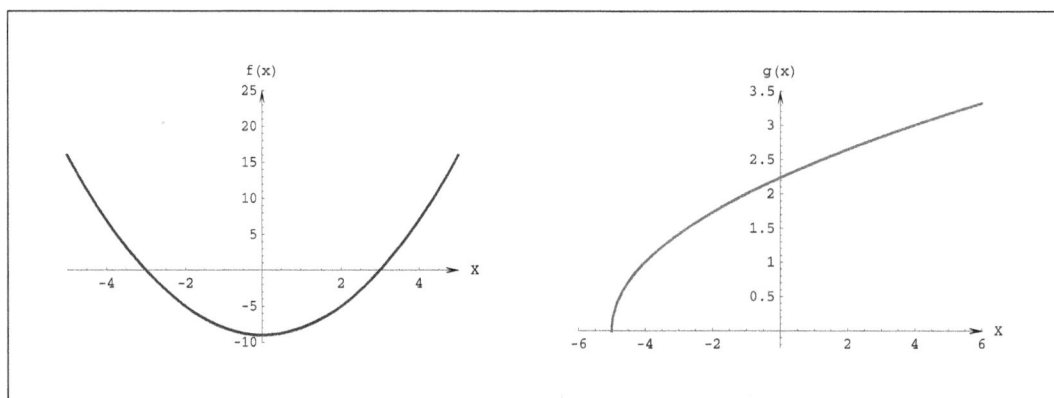

Fig. 2.20 Gràfiques de $f(x) = x^2 - 9$ i $g(x) = \sqrt{x+5}$

En primer lloc, observem que

$$\mathrm{Dom}(f) = \mathbb{R}, \; \mathrm{Im}(f) = [-9, +\infty), \; \mathrm{Dom}(g) = [-5, +\infty) \; \text{ i } \; \mathrm{Im}(g) = [0, +\infty).$$

a) Estudiem l'existència de $g \circ f$. Fent un cop d'ull a les gràfiques de les funcions f i g (figura 2.20), ens adonem que $\mathrm{Im}(f) \not\subseteq \mathrm{Dom}(g)$ i, per tant, cal retallar el $\mathrm{Dom}(f)$ perquè la composició $f \circ g$ tingui sentit. Així, tindrà sentit si $f(x) \geq -5 \Longleftrightarrow x^2 - 9 \geq -5$, és a dir, si $x \in (-\infty, -2] \cup [2, +\infty)$. Llavors,

$$(g \circ f)(x) = g(f(x)) = \sqrt{x^2 - 4},$$

amb $\mathrm{Dom}(g \circ f) = x \in (-\infty, -2] \cup [2, +\infty)$. Tenim un esquema a la figura 2.21.

b) Estudiem ara l'existència de $f \circ g$. Com que $\mathrm{Im}(g) \subset \mathrm{Dom}(f)$, té sentit trobar la funció composta $f \circ g$. Així,

$$(f \circ g)(x) = f(g(x)) = x - 4,$$

amb $\mathrm{Dom}(f \circ g) = \mathrm{Dom}(g) = [-5, +\infty)$. Podem veure la figura 2.21.

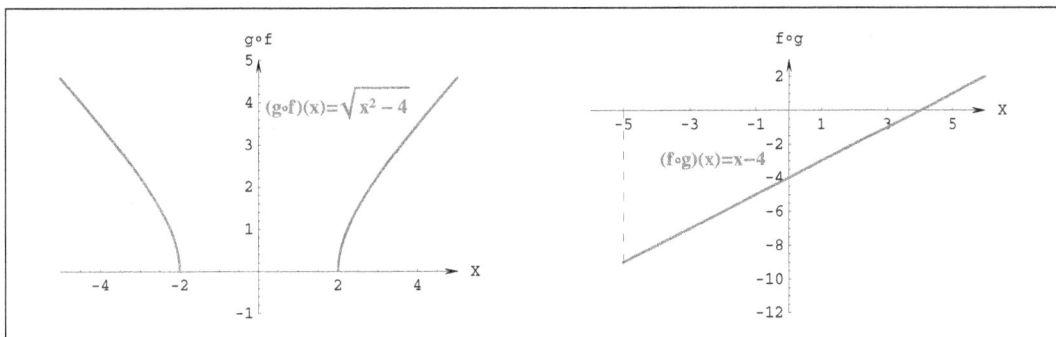

Fig. 2.21 Gràfiques de les funcions compostes $g \circ f$ i $f \circ g$

2.5 Funció inversa

Definició 2.13 Una funció $y = f(x)$ és *injectiva* en A si

$$f(x_1) = f(x_2) \Rightarrow x_1 = x_2, \quad \text{per a tota parella } x_1, x_2 \in A,$$

o, equivalentment, si

$$x_1 \neq x_2 \Rightarrow f(x_1) \neq f(x_2), \quad \text{per a tota parella } x_1, x_2 \in A.$$

Notem que, si f és estrictament monòtona, llavors f és injectiva. Així, cada element de la imatge té una única antiimatge. La *funció inversa de* f, que designarem per f^{-1}, és aquella que fa correspondre a cada valor de y l'únic valor de x tal que $y = f(x)$ (figura 2.22).

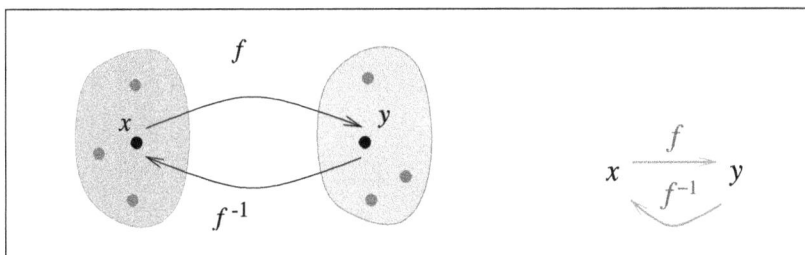

Fig. 2.22 Esquema d'una funció f i la seva inversa f^{-1}

Definició 2.14 Una funció f^{-1} és *la inversa de* f si

$$\left(f^{-1} \circ f\right)(x) = x, \quad \text{per a tot } x \in \mathrm{Dom}\,(f), \text{ i}$$

$$\left(f \circ f^{-1}\right)(y) = y, \quad \text{per a tot } y \in \mathrm{Dom}\,\left(f^{-1}\right).$$

És clar que $\mathrm{Dom}\,(f) = \mathrm{Im}\,\left(f^{-1}\right)$ i $\mathrm{Im}\,(f) = \mathrm{Dom}\,\left(f^{-1}\right)$.

En general, donada $y = f(x)$, en quines condicions podem considerar x en funció de y? El teorema 2.15 respon a aquesta pregunta.

Teorema 2.15

a) *Una funció té inversa si i només si és injectiva.*

b) *Si f és estrictament monòtona a tot el seu domini, aleshores és injectiva i, per tant, té inversa.*

Les figures 2.23 i 2.24 mostren exemples de funcions injectives i funcions no injectives.

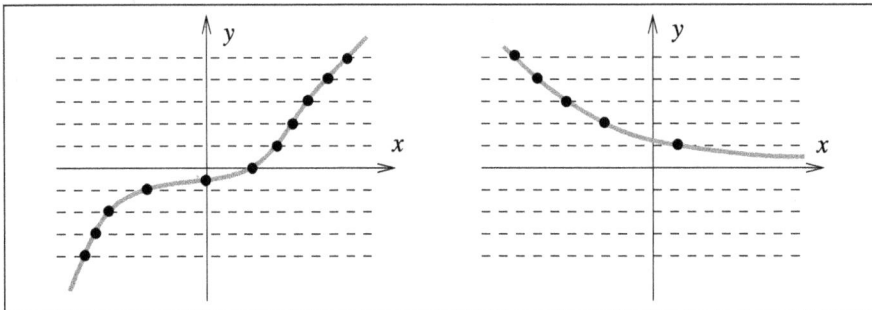

Fig. 2.23 Exemples de funcions injectives

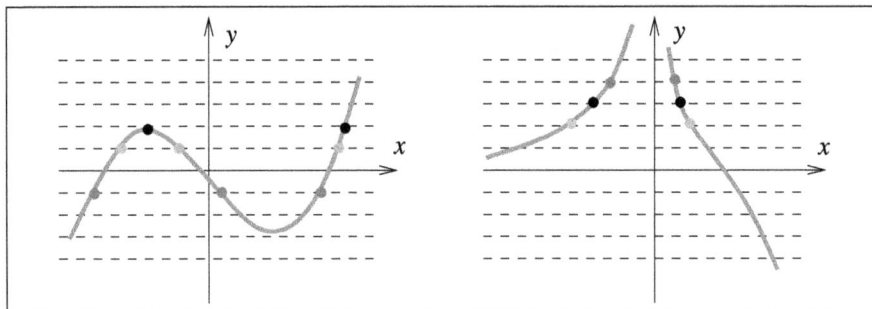

Fig. 2.24 Exemples de funcions no injectives

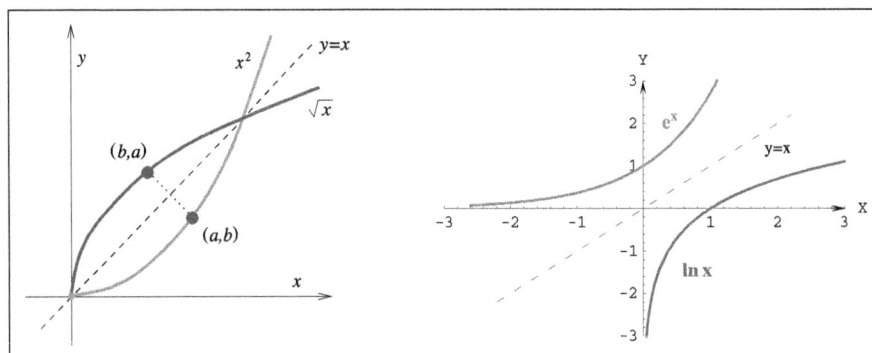

Fig. 2.25 Simetria, respecte la recta $y = x$, d'una funció i la seva inversa

La gràfica de f conté el punt (a, b) si i només si la gràfica de f^{-1} conté el punt (b, a). Per tant, la gràfica de f^{-1} s'obté traçant la gràfica simètrica de f respecte de la recta $y = x$, com il·lustra la figura 2.25.

Exemple 2.16

Trobem, si és que existeixen, les funcions inverses de les funcions següents:

$$f(x) = \sqrt{4x - 7}, \ \text{i} \ g(x) = \frac{2x - 3}{x + 6}.$$

És fàcil veure que totes dues funcions són injectives (de fet, estrictament creixents). A la figura 2.26, n'hem representat les gràfiques.

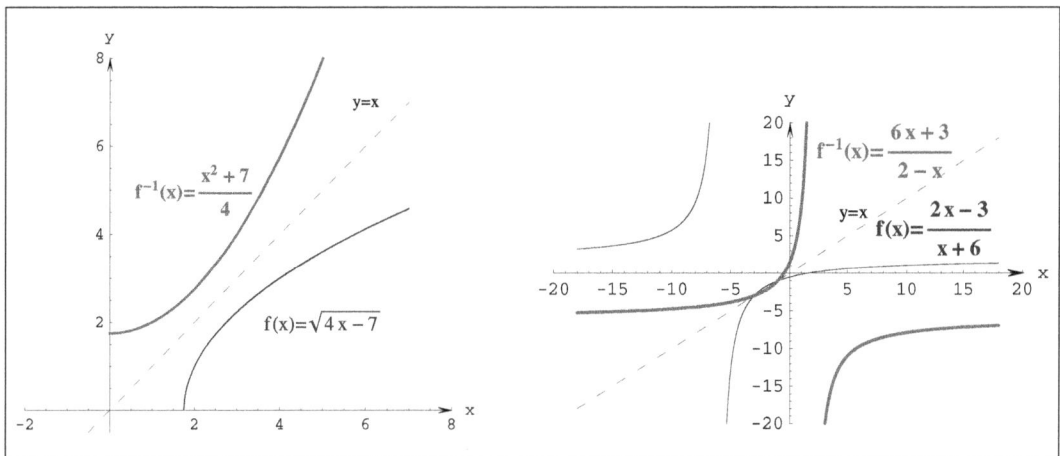

Fig. 2.26 Gràfiques de les funcions f i g i les seves inverses

Per trobar la inversa de $f(x)$, fem $y = \sqrt{4x - 7}$ i aïllem x en funció de y:

$$y^2 = 4x - 7 \quad \longrightarrow \quad x = \frac{y^2 + 7}{4}.$$

La inversa serà $f^{-1}(x) = \dfrac{x^2 + 7}{4}$ (hem canviat y per x perquè seguim el conveni de representar la variable independent per x).

A continuació, calculem la inversa de $g(x)$. Escrivim $y = \dfrac{2x - 3}{x + 6}$ i posem x en funció de y:

$$y(x + 6) = 2x - 3 \quad \longrightarrow \quad yx - 2x = -3 - 6y \quad \longrightarrow \quad x = \frac{3 + 6y}{2 - y}.$$

La inversa és, doncs, $g^{-1}(x) = \dfrac{3 + 6x}{2 - x}$.

A les figures 2.25, 2.27, 2.28, 2.29 i 2.30, hi ha més exemples de gràfiques d'una funció, juntament amb la seva inversa. A totes les gràfiques, s'ha considerat només un interval o semirecta en què la funció corresponent és injectiva.

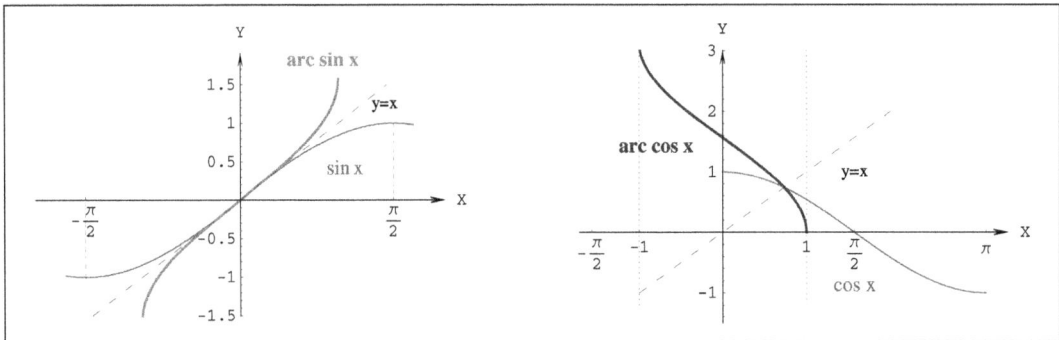

Fig. 2.27 Les funcions sinus i cosinus i les seves inverses

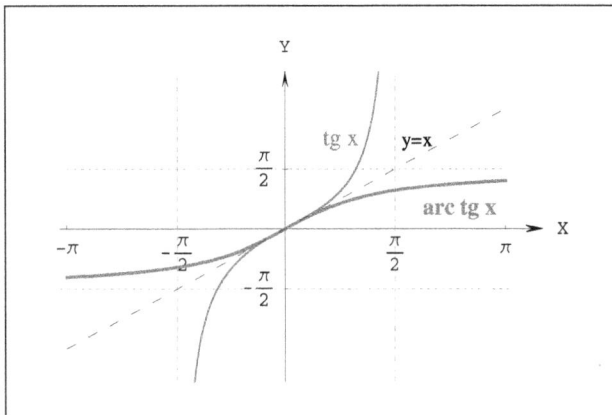

Fig. 2.28 La funció tangent i la seva inversa

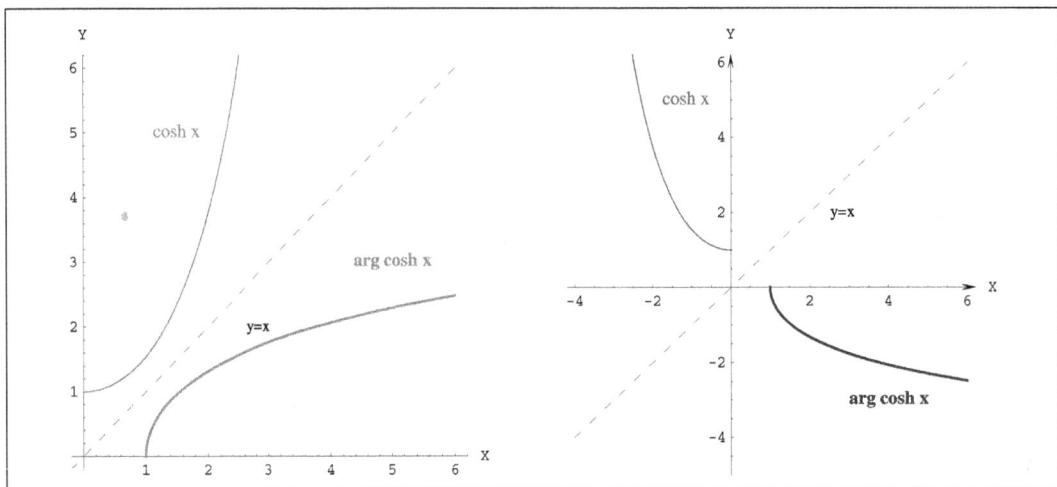

Fig. 2.29 La funció $\cosh x$ i la seva inversa

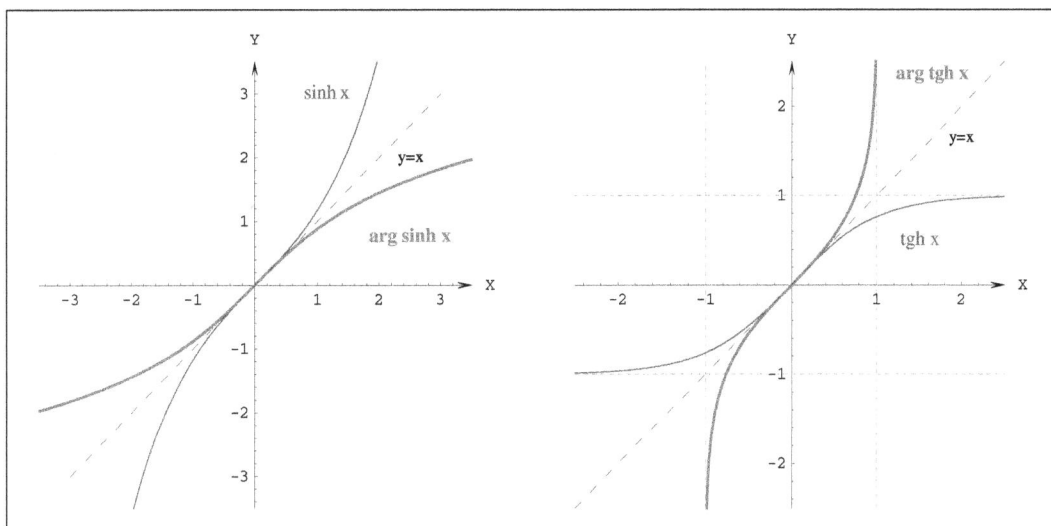

Fig. 2.30 Les funcions **sinh** x i **tgh** x i les seves inverses

2.6 Esbós de gràfiques de funcions a partir de funcions donades

Considerem la funció $y = f(x)$ i $\alpha \in \mathbb{R}$. A partir de la gràfica de $f(x)$, s'obté l'esbós de la gràfica de

- $y = \alpha \cdot f(x)$, multiplicant, punt a punt, α per cada imatge.

  La gràfica s'estira o s'encongeix en sentit vertical.

- $y = f(\alpha \cdot x)$, estirant o encongint la gràfica en sentit horitzontal.

- $y = f(x) + \alpha$, fent una translació α unitats al llarg de l'eix d'ordenades

  cap amunt si $\alpha > 0$,

  cap avall si $\alpha < 0$.

- $y = f(x + \alpha)$, fent una translació α unitats al llarg de l'eix d'abscisses

  cap a l'esquerra si $\alpha > 0$,

  cap a la dreta si $\alpha < 0$.

- $y = \dfrac{1}{f(x)}$, tenint en compte els punts on $f(x) = 0$ i on $f(x) \to \pm\infty$.

- $y = |f(x)|$, canviant a positius tots els valors negatius de f i deixant igual els altres.

Vegem-ne uns quants exemples a les figures 2.31, 2.32, 2.33, 2.34, 2.35 i 2.36.

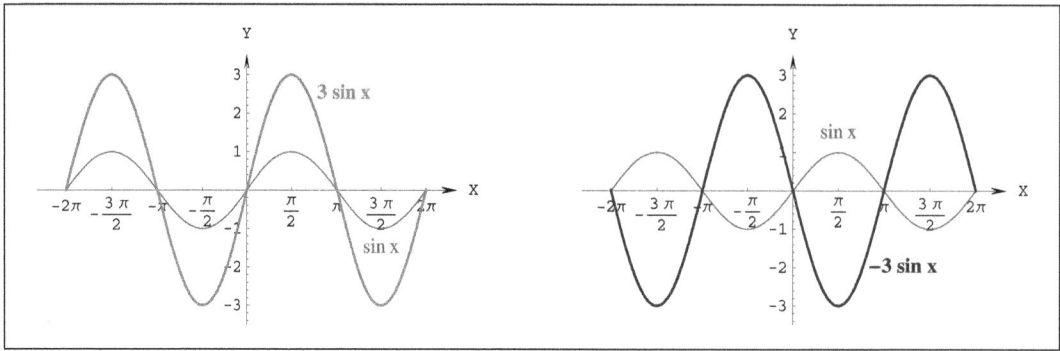

Fig. 2.31 Variació de la imatge. La gràfica s'estira o s'encongeix

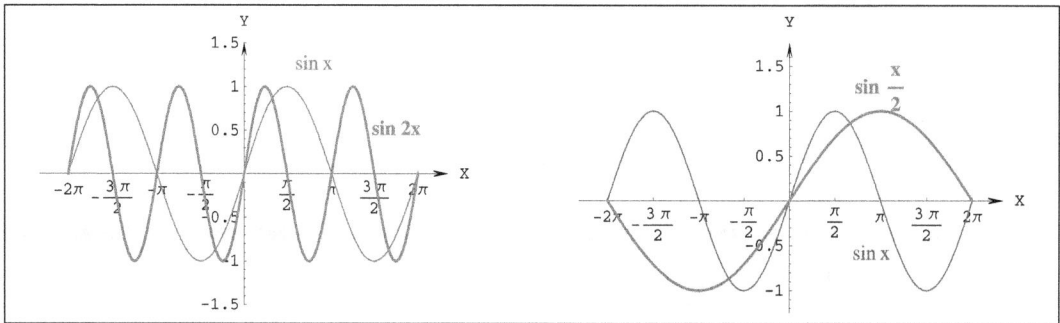

Fig. 2.32 Variació de la velocitat en la gràfica

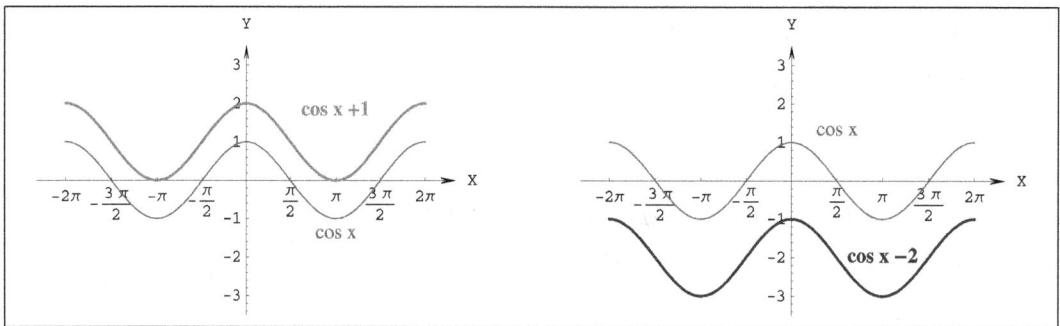

Fig. 2.33 Translació al llarg de l'eix d'ordenades

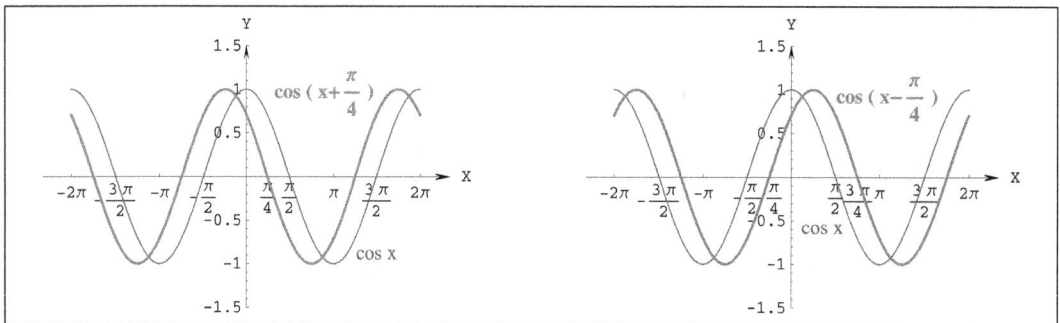

Fig. 2.34 Translació al llarg de l'eix d'abscisses

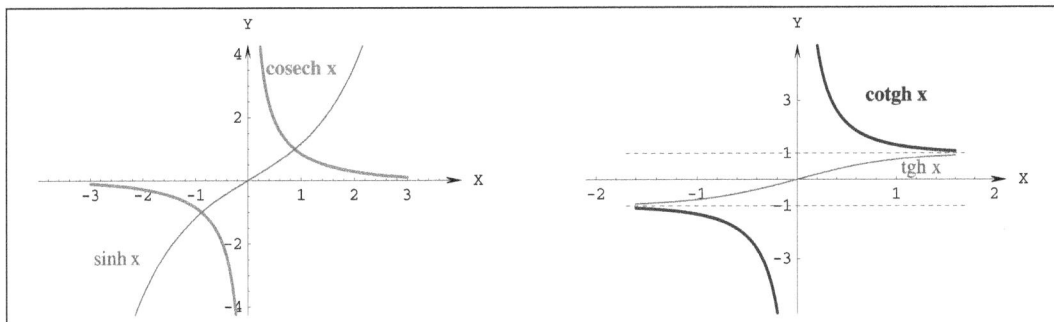

Fig. 2.35 Les funcions sinus i tangent hiperbòliques i les seves inverses algebraiques

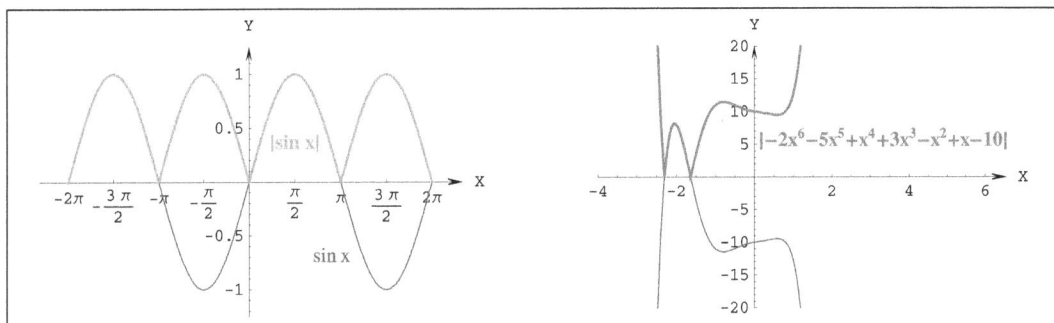

Fig. 2.36 Una funció trigonomètrica i una polinòmica amb els seus valors absoluts

2.7 Gràfiques de corbes en coordenades polars

En les coordenades polars, el sistema de referència ve donat per un punt O (*pol*) i una semirecta (*eix polar*). Cada semirecta que surt de O s'anomena *un raig d'angle* α (figura 2.37).

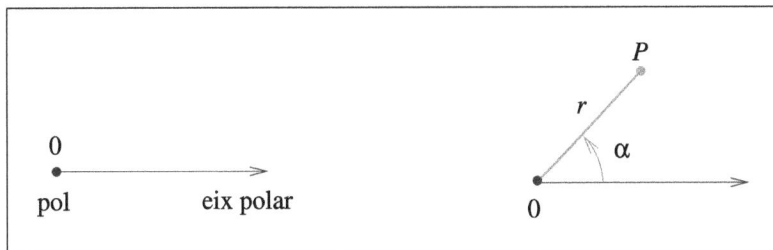

Fig. 2.37 Coordenades polars del punt P

Definició 2.17 Un punt P està representat en *coordenades polars* per (r, α) si es troba a una distància $|r|$ del pol sobre el raig d'angle α quan $r \geq 0$ i sobre el raig d'angle $\pi + \alpha$ quan $r < 0$.

Notem que $(r, \alpha + \pi) \equiv (-r, \alpha)$ són dues maneres de representar el mateix punt de $\mathbb{R}^2$. Les coordenades polars no són úniques. Tot i que, en general, acostumem a considerar $r > 0$ —per comoditat—, fixada la r, n'hi ha moltes parelles (r, α) que poden representar un mateix punt (figura 2.38). En efecte, només cal prendre un α concret i sumar-hi un nombre enter de voltes (positives o negatives).

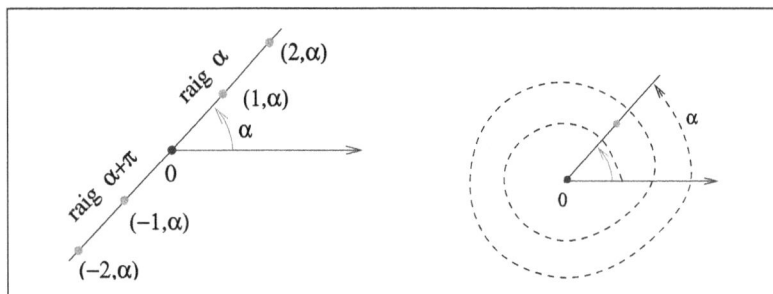

Fig. 2.38 Diferents representacions en coordenades polars

Així,

- $r = 0$, $(0, \alpha)$ representa l'origen, per a tot α.
- $(r, \alpha) \equiv (r, \alpha + 2\pi k)$, per a tot $k \in \mathbb{Z}$.

El pas de cartesianes a polars és fàcil:

$$r = \sqrt{x^2 + y^2}$$

$$\alpha = \begin{cases} \text{arctg } \frac{y}{x} & \text{si} \quad x > 0 \\ \text{arctg } \frac{y}{x} + \pi & \text{si} \quad x < 0 \end{cases}$$

$$\alpha = \begin{cases} \frac{\pi}{2} & \text{si} \quad y > 0 \\ \frac{3\pi}{2} & \text{si} \quad y < 0. \end{cases} \quad \text{quan } x = 0,\ y \neq 0.$$

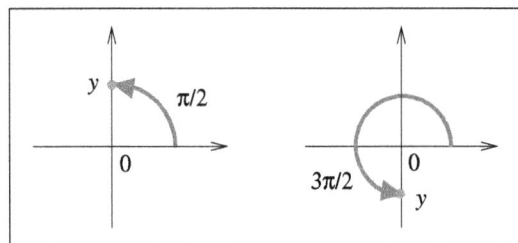

Fig. 2.39 Punts amb $x = 0$, $y \neq 0$, és a dir, sobre el raig $\alpha = \frac{\pi}{2}$ o $\alpha = \frac{3\pi}{2}$

Aquests últims punts, els que corresponen a $x = 0$, $y \neq 0$, estan situats sobre el raig d'angle $\alpha = \pi/2$ o $\alpha = 3\pi/2$, que es correspon amb l'eix d'ordenades en coordenades cartesianes. Els tenim a la figura 2.39.

El pas de polars a cartesianes és immediat:

$$x = r \cos \alpha, \quad y = r \sin \alpha.$$

Exemple 2.18

Passem a coordenades polars un parell d'equacions de corbes.

a) $x = 2$. És una recta vertical. Directament, obtenim $r \cos \alpha = 2$, d'on, $r = \dfrac{2}{\cos \alpha}$.

b) $x^2 + (y - 2)^2 = 4$. Es tracta d'una circumferència centrada a l'eix OY. Primer l'escrivim com $x^2 + y^2 - 4y = 0$, i després substituïm x per $r \cos \alpha$ i y per $r \sin \alpha$. D'aquí,

$$r^2 - 4r \sin \alpha = 0 \iff r(r - 4 \sin \alpha) = 0.$$

Notem que $r = 0$ només representa l'origen. Simplificant, obtenim $r = 4 \sin \alpha$.

Exemple 2.19

Passem a coordenades cartesianes unes corbes donades en polars. És convenient tenir present que $r^2 = x^2 + y^2$.

a) $r = 2a\cos\alpha$. Multipliquem ambdues bandes per r:

$$r^2 = 2ar\cos\alpha \iff x^2 + y^2 = 2ax.$$

Ara completem quadrats i obtenim

$$x^2 + y^2 - 2ax = 0 \iff x^2 - 2ax + a^2 + y^2 = a^2 \iff (x-a)^2 + y^2 = a^2.$$

És la circumferència de centre $(a,0)$ i radi $|a|$.

b) $r^2 = \dfrac{2}{\sin 2\alpha}$. Posem l'equació en la forma $r^2 \sin 2\alpha = 2$. A partir de la fórmula del sinus de l'angle doble, $\sin 2\alpha = 2\sin\alpha\cos\alpha$, deduïm que

$$2r^2 \sin\alpha\cos\alpha = 2 \iff r\sin\alpha\, r\cos\alpha = 1 \iff xy = 1.$$

Aquesta és l'equació d'una hipèrbola coneguda, que molt sovint escrivim com $y = \frac{1}{x}$.

> En general, per dibuixar una corba donada en coordenades polars, $r = f(\alpha)$, utilitzarem una *taula de valors completa* a partir de la gràfica de $f(x)$ en coordenades cartesianes, tenint en compte també les simetries.

Per *taula de valors completa* entenem una taula que ens proporcioni una informació tant qualitativa com quantitativa.

Exemple 2.20

A la figura 2.40, els valors que pren x a l'eix d'abscisses són les nostres α i les imatges de la funció $f(x) = -2\sin x$ corresponen als valors de $r = f(\alpha) = -2\sin\alpha$. La gràfica en coordenades cartesianes, doncs, fa el paper de taula de valors. Així, sabem que $r(0) = 0$, $r(\pi) = 0$, $r(2\pi) = 0$, $r(\frac{\pi}{2}) = -2$, $r(\frac{3\pi}{2}) = 2$. Aquesta informació és de tipus quantitatiu.

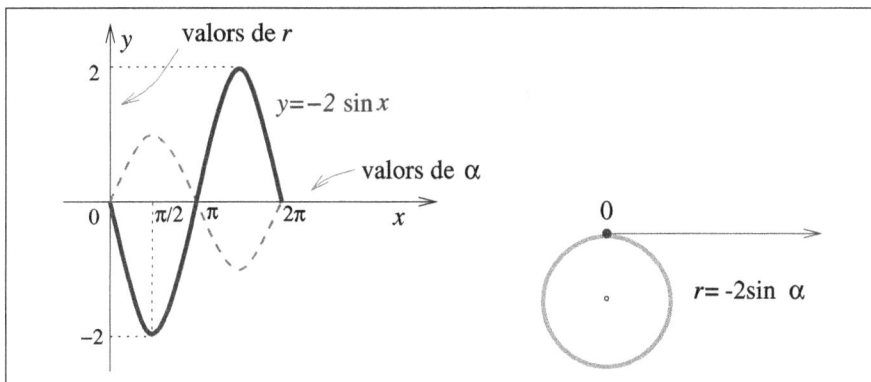

Fig. 2.40 Taula de valors completa i gràfica de $r = -2\sin\alpha$

A més a més, podem observar que entre 0 i $\frac{\pi}{2}$ els valors de r van decreixent des de 0 fins a -2. En definitiva, la r s'allunya del valor 0 fins a assolir una distància $|2| = 2$. Per tant, en la representació dels punts de la corba en coordenades polars, la distància al pol creix des de 0 fins a $|-2| = 2$, quan variem l'angle entre 0 i $\frac{\pi}{2}$. Gràficament, això vol dir que els punts de la corba s'allunyen del pol. Aquesta informació és de tipus més aviat qualitatiu. Tanmateix, si necessitem el valor exacte de r per a una α concreta, només cal que n'avaluem la funció $r = f(\alpha)$. Seguint el comportament de la funció $f(x) = -2\sin x$ per als altres valors de x, podem acabar de dibuixar la corba en polars. A l'exemple considerat ens apareix una circumferència.

Resumint, per fer un esbós de la gràfica de $r = -2\sin\alpha$, seguim els passos següents:

a) fem un esbós de la gràfica de $y = -2\sin x$ en coordenades cartesianes,

b) utilitzem l'esbós anterior com una *taula de valors* per a la gràfica en polars,

c) dibuixem la corba en polars a partir de la informació anterior (figura 2.40).

A continuació, presentem les gràfiques d'algunes corbes en coordenades polars. És un recull força rellevant i il·lustratiu. Els primers exemples corresponen a rectes i circumferències. Al segon grup mostrem altres famílies de corbes menys conegudes —cargols, lemniscates i flors d'n pètals. Gairebé cada gràfica en polars va acompanyada de la seva *taula de valors* per tal de seguir-ne l'estudi amb tot detall.

Rectes

Les rectes que passen per l'origen són de la forma $\alpha = k$ (dibuix de l'esquerra de la figura 2.43); les verticals tenen equació $r = \dfrac{k}{\cos\alpha}$ (figura 2.41) i les horitzontals, $r = \dfrac{k}{\sin\alpha}$ (figura 2.42).

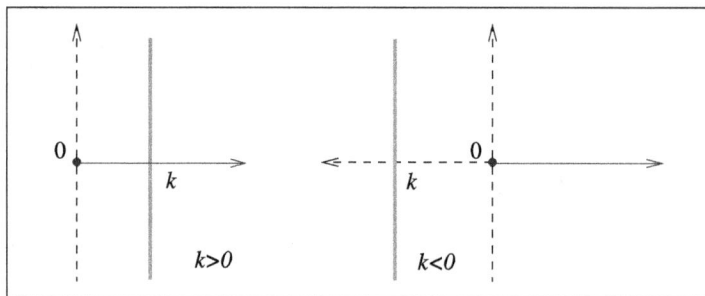

Fig. 2.41 Rectes verticals $r = \dfrac{k}{\cos\alpha}$ en coordenades polars

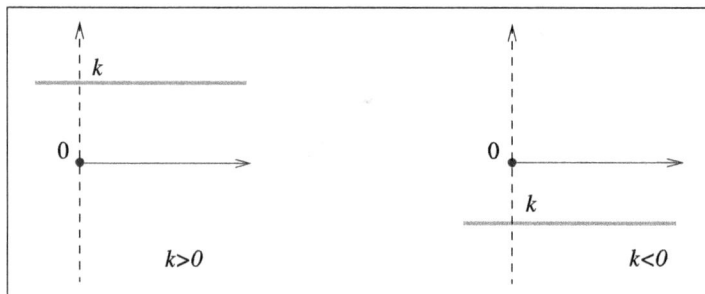

Fig. 2.42 Rectes horitzontals $r = \dfrac{k}{\sin\alpha}$ en coordenades polars

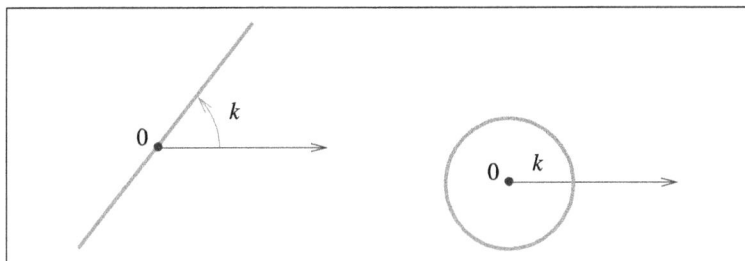

Fig. 2.43 Gràfiques en polars de la recta $\alpha = k$ i la circumferència $r = k$

Circumferències

Les circumferències centrades a l'origen i radi k tenen l'equació $r = k$ (dibuix de la dreta de la figura 2.43); les centrades en algun dels eixos coordenats també presenten una equació molt simple: $r = k \sin \alpha$ per a l'eix vertical (figura 2.44) i $r = k \cos \alpha$ per a l'horitzontal (figura 2.45).

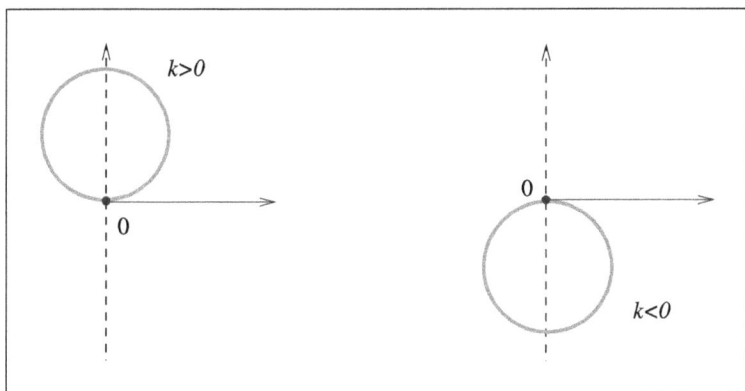

Fig. 2.44 Circumferències centrades en l'eix d'ordenades: $r = k \sin \alpha$

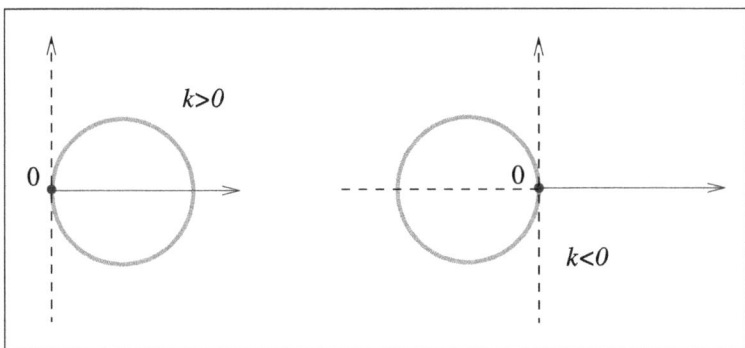

Fig. 2.45 Circumferències centrades en l'eix d'abscisses: $r = k \cos \alpha$

Cargols

Les equacions dels cargols són de la forma $r = a \pm b \cos \alpha$ i $r = a \pm b \sin \alpha$, on $a, b > 0$. Les figures 2.46, 2.47, 2.48 i 2.49 ens en mostren uns exemples concrets.

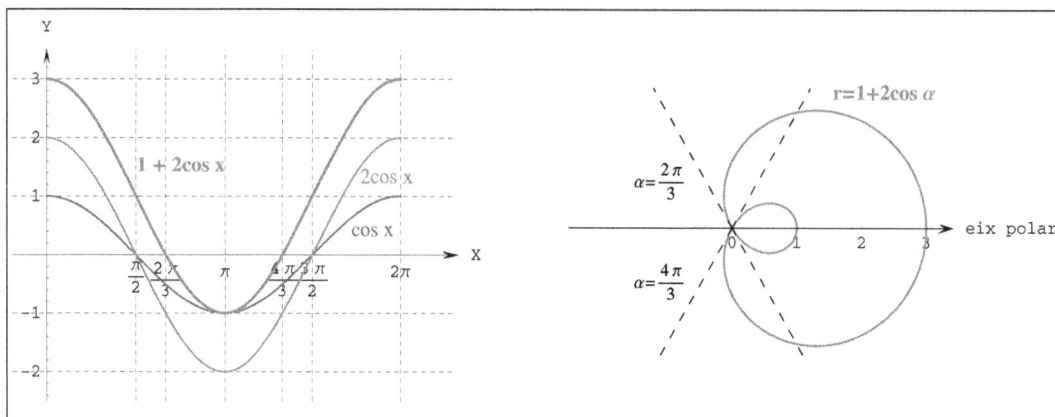

Fig. 2.46 Taula de valors i gràfica de $r = 1 + 2\cos\alpha$

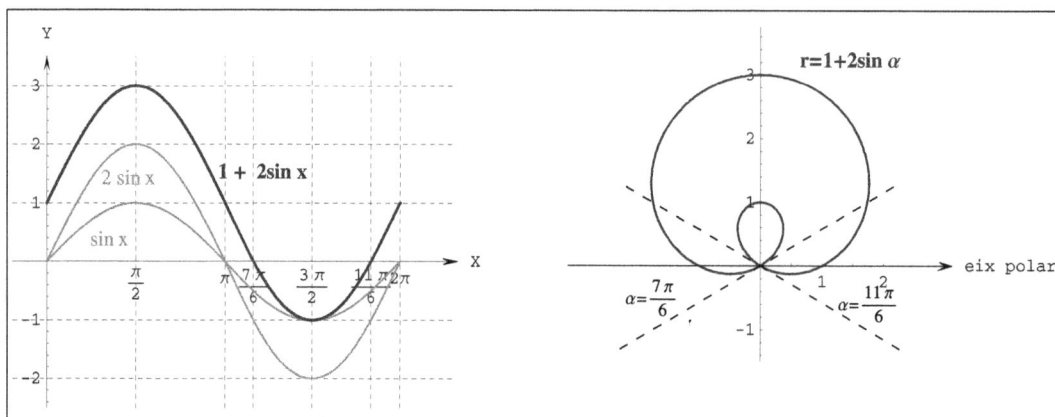

Fig. 2.47 Taula de valors i gràfica de $r = 1 + 2\sin\alpha$

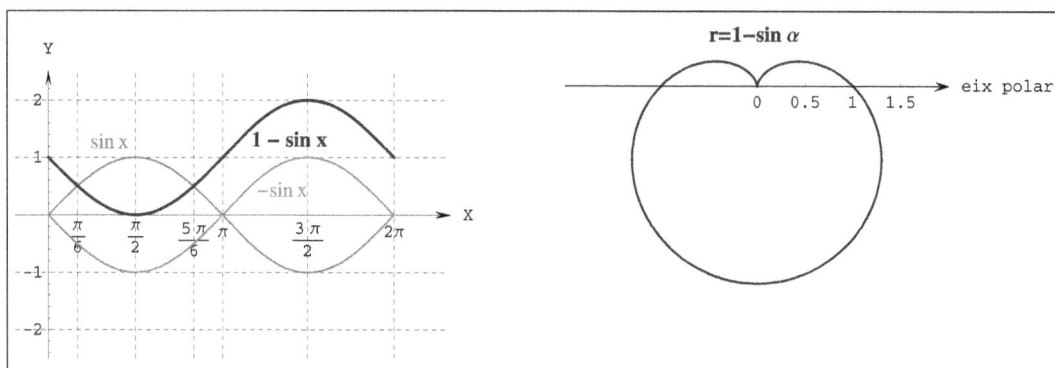

Fig. 2.48 Taula de valors i gràfica de la cardioide $r = 1 - \sin\alpha$

Lemniscates

Les equacions de les lemniscates són de la forma $r^2 = a^2\sin 2\alpha$ i $r^2 = a^2\cos 2\alpha$, on $a \in \mathbb{R}$. A les figures 2.50 i 2.51 podem observar-ne dos exemples concrets.

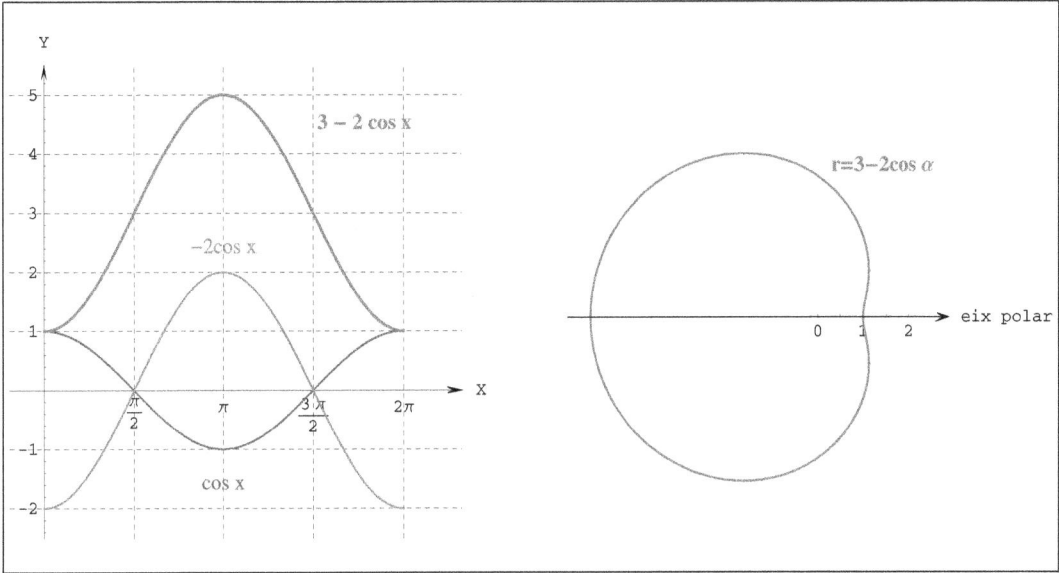

Fig. 2.49 Taula de valors i gràfica de $r = 3 - 2\cos\alpha$

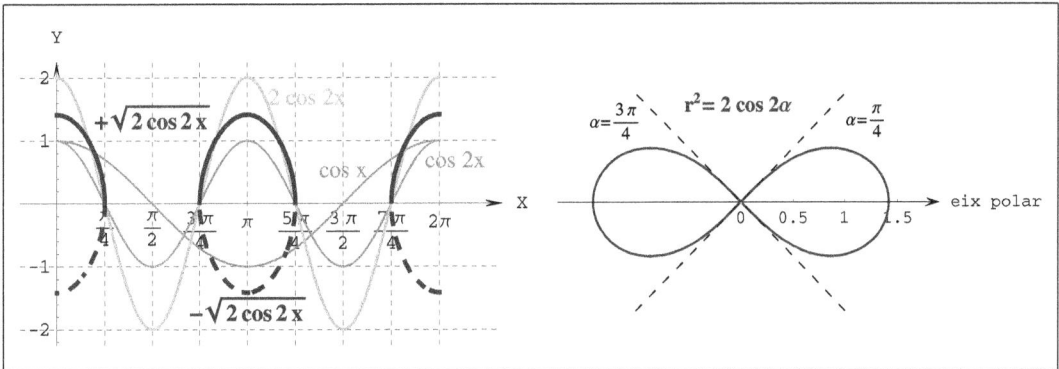

Fig. 2.50 Taula de valors i gràfica de $r^2 = 2\cos 2\alpha$

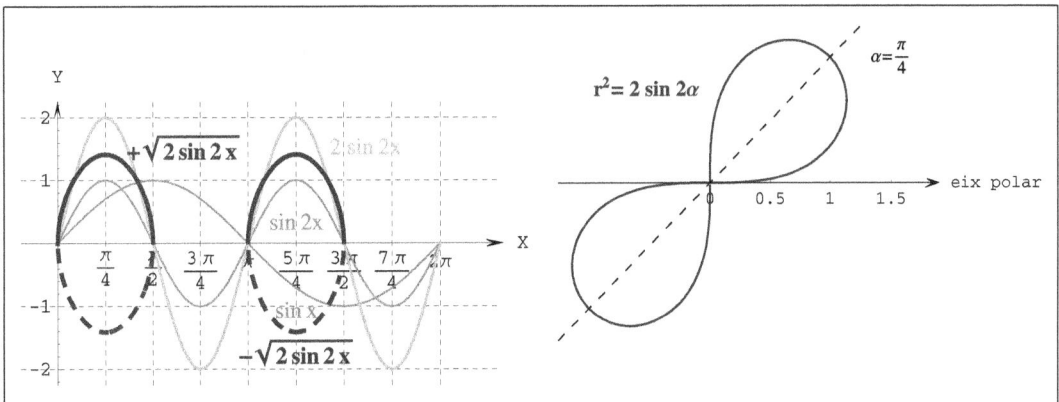

Fig. 2.51 Taula de valors i gràfica de $r^2 = 2\sin 2\alpha$

Roses

Les equacions de les roses o flors en coordenades polars són dels tipus $r = a \cos n\alpha$ i $r = a \sin n\alpha$ i tenen

- n pètals si n és senar,
- $2n$ pètals si n és parell ($n \geq 2$).

A les figures 2.52 i 2.53 en tenim dos exemples: una rosa de tres pètals i una de quatre, respectivament.

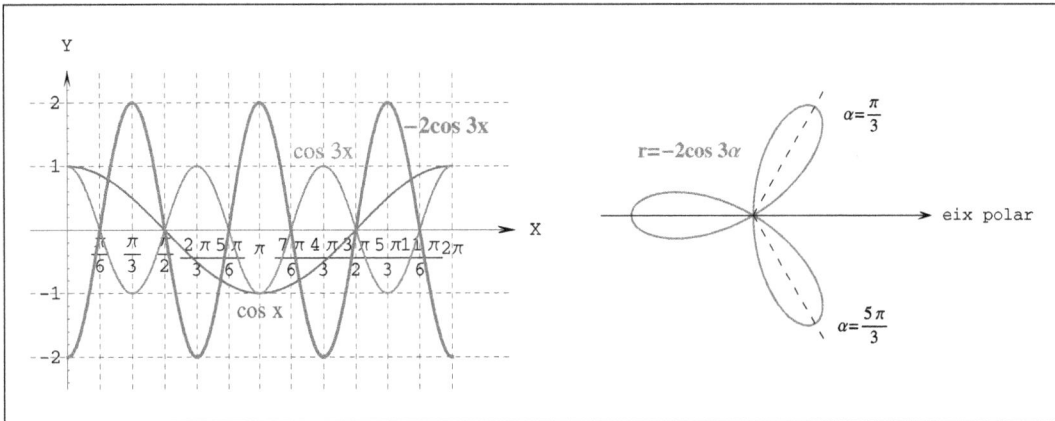

Fig. 2.52 Taula de valors i gràfica de $r = -2 \cos 3\alpha$

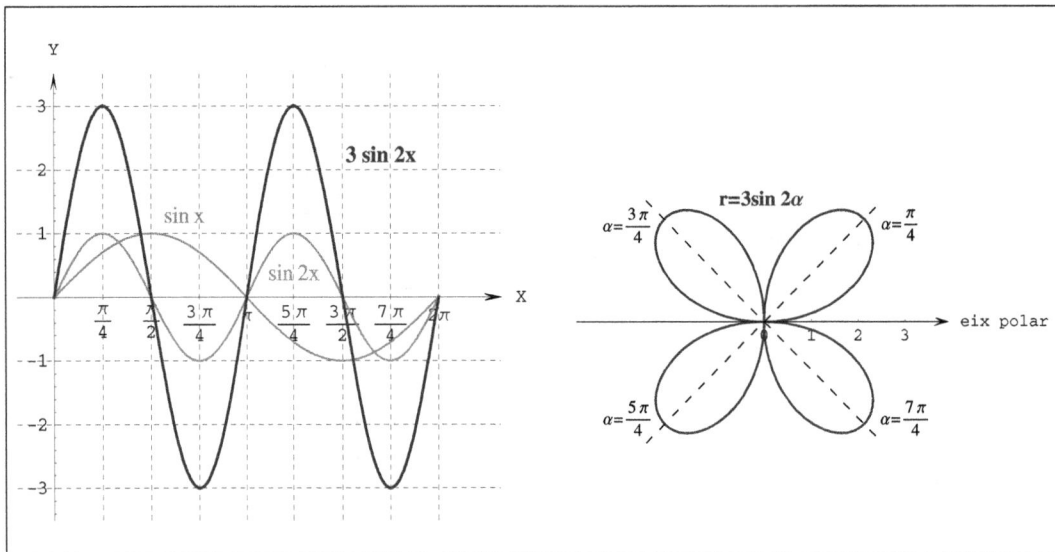

Fig. 2.53 Taula de valors i gràfica de $r = 3 \sin 2\alpha$

Problemes resolts

Problema 1

Determineu el domini de la funció $f(x) = \dfrac{\sqrt{4 - |2x - 2|}}{(x-1)^2}$.   [Solució]

Hem de demanar que el denominador no sigui 0 i que dins de l'arrel quadrada del numerador hi hagi un nombre superior o igual a 0. És clar que el denominador s'anul·la només quan $x = 1$. Per tant, aquest punt no és del domini de la funció.

Pel que fa al numerador, hem de resoldre la inequació $4 - |2x - 2| \geq 0$ o, equivalentment, $|2x - 2| \leq 4$. De les propietats del valor absolut, en resulta la cadena de desigualtats

$$-4 \leq 2x - 2 \leq 4.$$

Tenim, doncs, dues inequacions que s'han de satisfer conjuntament. De la primera, traiem que $x \geq -1$, i de la segona, que $x \leq 3$. Resumint, el domini d'aquesta funció és $[-1, 3] \setminus \{1\}$ o, escrit d'una altra manera, $[-1, 1) \cup (1, 3]$.

Problema 2

Estudieu la paritat de les funcions següents:

a) $f(x) = \dfrac{x \cosh x}{x^2 + 1}$

b) $f(x) = \sin(x^2) + \cos x + 3$

c) $f(x) = x + 3$ [Solució]

    a) De les propietats del cosinus hiperbòlic, és clar que $\cosh x = \cosh(-x)$. Aleshores,

$$f(-x) = \frac{-x \cosh x}{x^2 + 1} = -f(x),$$

    per a tot x. Per tant, es tracta d'una funció senar.

    b) Aquesta funció és parella ja que $f(-x) = \sin(x^2) + \cos x + 3 = f(x)$, per a tot x.

    c) En aquest cas, $f(x) = x + 3$ i $f(-x) = -x + 3$. No tenim cap de les relacions

$$\text{ni } f(x) = f(-x), \forall x \text{ ni } f(x) = -f(-x), \forall x.$$

    Llavors, la funció no és ni senar ni parella.

Problema 3

Resoleu les equacions exponencial i logarítmica següents:

a) $3^{x^2 - 6x} = \dfrac{1}{6.561}$

b) $2 \ln\left(\dfrac{2}{x}\right) + 3 \ln x^2 = 0$

a) L'equació $3^{x^2-6x} = \dfrac{1}{6.561}$ té 2 i 4 com a solucions ja que

$$3^{x^2-6x} = \frac{1}{6.561} \iff 3^{x^2-6x} = 3^{-8} \iff x^2 - 6x = -8 \iff x_1 = 2, x_2 = 4$$

b) Aplicant les propietats de la funció logarítmica, tenim que

$$2\ln\left(\frac{2}{x}\right) + 3\ln x^2 = 0 \iff 2\ln 2 - 2\ln x + 6\ln x = 0 \iff = \ln x^4 = \ln 2^{-2}$$

Per tant, de la injectivitat deduïm que la solució és $x = \dfrac{1}{\sqrt{2}}$.

Problema 4

Resoleu l'equació trigonomètrica $\sin x + \cos x = 1$.

Tenim una equació amb dues raons trigonomètriques diferents del mateix angle. Utilitzarem la igualtat auxiliar $\cos^2 x + \sin^2 x = 1$ per obtenir una relació entre ambdues:

$$\begin{cases} \cos^2 x + \sin^2 x &= 1 \\ \sin x + \cos x &= 1 \end{cases} \iff (1-\sin x)^2 + \sin^2 x = 1 \iff 2\sin x(\sin x - 1) = 0$$

és a dir,

$$\begin{cases} \sin x &= 0 \implies x = 2k\pi \\ \sin x &= 1 \implies x = \dfrac{\pi}{2} + k\pi, \quad k \in \mathbb{Z} \end{cases}$$

Problema 5

A partir de la gràfica de $y = \sin x$, feu un esbós de les gràfiques de les funcions:

a) $1 + \sin x$

b) $-2 + \sin x$

c) $-2\sin x$

d) $\sin\left(x + \frac{\pi}{4}\right)$

e) $\sin\left(x - \frac{\pi}{4}\right)$

f) $\dfrac{1}{\sin x}$

Seguint les indicacions de la secció 2.6, obtenim els apartats *a)* i *b)* a la figura 2.54, el *c)* i el *d)* a la figura 2.55 i, finalment, els apartats *e)* i *f)* a la figura 2.56.

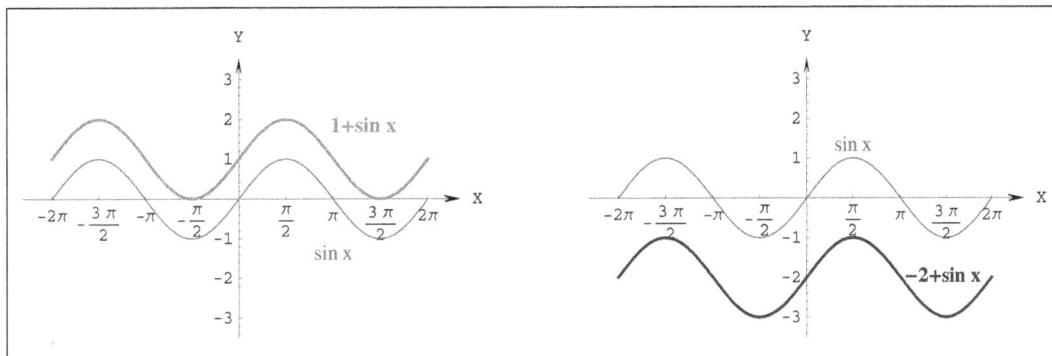

Fig. 2.54 Gràfiques de $y = 1 + \sin x$ i $y = -2 + \sin x$ a partir de $y = \sin x$

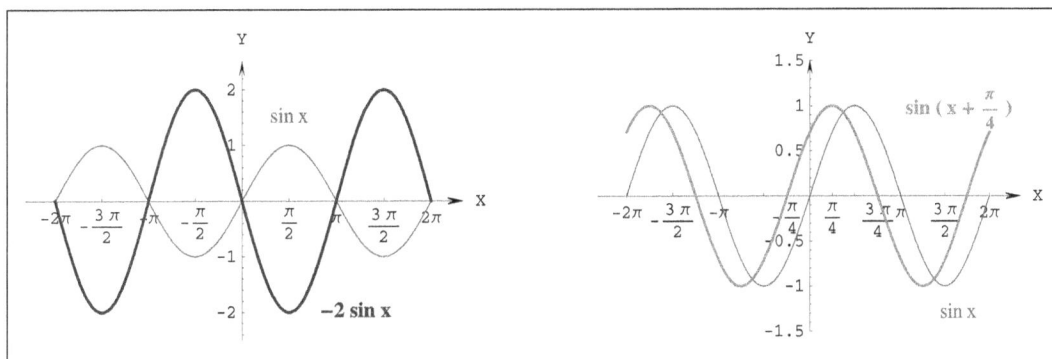

Fig. 2.55 Gràfiques de $y = -2\sin x$ i $y = \sin\left(x + \frac{\pi}{4}\right)$ a partir de $y = \sin x$

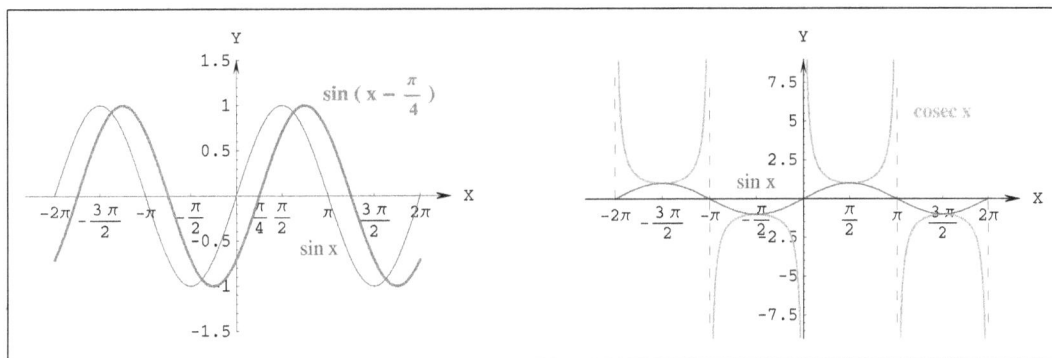

Fig. 2.56 Gràfiques de $y = \sin\left(x - \frac{\pi}{4}\right)$ i $y = \dfrac{1}{\sin x}$ a partir de $y = \sin x$

Problema 6

Considereu la funció

$$f(x) = \begin{cases} \dfrac{x}{1-x} & \text{si } x \leq 0, \\[2mm] \operatorname{arctg} x & \text{si } x > 0. \end{cases}$$

Trobeu l'expressió analítica de f^{-1} i indiqueu el domini i la imatge d'aquesta inversa.

[Solució]

Primer estudiem la injectivitat de la funció $f(x)$. Si $x > 0$, aleshores f és injectiva perquè la funció $\operatorname{arctg} x$ és estrictament creixent. D'altra banda, per a $x \leq 0$, la funció també és injectiva. En efecte,

$$f(x_1) = f(x_2) \implies \frac{x_1}{1-x_1} = \frac{x_2}{1-x_2} \implies x_1 - x_1 x_2 = x_2 - x_1 x_2 \implies x_1 = x_2.$$

Ara bé, per tal que $f(x)$ sigui injectiva en $\mathbb{R}$, no és suficient que ho sigui en cadascuna de les semirectes on està definida a trossos, $(-\infty, 0]$ i $(0, +\infty)$. A més a més, cal que la imatge de $\frac{x}{1-x}$ en $(-\infty, 0]$ i la de $\operatorname{arctg} x$ en $(0, +\infty)$ tinguin intersecció buida. Observem que, per a $x > 0$, $f(x) \in (0, \frac{\pi}{2})$. Pel que fa a $x \leq 0$, vegem que la imatge és negativa. Tenim

$$x \leq 0 \implies -x \geq 0 \implies 1 - x \geq 0 \implies \frac{x}{1-x} \leq 0,$$

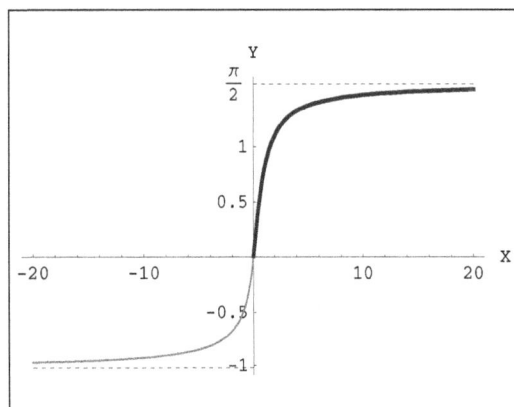

Fig. 2.57 Gràfica de la funció $f(x)$ definida a trossos corresponent al problema 6

perquè és un quocient amb numerador i denominador de signes diferents, és a dir, $f(x) \leq 0$ per a $x \leq 0$. Ara sí que queda demostrat que la funció $f(x)$ és injectiva en $\mathbb{R}$ i, en conseqüència, té inversa. Concretem més la imatge quan $x \leq 0$. Ja hem vist que, en aquest cas,

$$\frac{x}{1-x} \leq 0.$$

Trobem una fita inferior de la funció: si $x \leq 0$, aleshores $-x \geq 0$ i

$$1 - x > -x \implies \frac{-x}{1-x} < 1 \implies \frac{x}{1-x} > -1.$$

Per tant, si $x \leq 0$

$$-1 < \frac{x}{1-x} \leq 0$$

A la figura 2.57, tenim la gràfica de la funció $f(x)$. Calculem l'expressió de la inversa de $f(x)$. Si $x > 0$, tenim

$$y = \operatorname{arctg} x \iff x = \operatorname{tg} y.$$

Si $x \leq 0$, aleshores

$$y = \frac{x}{1-x} \iff y(1-x) = x \iff x(1+y) = y \iff x = \frac{y}{1+y}.$$

Finalment, la inversa de $f(x)$ és $\qquad f^{-1}(y) = \begin{cases} \dfrac{y}{1+y} & \text{si } y \in (-1,0], \\[2mm] \text{tg}\, y & \text{si } y \in \left(0, \frac{\pi}{2}\right) \end{cases}$ amb

$$\text{Dom}(f^{-1}) = \text{Im}(f) = \left(-1, \frac{\pi}{2}\right) \text{ i } \text{Im}(f^{-1}) = \text{Dom}(f) = \mathbb{R}.$$

Problema 7

Comproveu que $2\sinh^2 x = \cosh(2x) - 1$ per a tot real x.

[Solució]

A partir de la definició de $\sinh x$ i $\cosh x$ en termes de la funció exponencial, tenim

$$2\sinh^2 x = 2\left(\frac{e^x - e^{-x}}{2}\right)^2 = \frac{e^{2x} + e^{-2x} - 2}{2}$$

i

$$\cosh(2x) - 1 = \frac{e^{2x} + e^{-2x}}{2} - 1 = \frac{e^{2x} + e^{-2x} - 2}{2}.$$

Per tant, hem demostrat la igualtat que volíem.

Problema 8

Identifiqueu i dibuixeu les corbes de $\mathbb{R}^3$ definides per les equacions següents:

a) $x^2 + y^2 - 4 = 0$

b) $x^2 + y^2 = 0$

c) $x^2 y = y$

d) $x^2 - y = 1$

[Solució]

a) Escrivim la corba com $x^2 + y^2 = 2^2$. D'aquesta manera, la identifiquem: és la circumferència de centre l'origen i radi 2 (és el primer dibuix de la figura 2.58).

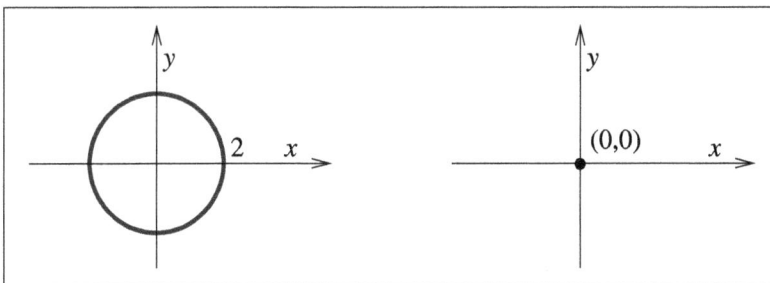

Fig. 2.58 Dibuixos corresponents a $x^2 + y^2 - 4 = 0$ i $x^2 + y^2 = 0$

b) Atès que $x^2 \geq 0$ i $y^2 \geq 0$, l'única possibilitat de tenir $x^2 + y^2 = 0$ és $x^2 = 0$ i $y^2 = 0$, ambdues condicions a la vegada. És a dir, $x = 0$ i $y = 0$, que vol dir el punt $(0,0)$ (és el segon dibuix de la figura 2.58).

c) L'equació és equivalent a $y(x^2 - 1) = 0$. Per tant, $y = 0$ o bé $x^2 - 1 = 0$. Així, la solució està formada per tres rectes: $y = 0$, $x = 1$ i $x = -1$ (primer dibuix de la figura 2.59).

d) Aïllem la y en funció de la x i obtenim l'expressió $y = x^2 - 1$, que correspon a una paràbola (segon dibuix de la figura 2.59).

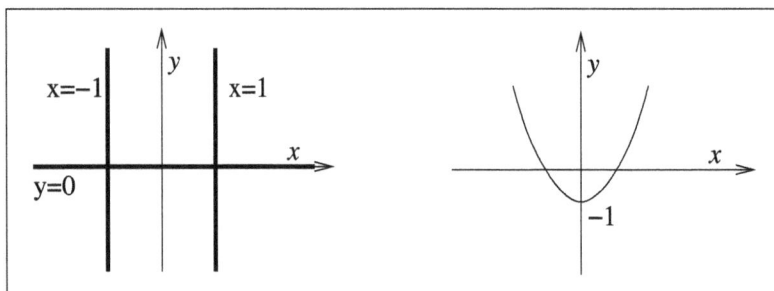

Fig. 2.59 Dibuixos corresponents a les corbes $x^2 y = y$ i $x^2 - y = 1$

Problema 9

Dibuixeu els conjunts de punts $(x,y) \in \mathbb{R}^2$ tals que

a) $x^2 + y^2 > 1$

b) $x^2 + y^2 \leq 1$

[Solució]

a) Sabem que els punts (x,y) que satisfan $x^2 + y^2 = 1$ formen la circumferència unitat (disten una unitat de l'origen). Així, $x^2 + y^2 > 1$ correspon als punts que disten més d'una unitat de l'origen (primer dibuix de la figura 2.60)

b) Tenint en compte l'apartat anterior, la desigualtat $x^2 + y^2 \leq 1$ representa els punts del pla tals que la seva distància a l'origen és inferior o igual a 1: el disc unitat (segon dibuix de la figura 2.60).

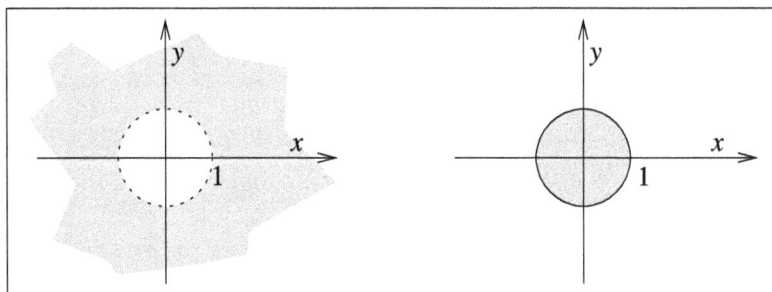

Fig. 2.60 Els conjunts $x^2 + y^2 > 1$ i $x^2 + y^2 \leq 1$

Problema 10

Dibuixeu la corba $r = |1 + 2\cos\alpha|$ en coordenades polars.

La gràfica en coordenades cartesianes de $y = |1 + 2\cos x|$ —és a dir, la *taula de valors*— ve donada pel primer dibuix de la figura 2.61. A partir d'aquí, podem considerar el valor de r per a cada α i obtenim l'esbós de la corba en coordenades polars (segon dibuix de la figura 2.61).

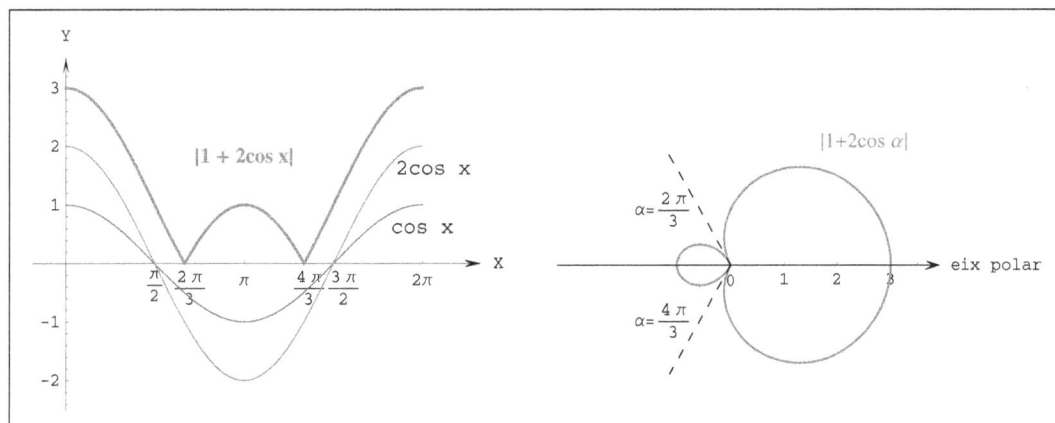

Fig. 2.61 Taula de valors i gràfica de $r = |1 + 2\cos\alpha|$

Problemes proposats

Problema 1

Trobeu el domini de les funcions següents:

a) $f(x) = 2x + 1$

b) $f(x) = 4x^3 - 2x + 3$

c) $f(x) = \dfrac{2 + x}{x - 3}$

d) $f(x) = \dfrac{x + 6}{x^2 - 4}$

e) $f(x) = \sqrt{2 + x}$

f) $f(x) = \sqrt{x^2 - 9}$

g) $f(x) = \sqrt[3]{4x + 1}$

h) $f(x) = \dfrac{\sqrt{2x + 3}}{x - 5}$

i) $f(x) = \ln(3x + 5)$

j) $f(x) = \sqrt{\dfrac{x + 2}{x - 1}}$

k) $f(x) = e^{2x + 1}$

Problema 2

Calculeu el domini de la funció $f(x) = \ln(x-2) + \sqrt{3 - |x^2 - 5x + 3|}$.

Problema 3

Determineu el domini i la imatge de la funció $f(x) = \arccos(x^2 - 7x + 11)$.

Problema 4

Resoleu les equacions següents:

a) $2 \cdot 2^x + 2^{x+1} + 2^{x+2} = 64$

b) $3^{9x^4 - 10x^2 + 1} = 1$

c) $4^x - 3 \cdot 2^x - 40 = 0$

d) $3 \ln x + 4 \ln x^2 + 5 \ln x^3 = 0$

Problema 5

Calculeu:

a) $\log_{125} 25$

b) $\log_3 \dfrac{1}{27}$

c) $\log_{63} 1$

d) $\log_{\frac{1}{3}} 81$

Problema 6

Trobeu el valor de la incògnita:

a) $\log_2 x = 6$

b) $\log_{0.5} x = 4$

c) $\log_x 125 = -3$

d) $\ln \left(\dfrac{2}{x}\right)^2 + 3 \ln x^2 = 0$

Problema 7

Resoleu les equacions i els sistemes logarítmics següents (recordeu que *cal comprovar el resultat* obtingut):

a) $\log(5 - x) - \log(4 - x) = \log 2$

b) $\log(x^2 + 2x - 39) - \log(3x - 1) = 1$

c) $2 \log x - \log(x - 16) = 2$

d) $\left.\begin{array}{l} \ln x + 3 \ln y = 5 \\ 2 \ln x - \ln y = 3 \end{array}\right\}$

Problema 8

Resoleu les equacions i els sistemes següents:

a) $2\sin^2 x = \sin 2x$

b) $\dfrac{\cos 2x}{2} = 2 - 3\sin^2 x$

c) $\sin 2x = -\sqrt{3}\cos x$

d) $\left.\begin{array}{l} 2\sin x + \cos y = \sqrt{2} \\[2mm] 3\sin x - 2\cos y = \dfrac{3\sqrt{2}}{2} \end{array}\right\}$

Problema 9

Donades les funcions $f(x) = \sqrt{2-x}$ i $g(x) = -x^2 + 2$, determineu la composició $g \circ f$ i el seu domini.

Problema 10

Dibuixeu les gràfiques de $\sec x$, $\mathrm{cosec}\, x$ i $\mathrm{cotg}\, x$ a partir de les gràfiques de $\cos x$, $\sin x$ i $\mathrm{tg}\, x$, respectivament.

Problema 11

A partir de la gràfica de $y = \cos x$, feu un esbós de les gràfiques següents:

a) $3\cos x$

b) $-2\cos x$

c) $\cos 2x$

d) $\cos\dfrac{x}{2}$

e) $|\cos x|$

f) $\dfrac{1}{\cos x}$

Problema 12

Expresseu la corba $r^2 = \dfrac{-4}{\cos 2\alpha}$ en coordenades cartesianes i dibuixeu-ne la gràfica.

Problema 13

Escriviu la corba $(x^2 + y^2)^3 = x^2$ en coordenades polars i dibuixeu-ne la gràfica.

Problema 14

Doneu la corba $(x^2 + y^2 - 3x)(x^2 + y^2 + 6y) = 0$ en coordenades polars, digueu quina corba és i dibuixeu-ne la gràfica.

Continuïtat

3

3.1 Límit d'una funció en un punt ▬▬▬▬▬▬▬▬▬▬▬▬▬▬▬▬▬▬▬▬

La idea de límit és present de forma intuïtiva en moltes situacions. Per exemple:

- una velocitat instantània és el límit de les velocitats mitjanes,

- l'àrea d'una regió limitada per corbes és el límit de les àrees de les regions determinades per segments,

- la suma d'infinits nombres es pot pensar com el límit d'una suma d'un nombre finit de sumands.

Definició 3.1 Definició de límit. *Cauchy* $(\varepsilon - \delta)$.

Diem que *una funció $f(x)$ té límit $l \in \mathbb{R}$ quan x tendeix al punt a* si, per a cada $\varepsilon > 0$, existeix un $\delta > 0$ tal que si $0 < |x - a| < \delta$, aleshores $|f(x) - l| < \varepsilon$ (figura 3.1).

En aquest cas, escrivim

$$\lim_{x \to a} f(x) = l.$$

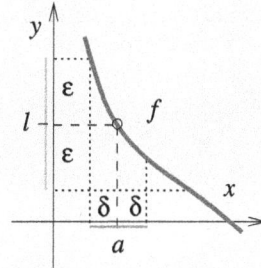

Fig. 3.1 Límit d'una funció

Intuïtivament, $\lim_{x \to a} f(x) = l$ significa que, quan x s'apropa al punt a (però és diferent de a), la imatge $f(x)$ s'acosta a l.

Observació 3.2 *Si existeix el límit d'una funció en un punt, aquest és únic.*

Anàlogament a la definició de límit d'una funció en un punt, podem considerar els límits laterals. És tracta de fer tendir la x cap a a, però només per un costat, és a dir, o bé per la dreta, o bé per l'esquerra del punt a.

Definició 3.3

- *El límit de $f(x)$ quan x tendeix al punt a per la dreta és l si, per a cada $\varepsilon > 0$, existeix un $\delta > 0$ tal que*

$$\text{si } 0 < |x-a| < \delta \text{ amb } x > a, \text{ aleshores } |f(x) - l| < \varepsilon.$$

- *El límit de $f(x)$ quan x tendeix al punt a per l'esquerra és l si, per a cada $\varepsilon > 0$, existeix un $\delta > 0$ tal que*

$$\text{si } 0 < |x-a| < \delta \text{ amb } x < a, \text{ aleshores } |f(x) - l| < \varepsilon.$$

Aquests límits els designem, respectivament, per

$$\lim_{x \to a^+} f(x) = l \quad \text{i} \quad \lim_{x \to a^-} f(x) = l.$$

És clar que, per tal que una funció tingui límit en un punt, és necessari i suficient que existeixin els límits laterals i coincideixin:

$$\lim_{x \to a} f(x) = l \iff \lim_{x \to a^-} f(x) = \lim_{x \to a^+} f(x) = l.$$

Eventualment, si considerem el límit d'una funció en un punt extrem d'un interval tancat $[a,b]$, només té sentit el límit lateral per la dreta en a i el límit lateral per l'esquerra en b.

Val a dir que el concepte de límit és de tipus local; això significa que el límit d'una funció en un punt a només depèn del comportament de la funció en els punts propers al punt a. Encara més, ni tan sols és necessari que la funció estigui definida en a.

Teorema 3.4 Límits i operacions algebraiques. *Siguin $f(x)$ i $g(x)$ funcions tals que $\lim\limits_{x \to a} f(x) = l_1$ i $\lim\limits_{x \to a} g(x) = l_2$, on $l_1, l_2 \in \mathbb{R}$. Aleshores, les funcions $f + g$, $f - g$ i $f \cdot g$ també tenen límit en el punt a i es compleix que*

- $\lim\limits_{x \to a} (f + g)(x) = l_1 + l_2.$

- $\lim\limits_{x \to a} (f - g)(x) = l_1 - l_2.$

- $\lim\limits_{x \to a} (f \cdot g)(x) = l_1 \cdot l_2.$

- $\lim\limits_{x \to a} (\lambda f)(x) = \lambda l_1, \ \forall \lambda \in \mathbb{R}.$

A més, si $l_2 \neq 0$, llavors

- $\lim\limits_{x \to a} \dfrac{f}{g}(x) = \dfrac{l_1}{l_2}.$

Límits infinits i límits en l'infinit

Ampliem el concepte de límit per a les funcions tals que, per exemple, quan x s'acosta al punt a, la funció creix tant com vulguem.

Definició 3.5

- El límit de $f(x)$ quan x tendeix al punt a és $+\infty$ si, per a cada $M > 0$, existeix un $\delta > 0$ tal que

$$\text{si } 0 < |x - a| < \delta \text{ aleshores } f(x) > M.$$

- El límit de $f(x)$ quan x tendeix al punt a és $-\infty$ si, per a cada $M < 0$, existeix un $\delta > 0$ tal que

$$\text{si } 0 < |x - a| < \delta \text{ aleshores } f(x) < M.$$

Aquests límits els designem, respectivament, per

$$\lim_{x \to a} f(x) = +\infty \quad \text{i} \quad \lim_{x \to a} f(x) = -\infty.$$

Aquí també tenen sentit els límits laterals i es compleix

$$\lim_{x \to a} f(x) = \pm\infty \iff \lim_{x \to a^-} f(x) = \lim_{x \to a^+} f(x) = \pm\infty.$$

Per a la primera funció f de la figura 3.2, se satisfà

$$\lim_{x \to 2^+} f(x) = +\infty, \qquad \lim_{x \to 2^-} f(x) = -\infty,$$

i, per a la segona gràfica de la mateixa figura, tenim

$$\lim_{x \to 10^+} g(x) = +\infty, \qquad \lim_{x \to 10^-} g(x) = 0.$$

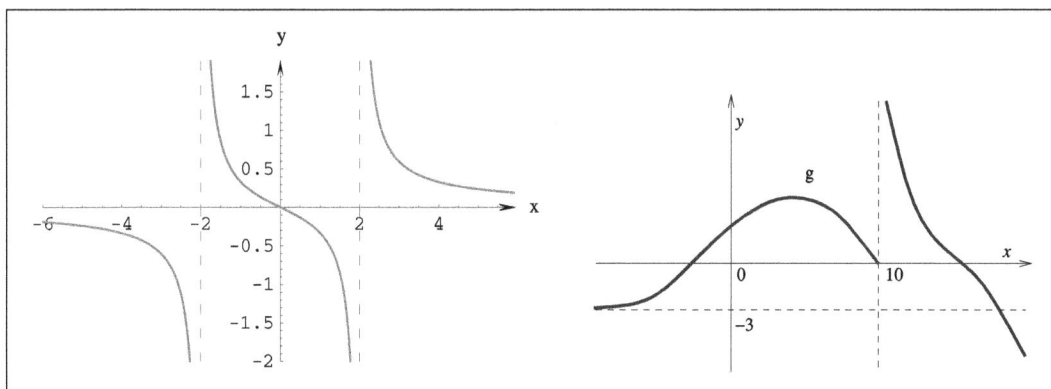

Fig. 3.2 Diferents comportaments de les funcions

Ens preguntem també pel comportament de les funcions quan el seu domini és no fitat i la x es fa tan gran o tan negativa com vulguem. Ara parlarem de x que tendeix cap a $+\infty$ i x tendeix cap a $-\infty$.

Definició 3.6

- *El límit de $f(x)$ quan x tendeix a $+\infty$ és $l \in \mathbb{R}$ si, per a cada $\varepsilon > 0$, existeix un $M > 0$ tal que*

$$\text{si } x > M \text{ aleshores } |f(x) - l| < \varepsilon.$$

- *El límit de $f(x)$ quan x tendeix a $-\infty$ és $l \in \mathbb{R}$ si, per a cada $\varepsilon > 0$, existeix un $M < 0$ tal que*

$$\text{si } x < M \text{ aleshores } |f(x) - l| < \varepsilon.$$

Aquests límits els designem, respectivament, per

$$\lim_{x \to +\infty} f(x) = l \quad i \quad \lim_{x \to -\infty} f(x) = l.$$

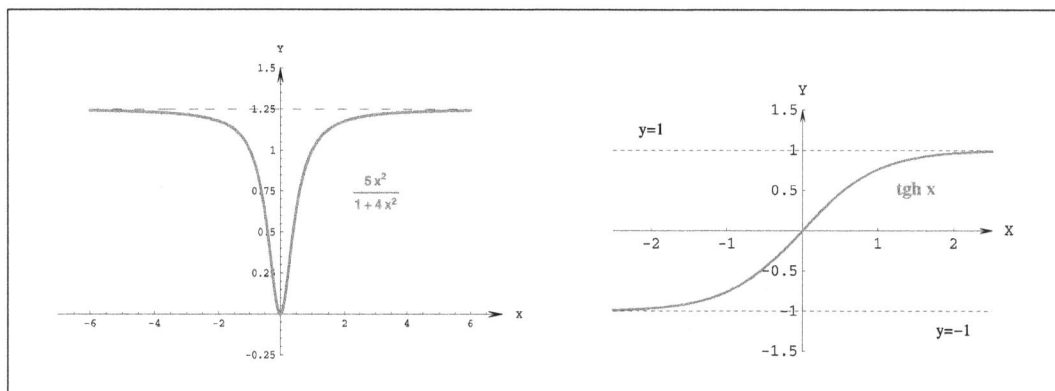

Fig. 3.3 Comportament de les funcions $f(x) = \dfrac{5x^2}{1+4x^2}$ i $g(x) = \operatorname{tgh} x$

Com a exemples, observem les gràfiques de la figura 3.3. Tenim

$$\lim_{x \to +\infty} \frac{5x^2}{1+4x^2} = \lim_{x \to -\infty} \frac{5x^2}{1+4x^2} = \frac{5}{4}, \quad \lim_{x \to +\infty} \operatorname{tgh} x = 1, \quad \lim_{x \to -\infty} \operatorname{tgh} x = -1.$$

A la segona gràfica de la figura 3.2, veiem que $\lim_{x \to -\infty} g(x) = -3$.

Finalment, també es pot parlar de límits infinits en l'infinit: $\lim_{x \to \pm\infty} f(x) = \pm\infty$ de forma anàloga als anteriors. Per exemple, $\lim_{x \to +\infty} e^x = +\infty$. La funció de la dreta de la figura 3.2 compleix $\lim_{x \to +\infty} g(x) = -\infty$.

Operacions amb infinits

Quan operem amb límits infinits no podem aplicar els resultats del teorema 3.4. També hi ha algunes operacions que no es poden fer directament amb límits que valen 0. Tanmateix, esbossem primer un esquema de les operacions que no representen cap dificultat.

Amb la suma:

f	g	$f+g$
$+\infty$	$+\infty$	$+\infty$
$+\infty$	a	$+\infty$
$-\infty$	$-\infty$	$-\infty$
$-\infty$	a	$-\infty$

Amb el producte:

f	g	$f\cdot g$
$+\infty$	$+\infty$	$+\infty$
$-\infty$	$-\infty$	$+\infty$
$+\infty$	$-\infty$	$-\infty$
$a>0$	$+\infty$	$+\infty$
$a>0$	$-\infty$	$-\infty$
$a<0$	$+\infty$	$-\infty$
$a<0$	$-\infty$	$+\infty$

Amb el quocient:

f	$1/f$
$\pm\infty$	0
$0,\ f>0$	$+\infty$
$0,\ f<0$	$-\infty$

De vegades, ens trobem amb límits que no tenen un resultat immediat perquè no podem aplicar cap regla o propietat. Aleshores tenim una indeterminació i hem de fer-ne un estudi concret en cada cas. Les indeterminacions són:

$$\infty-\infty,\quad 0\cdot\infty,\quad \frac{0}{0},\quad \frac{\infty}{\infty},\quad 0^0,\quad \infty^0,\quad 1^\infty.$$

Algunes es poden resoldre simplement manipulant l'expressió de les funcions que hi apareixen; en canvi, d'altres necessiten eines més sofisticades i les deixarem per al capítol de derivació.

Vegem, per exemple, per què parlem de la indeterminació $\frac{\infty}{\infty}$. El quocient de límits de la forma $\frac{\infty}{\infty}$ no sempre dóna el mateix resultat; a priori, no podem concloure res. Considerem els límits següents

$$\lim_{x\to+\infty} x^3 = +\infty,\quad \lim_{x\to+\infty} x = +\infty.$$

Tenim

$$\lim_{x\to+\infty} \frac{x^3}{x} = \frac{+\infty}{+\infty},\quad \lim_{x\to+\infty} \frac{x}{x^3} = \frac{+\infty}{+\infty},$$

indeterminacions del mateix tipus, però els resultats són ben diferents. És immediat calcular-los:

$$\lim_{x\to+\infty} \frac{x^3}{x} = \lim_{x\to+\infty} x^2 = +\infty,\quad \lim_{x\to+\infty} \frac{x}{x^3} = \lim_{x\to+\infty} \frac{1}{x^2} = 0.$$

Per acabar, veurem una altra eina per calcular límits.

Lema 3.7 **Criteri zero per fitada**. *Siguin dues funcions $f(x)$ i $g(x)$ tals que $\lim\limits_{x \to a} f(x) = 0$ i $g(x)$ és fitada en un entorn del punt a. Aleshores,*

$$\lim_{x \to a} f(x)g(x) = 0.$$

El criteri *zero per fitada* ens diu que la funció amb límit 0 arrossega la funció fitada cap al 0, encara que aquesta última no tingui límit en el punt a.

Exemple 3.8

Calculem $\lim\limits_{x \to -5} (x+5) \cos \frac{2}{(x+5)^2}$. Tenim, d'una banda, $\lim\limits_{x \to -5} (x+5) = 0$. De l'altra, $\left| \cos \frac{2}{(x+5)^2} \right| \leq 1$, tot i que $\lim\limits_{x \to -5} \cos \frac{2}{(x+5)^2}$ no existeix. Per tant,

$$\lim_{x \to -5} (x+5) \cos \frac{2}{(x+5)^2} = 0.$$

3.2 Continuïtat d'una funció

Intuïtivament, una funció és contínua si la seva gràfica no té interrupcions, ni salts; és a dir, una funció és contínua en un punt a, si per a punts suficientment pròxims al punt a, les imatges es troben arbitràriament properes a la imatge de a.

Definició 3.9 Una funció f *és contínua en a* $\iff \lim\limits_{x \to a} f(x) = f(a)$.

Diem que f *és contínua en el conjunt A* $\iff$ f *és contínua per a tot punt* $a \in A$.

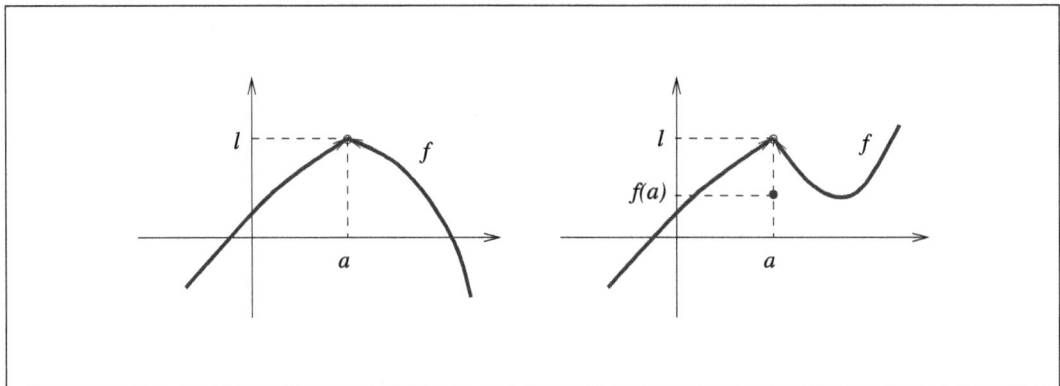

Fig. 3.4 Funcions contínues en $\mathbb{R} \setminus \{a\}$ amb discontinuïtats evitables en $x = a$

Ens adonem que la definició de continuïtat en un punt demana, en realitat, que es compleixin dues condicions:

- ha d'existir el límit de la funció en el punt i
- aquest límit ha de coincidir amb el valor de la funció en el punt esmentat.

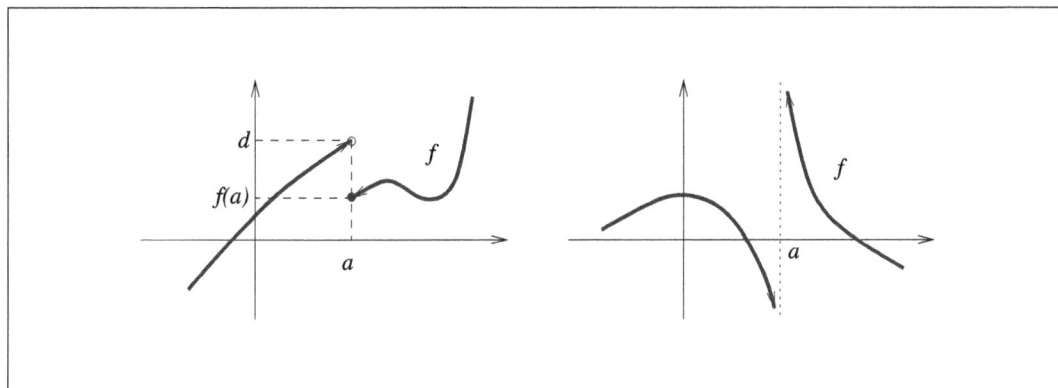

Fig. 3.5 Funcions contínues en $\mathbb{R} \setminus \{a\}$ amb discontinuïtats essencials en $x = a$

Les funcions de les figures 3.4 i 3.5 són totes contínues en $\mathbb{R} \setminus \{a\}$.

Discontinuïtat

Diem que f és *discontínua en a* si f no és contínua en aquest punt.

Vegem les causes per les quals una funció f no és contínua en un punt a:

- No existeix el límit de la funció f en el punt a (inclou el cas $\lim_{x \to a} f(x) = \infty$). Aleshores, diem que *la discontinuïtat és essencial*.
- Existeix el límit de la funció en el punt a, però no coincideix amb $f(a)$, ja sigui perquè $f(a)$ pren un altre valor, o bé perquè no hi està definida. Aquí parlem de *discontinuïtat evitable*.

Comencem per aquest segon tipus. Quan f té una discontinuïtat evitable en $x = a$, es pot transformar en contínua *redefinint f en a*.

Exemple 3.10

La funció $f(x) = \dfrac{x^2 - 4}{x - 2}$ té una discontinuïtat evitable en $x = 2$ ja que

$$\lim_{x \to 2} \frac{x^2 - 4}{x - 2} = \lim_{x \to 2} \frac{(x + 2)(x - 2)}{x - 2} = \lim_{x \to 2} (x + 2) = 4.$$

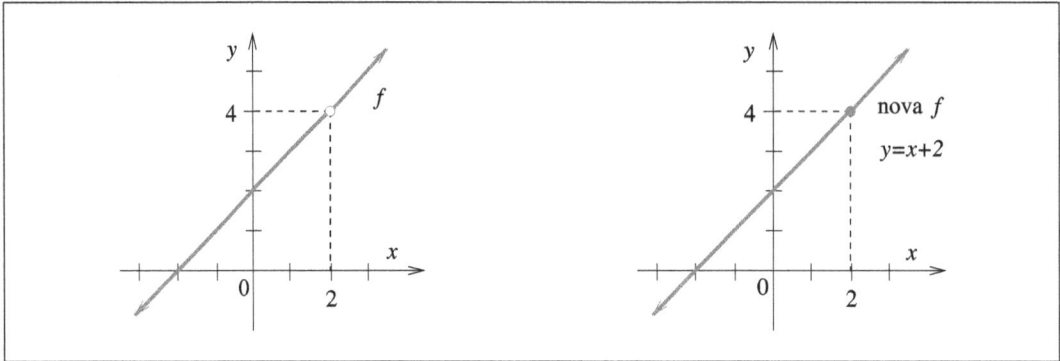

Fig. 3.6 La funció f té una discontinuïtat evitable en $x = 2$. La *nova* f hi és contínua

Aleshores, podem *redefinir* la funció com

$$f(x) = \begin{cases} \dfrac{x^2 - 4}{x - 2} & \text{si } x \neq 2 \\ 4 & \text{si } x = 2 \end{cases}$$

i la nova funció ja és contínua en $x = 2$, de fet, a tot $\mathbb{R}$, tal com es veu a les gràfiques de la figura 3.6.

Pel que fa a les discontinuïtats essencials —no existeix el límit de la funció f en el punt a—, poden presentar diferents aspectes. Per exemple, parlem de *discontinuïtat de salt* si existeixen els límits laterals però són diferents. La diferència entre el valor d'aquests límits s'anomena *el salt de la funció en el punt*. Podem tenir-ne un *salt finit* o un d'*infinit*. Si el límit en el punt no existeix perquè la funció oscil·la, parlem d'una *discontinuïtat oscil·latòria*.

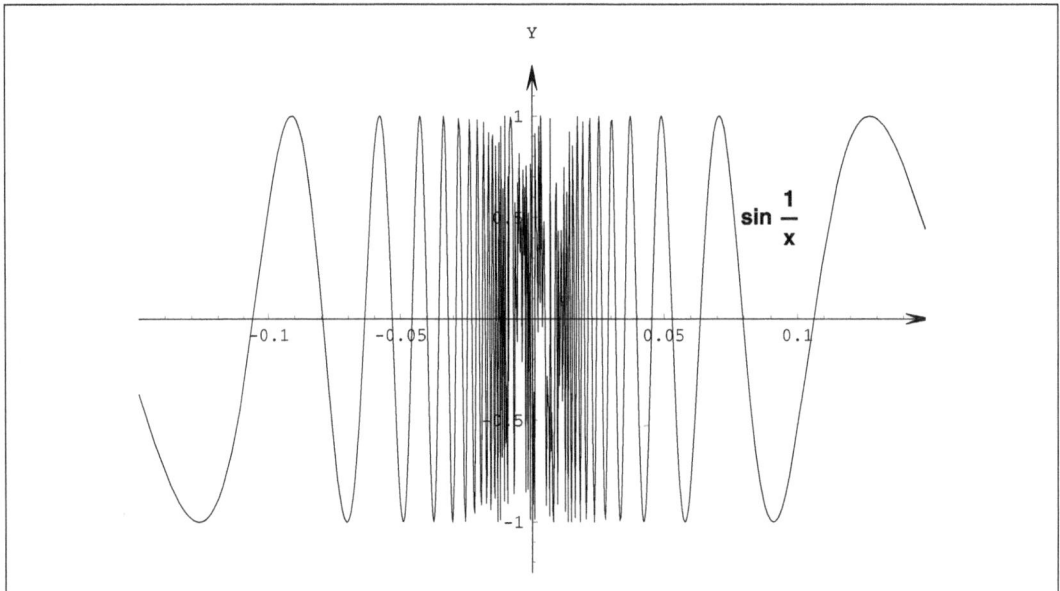

Fig. 3.7 Esbós de $f(x) = \sin \dfrac{1}{x}$ en un entorn de l'origen

Exemple 3.11

La funció $\sin\frac{1}{x}$ és contínua a $\mathbb{R}\setminus\{0\}$. En $x=0$, té una discontinuïtat essencial ja que no existeix $\lim\limits_{x\to 0}\sin\frac{1}{x}$. En aquest cas, tampoc no existeix el valor de la funció en $x=0$ (figura 3.7).

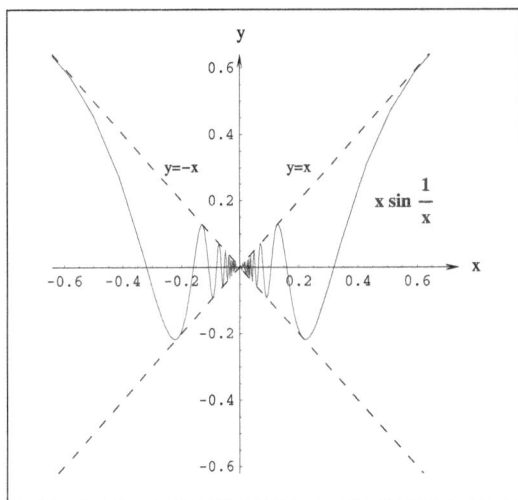

Fig. 3.8 Esbós de $f(x)=x\sin\dfrac{1}{x}$ en un entorn de l'origen

No obstant això, la funció

$$x\sin\frac{1}{x},$$

que veiem a la figura 3.8, no té imatge en $x=0$, però sí que té límit en aquest punt. En efecte,

$$\lim_{x\to 0} x\sin\frac{1}{x}=0 \quad \text{(criteri \textit{zero per fitada}).}$$

La discontinuïtat en $x=0$ és, doncs, evitable i podem definir $f(0)=0$.

A continuació, comentem les gràfiques d'unes funcions que ens mostren diferents tipus de discontinuïtat, segons existeixin o no el límit i la imatge en el punt.

La figura 3.4 representa dues funcions amb discontinuïtats evitables en $x=a$ perquè existeix

$$\lim_{x\to a} f(x),$$

tot i que en el primer cas $f(a)$ no està definida i en el segon sí.

A la figura 3.5 s'esbossen dues funcions amb discontinuïtats essencials en $x=a$. La primera té una discontinuïtat de salt.

Les funcions de la figura 3.9 també presenten discontinuïtats essencials. La primera d'elles és la part entera. És una funció contínua en tots els reals que no són enters. En els nombres enters, presenta discontinuïtats de salt; els salts valen tots 1. La segona funció d'aquesta figura té una discontinuïtat de salt infinit en $x=a$.

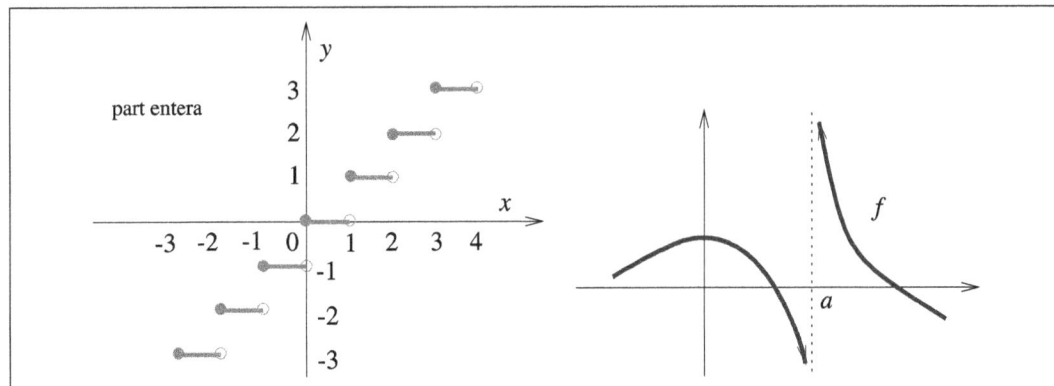

Fig. 3.9 Funcions amb discontinuïtats de salt

Exemples de funcions contínues

- Els polinomis, en $\mathbb{R}$.
- El valor absolut, en $\mathbb{R}$.
- $\sqrt{x}$, en el seu domini, $[0,+\infty)$.

- L'exponencial, sinus, cosinus, en $\mathbb{R}$.
- El logaritme, en el seu domini, $(0,+\infty)$.

Propietats locals de les funcions contínues

Les operacions algebraiques entre funcions contínues en un punt conserven la continuïtat. Això és una conseqüència immediata de l'àlgebra de límits (teorema 3.4).

> **Teorema 3.12** *Si f i g són contínues en $x = a$, també són contínues en a les funcions*
>
> - $f \pm g$
> - $f \cdot g$
>
> - kf, *per a tot* $k \in \mathbb{R}$
> - $\dfrac{f}{g}$, *si* $g(a) \neq 0$.

La composició de funcions també respecta la continuïtat.

> **Teorema 3.13** *Si f és contínua en a i g és contínua en $f(a)$, aleshores la funció composta $g \circ f$ és contínua en a.*

Els teoremes anteriors ens permeten ampliar el ventall de funcions contínues a partir d'unes quantes de conegudes.

Propietats de la continuïtat global

En aquesta secció, estudiarem propietats de les funcions contínues, no en un punt (visió local), sinó en un conjunt (visió global). Considerarem funcions definides en un interval tancat $[a,b]$ i veurem quatre grans teoremes de la continuïtat global: el de la inversa contínua, el de Weierstrass, el de Bolzano i el dels valor intermedis.

> **Teorema 3.14 Teorema de la inversa contínua.** *Sigui $f : [a,b] \longrightarrow \mathbb{R}$ una funció estrictament monòtona i contínua en $[a,b]$. Aleshores, la funció inversa f^{-1} és estrictament monòtona (del mateix caràcter que f) i contínua en $f([a,b])$.*

El mateix caràcter de f i f^{-1} vol dir que, o bé ambdues són estrictament creixents, o bé ambdues són estrictament decreixents, cadascuna dins el seu domini. Observem, per exemple, les parelles següents ja conegudes: x^2 i $\sqrt{x}$ són estrictament creixents (figura 2.25); e^x i $\ln x$ són estrictament creixents (figura 2.25); $\cos x$ i $\arccos x$ són estrictament decreixents (figura 2.27).

Abans d'enunciar el teorema de Weierstrass necessitem els conceptes d'extrem relatiu i extrem absolut d'una funció.

Definició 3.15 Siguin $f : D \subset \mathbb{R} \longrightarrow \mathbb{R}$ i $a \in D$.

- La funció f té *un màxim relatiu en* $x = a$ si $f(a)$ és el valor més gran que pren $f(x)$ en un cert entorn del punt a, és a dir, si $f(a) \geq f(x)$ per a $x \in (a - \delta, a + \delta)$, amb algun $\delta > 0$.

- La funció f té *un mínim relatiu en* $x = a$ si $f(a)$ és el valor més petit que pren $f(x)$ en un cert entorn del punt a, és a dir, si $f(a) \leq f(x)$ per a $x \in (a - \delta, a + \delta)$, amb algun $\delta > 0$.

- La funció f té *un extrem relatiu en* $x = a$ si assoleix un màxim o un mínim relatiu en a. En aquest cas, el valor del màxim o del mínim és $f(a)$.

Si tenim una funció definida en un interval tancat $[a,b]$ i volem estudiar si f té extrems relatius en $x = a$ o $x = b$, només hem de considerar la part de l'entorn del punt que cau dins de l'interval, és a dir, l'entorn $[a, a + \delta)$ per al punt $x = a$ i l'entorn $(b - \delta, b]$ per al punt $x = b$.

Definició 3.16 Sigui $f : D \subset \mathbb{R} \longrightarrow \mathbb{R}$.

- La funció f té *un màxim absolut en* $x = a$ si $f(a) \geq f(x)$, $\forall x \in D$.

- La funció f té *un mínim absolut en* $x = a$ si $f(a) \leq f(x)$, $\forall x \in D$.

- La funció f té *un extrem absolut en* $x = a$ si en té un màxim o un mínim absolut. En aquest cas, el valor del màxim o del mínim és $f(a)$.

És clar que un extrem absolut d'una funció és, en particular, un extrem relatiu. A l'inrevés no sempre és cert.

El teorema de Weierstrass ens assegura l'existència d'extrems absoluts per a una funció contínua en un interval tancat.

Teorema 3.17 Teorema de Weierstrass. *(K. Weierstrass (1815-1897)) Si $f(x)$ és un funció contínua en $[a,b]$, llavors $f(x)$ assoleix un màxim i un mínim absoluts en $[a,b]$.*

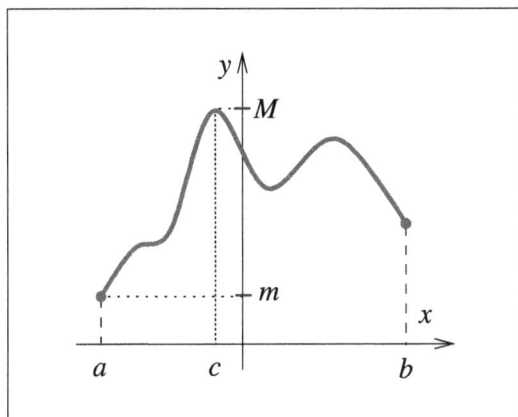

Fig. 3.10 Extrems absoluts d'una funció contínua en un interval tancat

La funció de la figura 3.10 és contínua en l'interval tancat $[a,b]$; per tant, té màxim i mínim absoluts. El mínim absolut és m i s'assoleix en $x = a$, mentre que el màxim absolut és M i s'assoleix en $x = c$.

Naturalment, si alguna de les hipòtesis del teorema de Weierstrass no se satisfà, aleshores no podem garantir l'existència d'extrems absoluts. Les gràfiques de les funcions de la figura 3.11 mostren que no podem eliminar cap de les hipòtesis de l'enunciat. Les hem seleccionat perquè no assoleixen extrems absoluts. La primera d'elles està definida en l'interval tancat $[a,b]$, és contínua en (a,b) però no ho és ni en $x = a$ ni en $x = b$. La segona està definida i és contínua en l'interval obert (a,b), però no en $[a,b]$. L'última funció és contínua en el seu domini, però aquest no és un interval tancat.

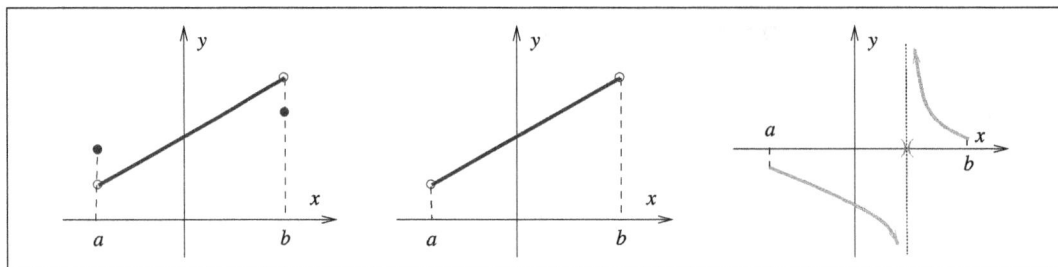

Fig. 3.11 Funcions que no satisfan les hipòtesis del teorema de Weierstrass

El teorema de Bolzano ens permet localitzar zeros o arrels de funcions, és a dir, solucions de l'equació $f(x) = 0$.

Teorema 3.18 Teorema de Bolzano *(B. Bolzano (1781-1848)) Sigui f una funció contínua en l'interval $[a,b]$, de manera que*

$$f(a) \cdot f(b) < 0,$$

aleshores existeix almenys un $c \in (a,b)$ tal que $f(c) = 0$.

La interpretació gràfica del teorema de Bolzano diu que una funció contínua en un interval tancat $[a,b]$ amb valors de signes diferents en $x = a$ i $x = b$ talla l'eix d'abscisses —s'anul·la— almenys en un punt de l'interior de l'interval. La figura 3.12 il·lustra aquesta idea.

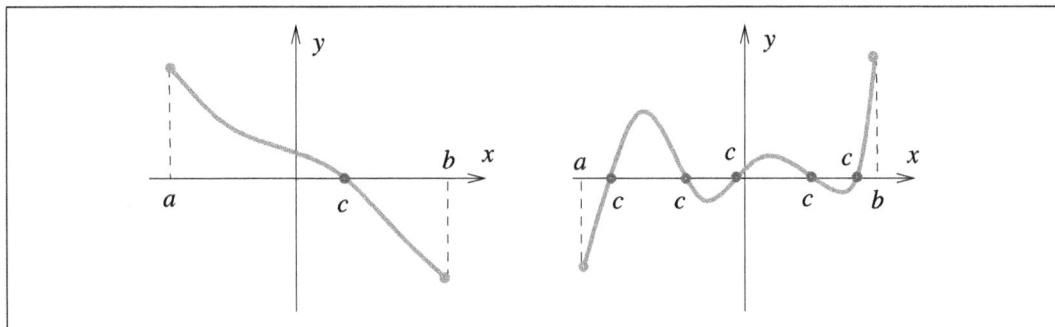

Fig. 3.12 Interpretació gràfica del teorema de Bolzano

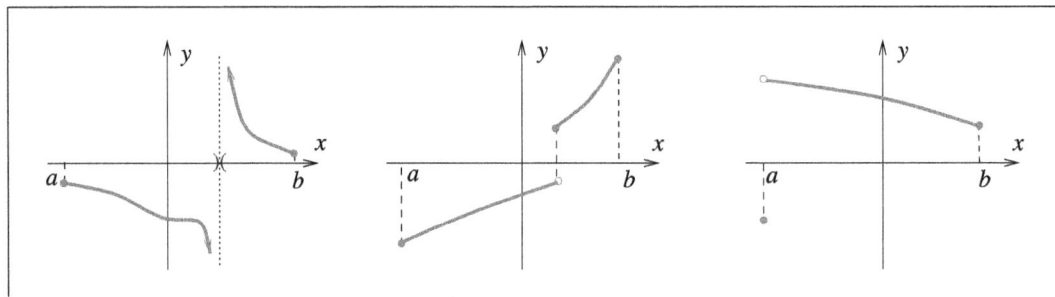

Fig. 3.13 Funcions que no satisfan les hipòtesis del teorema de Bolzano

La figura 3.13 mostra uns exemples de funcions que no compleixen alguna hipòtesi del teorema de Bolzano i, per tant, no podem assegurar-ne l'existència d'arrels. Aquestes funcions satisfan $f(a) \cdot f(b) < 0$ però no són contínues en $[a, b]$.

Exemple 3.19

Polinomis de grau senar. Com a aplicació del teorema de Bolzano, provarem que

tot polinomi de grau senar té almenys una arrel real.

Sigui un polinomi de grau senar n

$$P(x) = a_n x^n + a_{n-1} x^{n-1} + \cdots + a_1 x + a_0, \ a_n \neq 0.$$

Suposem primer que $a_n > 0$. Aleshores, com que n és senar, és fàcil veure que

$$\lim_{x \to +\infty} P(x) = +\infty, \quad \text{i} \quad \lim_{x \to -\infty} P(x) = -\infty.$$

Per tant, existeixen nombres reals a i b, $a < b$ tals que $f(a) < 0$ i $f(b) > 0$. Com que $P(x)$ és contínua en $\mathbb{R}$, en particular, també ho és en $[a, b]$. El teorema de Bolzano ens diu que hi ha almenys un $c \in (a, b)$ tal que $P(x) = 0$. La demostració és anàloga al cas $a_n < 0$. A la figura 3.14 tenim un esquema de la gràfica del polinomi $P(x)$ amb $a_n > 0$ a l'esquerra i amb $a_n < 0$ a la dreta. □

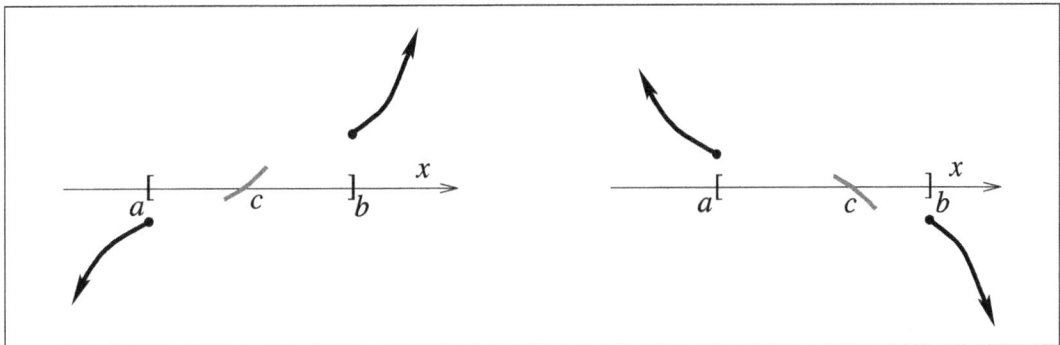

Fig. 3.14 Aplicació del teorema de Bolzano als polinomis de grau senar

Exemple 3.20

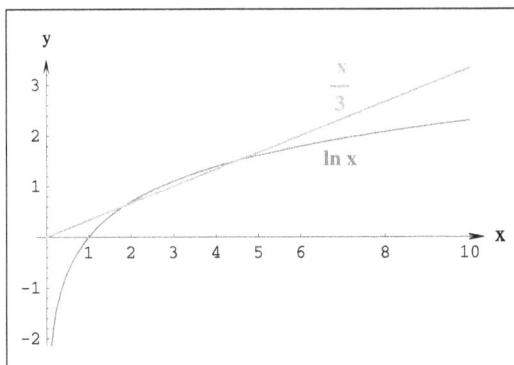

Fig. 3.15 Aplicació del teorema de Bolzano a la resolució aproximada de $\ln x = \frac{x}{3}$

Trobeu les solucions aproximades de l'equació

$$\ln x = \frac{x}{3}$$

amb un error inferior a $0'01$.

A la figura 3.15 podem veure les gràfiques de

$$\ln x \quad \text{i} \quad \frac{x}{3}$$

que ens ajudaran a determinar l'interval adient per aplicar el teorema de Bolzano.

Així, considerant $f(x) = \ln x - \frac{x}{3}$, que és contínua en el seu domini, i els intervals $[1,2]$ i $[4,5]$, observem que

$$f(1) \cdot f(2) < 0 \ \text{ i } \ f(4) \cdot f(5) < 0,$$

i, per tant, aplicant el teorema de Bolzano, sabem que en cada un d'aquests intervals hi ha una arrel. Per determinar-les amb una precisió de $0'01$ cal subdividir cadascun dels intervals en 100 parts. Aleshores, seleccionem els punts que tenen imatges de signe diferents i obtenim

$$f(1 + 85/100) = -0'00148103, \quad f(1 + 86/100) = 0'000576488,$$
$$f(4 + 53/100) = 0'000721939, \quad f(4 + 54/100) = -0'000406321.$$

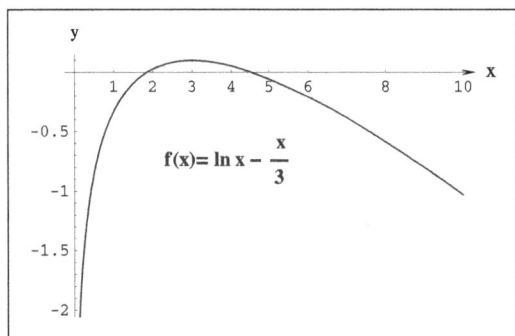

Fig. 3.16 Gràfica de $f(x) = \ln x - \frac{x}{3}$

Deduïm, doncs, que les solucions aproximades de l'equació

$$\ln x = \frac{x}{3}$$

amb un error inferior a $0'01$ són

$$x = 1'85 \ \text{ i } \ x = 4'53.$$

A la figura 3.16, podeu veure la gràfica de

$$f(x) = \ln x - \frac{x}{3}.$$

Finalitzem el capítol amb una generalització del teorema de Bolzano.

Teorema 3.21 Teorema dels valors intermedis de Bolzano. *Si f és una funció contínua en l'interval $[a,b]$ i k és un nombre real entre $f(a)$ i $f(b)$, aleshores existeix un nombre $c \in (a,b)$ tal que $f(c) = k$.*

Problemes resolts

Problema 1

Calculeu els límits següents:

a) $\lim\limits_{x \to +\infty} e^{-x} \sin x$.

b) $\lim\limits_{x \to 3} (x-3)^2 \cos \dfrac{1}{x-3}$.

[Solució]

a) És el límit d'un producte. Estudiarem cada un dels factors per separat. D'una banda, $\lim\limits_{x \to +\infty} e^{-x} = 0$; de l'altra, $\lim\limits_{x \to +\infty} \sin x$ no existeix, ja que la funció sinus va oscil·lant entre -1 i 1. Tanmateix, podem aplicar-hi el criteri "0 per fitada": e^{-x} tendeix a 0 i $|\sin x| \le 1$, per a tot $x \in \mathbb{R}$. Així, doncs, $\lim\limits_{x \to +\infty} e^{-x} \sin x = 0$.

b) Tenim una situació com la de l'apartat anterior. En efecte, $\lim\limits_{x\to 3}(x-3)^2 = 0$ i $\left|\cos\frac{1}{x-3}\right| \leq 1$, per a tot $x \in \mathbb{R}$. Apliquem de nou el criteri "0 per fitada" i obtenim

$$\lim_{x\to 3}(x-3)^2 \cos\frac{1}{x-3} = 0.$$

Problema 2

Calculeu el límit

$$\lim_{x\to +\infty} \left(\sqrt{x^4+x^2} + \sqrt{x^2+5x} - x^2 - x \right).$$

[Solució]

Observem que

$$\lim_{x\to +\infty} \left(\sqrt{x^4+x^2} + \sqrt{x^2+5x} - x^2 - x \right) = \lim_{x\to +\infty} \left[\sqrt{x^4+x^2} + \sqrt{x^2+5x} - \left(x^2+x\right) \right]$$

és una indeterminació del tipus $\infty - \infty$. Escrivim el límit agrupant els termes de manera adequada

$$\lim_{x\to +\infty} \left(\sqrt{x^4+x^2} + \sqrt{x^2+5x} - x^2 - x \right) = \lim_{x\to +\infty} \left(\underbrace{\sqrt{x^4+x^2} - x^2}_{(1)} + \underbrace{\sqrt{x^2+5x} - x}_{(2)} \right).$$

D'altra banda,

$$(1)\ \lim_{x\to +\infty} \left(\sqrt{x^4+x^2} - x^2 \right) \cdot \frac{\sqrt{x^4+x^2} + x^2}{\sqrt{x^4+x^2} + x^2} = \frac{1}{2}.$$

$$(2)\ \lim_{x\to +\infty} \left(\sqrt{x^2+5x} - x \right) \cdot \frac{\sqrt{x^2+5x} + x}{\sqrt{x^2+5x} + x} = \frac{5}{2}.$$

Finalment,

$$\lim_{x\to +\infty} \left(\sqrt{x^4+x^2} + \sqrt{x^2+5x} - x^2 - x \right) = \frac{1}{2} + \frac{5}{2} = 3.$$

Problema 3

Determineu els valors de a i b perquè la funció

$$f(x) = \begin{cases} -3\sin x & \text{si}\ \ x < -\frac{\pi}{2} \\ a\sin x + b & \text{si}\ \ -\frac{\pi}{2} \leq x \leq \frac{\pi}{2} \\ \cos x & \text{si}\ \ x > \frac{\pi}{2} \end{cases}$$

sigui contínua en tot el seu domini.

[Solució]

Clarament, la funció f és contínua si $x < -\frac{\pi}{2}$, també per a $-\frac{\pi}{2} < x < \frac{\pi}{2}$ i per a $x > \frac{\pi}{2}$, per a qualssevol valors de a i b, perquè és suma i producte de funcions contínues: constants, sinus i cosinus. Aleshores, només cal estudiar la continuïtat en els punts $-\frac{\pi}{2}$ i $\frac{\pi}{2}$. Com que la funció està definida a trossos, hem de considerar els límits laterals en aquests dos punts.

$$\lim_{x \to -\frac{\pi}{2}^-} f(x) = \lim_{x \to -\frac{\pi}{2}} (-3\sin x) = 3,$$

$$\lim_{x \to -\frac{\pi}{2}^+} f(x) = \lim_{x \to -\frac{\pi}{2}} (a\sin x + b) = -a + b,$$

$$\lim_{x \to \frac{\pi}{2}^-} f(x) = \lim_{x \to \frac{\pi}{2}} (a\sin x + b) = a + b,$$

$$\lim_{x \to \frac{\pi}{2}^+} f(x) = \lim_{x \to \frac{\pi}{2}} (\cos x) = 0.$$

Per tant, perquè sigui contínua, s'ha de complir:

$$\begin{cases} -a + b = 3 \\ a + b = 0. \end{cases}$$

D'aquest sistema, obtenim $b = \frac{3}{2}$ i $a = -\frac{3}{2}$.

Problema 4

Per què podem afirmar que l'equació $x^2 = x\sin x + \cos x$ té com a mínim dues solucions reals?

[Solució]

L'equació donada és equivalent a $x^2 - x\sin x - \cos x = 0$. Sigui $f(x) = x^2 - x\sin x - \cos x$. La funció $f(x)$ és contínua en tot $\mathbb{R}$ i, a més, és una funció parella. En efecte,

$$f(-x) = (-x)^2 - (-x)\sin(-x) - \cos(-x) = x^2 - \sin x - \cos x = f(x), \ \forall x \in \mathbb{R},$$

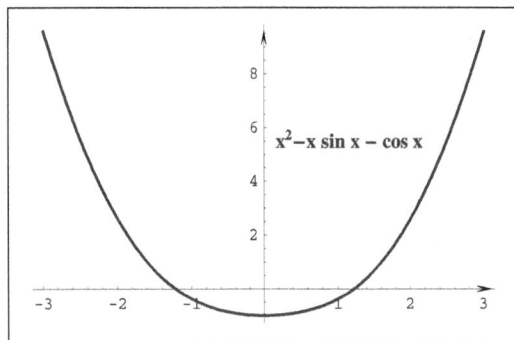

Fig. 3.17 Gràfica de $f(x) = x^2 - x\sin x - \cos x$

perquè $\sin x$ és una funció senar i $\cos x$ és parella. Observem que

$$f(0) = -1 < 0 \quad \text{i} \quad f(\pi) = \pi^2 + 1 > 0.$$

Per tant, segons el teorema de Bolzano, l'equació

$$f(x) = 0$$

té almenys una solució en l'interval $(0, \pi)$. Ara, per simetria —la funció és parella— l'equació té almenys una altra solució en $(-\pi, 0)$. Vegeu la gràfica de $f(x)$ a la figura 3.17.

Problema 5

Determineu gràficament el nombre exacte d'arrels reals de l'equació $e^{-x} - x^2 + 3 = 0$.

[Solució]

Escrivim l'equació de forma adequada

$$e^{-x} = x^2 - 3.$$

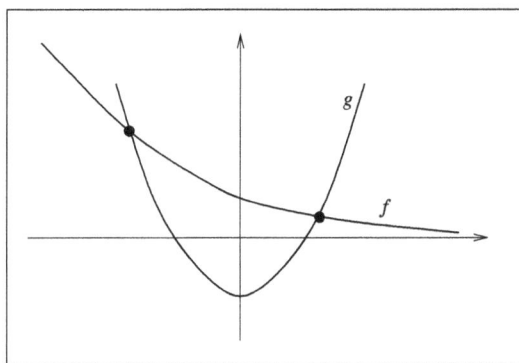

Es tracta de veure en quins punts es tallen les gràfiques de les funcions contínues

$$f(x) = e^{-x} \quad \text{i} \quad g(x) = x^2 - 3.$$

A la figura 3.18 observem que hi ha intersecció en dos punts, un amb abscissa positiva i l'altre amb abscissa negativa. Per tant, la nostra equació té exactament dues arrels.

Fig. 3.18 Intersecció de les gràfiques de les funcions $f(x) = e^{-x}$ i $g(x) = x^2 - 3$

Problema 6

La funció $f : (0, 1] \longrightarrow \mathbb{R}$ definida per $f(x) = \frac{1}{x}$ és contínua però no és fitada. Contradiu això el teorema de Weierstrass?

[Solució]

Efectivament, la funció $\frac{1}{x}$ no té màxim en $(0, 1]$, però el teorema de Weierstrass afirma l'existència de màxim i mínim si la funció és contínua en un interval tancat. En canvi, en el nostre cas, l'interval no és tancat ja que el 0 no hi pertany. Per tant, no hi ha contradicció amb cap teorema.

Problema 7

Sigui $f : [0, 1] \longrightarrow [0, 1]$ una funció contínua. Demostreu que f té almenys un punt fix en l'interval $[0, 1]$, és a dir, $f(x) = x$ per algun $x \in [0, 1]$.

[Solució]

Si $f(0) = 0$ o $f(1) = 1$, aleshores hem acabat. Suposem, doncs, que $f(0) > 0$ i $f(1) < 1$. Considerem la nova funció $g(x) = f(x) - x$, que també és contínua en $[0, 1]$. Observem que $g(0) = f(0) > 0$ i $g(1) = f(1) - 1 < 0$. Pel teorema de Bolzano, existeix un punt $x \in [0, 1]$ tal que $g(x) = 0$, que equival a $f(x) = x$.

Problemes proposats

Problema 1

Dibuixeu una funció $f(x)$ que compleixi els requisits següents:

- talla l'eix d'abscisses només en $x = 0$ i $x = 1$;
- té una discontinuïtat evitable en $x = 5$;
- $\displaystyle\lim_{x \to 2^-} f(x) = +\infty, \quad \lim_{x \to 2^+} f(x) = -\infty, \quad \lim_{x \to +\infty} f(x) = 1, \quad \lim_{x \to -\infty} f(x) = 0.$

Problema 2

Calculeu els límits següents:

a) $\lim\limits_{z \to y} \dfrac{\sqrt{z} - \sqrt{y}}{z^2 - y^2}$

b) $\lim\limits_{x \to 2} \left(\dfrac{x^2 - 4}{3x + 1} \sin \dfrac{1}{x - 2} \cos \dfrac{x + \pi}{x^2 - 4} \right)$

Problema 3

Siguin $p \in \mathbb{R}$ i

$$f(x) = \begin{cases} 3e^{-x} + x^p \sin \frac{1}{p} & \text{si} \quad x \neq 0 \\ 3 & \text{si} \quad x \neq 0 \end{cases}$$

Per a quins valors de p és f contínua en tot $\mathbb{R}$?

Problema 4

Proveu que la funció $x^2 \sin(\pi x) = \cos x$ té, com a mínim, dues solucions reals en l'interval $[-2, 2]$.

Problema 5

Existeixen màxim i mínim absoluts de la funció $f(x) = 1 - \sqrt[3]{(1 - x)^2}$ en l'interval $[0, 9]$? Per què?

Problema 6

Determineu gràficament el nombre d'arrels reals de l'equació $e^{-x} - \cos x = 0$.

4 Derivació

4.1 Definició i interpretació del concepte de derivada

A continuació, introduïm un dels conceptes clau de l'anàlisi matemàtica: la derivada d'una funció.

> **Definició 4.1** Sigui una funció $f : D \longrightarrow \mathbb{R}$, on D és un interval, una semirecta o tot $\mathbb{R}$. Diem que f és *derivable* o *diferenciable en* $a \in D$ si existeix el límit
>
> $$\lim_{h \to 0} \frac{f(a+h) - f(a)}{h} \qquad (*)$$
>
> i és finit. En aquest cas, el valor del límit s'anomena *derivada de* f *en* a i el designem per $f'(a)$. Si el límit és $+\infty$ o $-\infty$, diem que f té *derivada infinita en* a.

Si diem que f té derivada en a, s'entendrà que $f'(a) \in \mathbb{R}$.

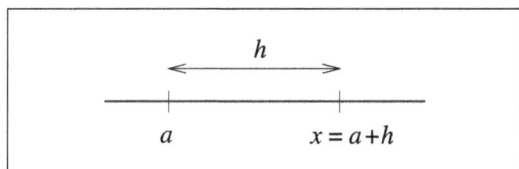

Fig. 4.1 Increment de la variable

El límit de la definició de derivada es pot escriure d'una altra manera, que també és força usual. Posem $x = a + h$; aleshores, l'increment h esdevé $x - a$. Dir que l'increment tendeix a 0 ($h \to 0$) equival a dir que x s'acosta al punt a ($x \to a$). Esquemàticament, a la figura 4.1 tenim

$$x = a + h \iff h = x - a$$
$$x \to a \iff h \to 0$$

Podem escriure el límit de la definició de derivada com

$$f'(a) = \lim_{x \to a} \frac{f(x) - f(a)}{x - a}.$$

A vegades, també s'utilitza la notació

$$\lim_{\Delta x \to 0} \frac{\Delta f(x, a)}{\Delta x}.$$

En qualsevol de les diferents notacions que hem considerat, queda palès que la derivada és el límit d'un quocient incremental:

$$\frac{\text{increment de la funció}}{\text{increment de la variable}}.$$

Observació 4.2 *Assenyalem ara dues propietats de la derivada degudes a la seva definició a partir d'un límit:*

- *unicitat (si la derivada existeix, és única),*
- *caràcter local (la derivada depèn del comportament de la funció en un entorn del punt).*

Si una funció $y = f(x)$ és derivable en cada punt d'un conjunt D, es diu que f és derivable en D. Això permet parlar de *la funció derivada de f*. Per designar la funció derivada, es fan servir diverses notacions. Aquí en tenim unes quantes:

$$f'(x), \ f', \ y'(x), \ y', \ \frac{df}{dx}(x), \ \frac{df}{dx}, \ \frac{dy}{dx}(x), \ \frac{dy}{dx}, \text{ etc.}$$

A la taula següent, tenim tres interpretacions del concepte de derivada.

	$\dfrac{f(a+h) - f(a)}{h}$	$f'(a) = \lim\limits_{h \to 0} \dfrac{f(a+h) - f(a)}{h}$
FÍSICA	Velocitat mitjana d'un mòbil en un interval de temps $[a, a+h]$	Velocitat instantània d'un mòbil en un instant de temps $t = a$
GEOMÈTRICA	Pendent de la recta secant a f en $(a, f(a))$ i $(a+h, f(a+h))$	Pendent de la recta tangent a f en el punt $(a, f(a))$
MATEMÀTICA	Variació mitjana de f en un interval $[a, a+h]$	Coeficient de variació o variació instantània de f en un punt $x = a$

Interpretació física. El problema de la velocitat instantània

Suposem que un mòbil es desplaça amb un moviment rectilini. Sigui $y = f(t)$ la funció que expressa la distància recorreguda en funció del temps t. Volem determinar la velocitat instantània en l'instant t.

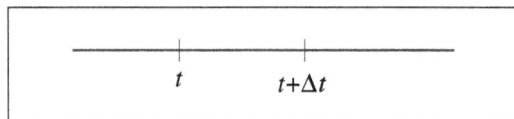

Fig. 4.2 Increment de temps

La forma natural és considerar primer la velocitat mitjana del mòbil entre dos instants de temps t i $t + \Delta t$ (figura 4.2). Òbviament, serà l'espai recorregut, dividit pel temps. És a dir,

$$v_m = \frac{f(t + \Delta t) - f(t)}{\Delta t}.$$

La velocitat instantània s'obté fent tendir a 0 l'increment de temps Δt:

$$v = \lim_{\Delta t \to 0} v_m = \lim_{\Delta t \to 0} \frac{f(t + \Delta t) - f(t)}{\Delta t}.$$

Interpretació geomètrica. El problema de la recta tangent

Considerem una corba donada per la gràfica d'una funció $y = f(x)$. Es tracta de definir la tangent a la corba en un punt $P = (a, f(a))$.

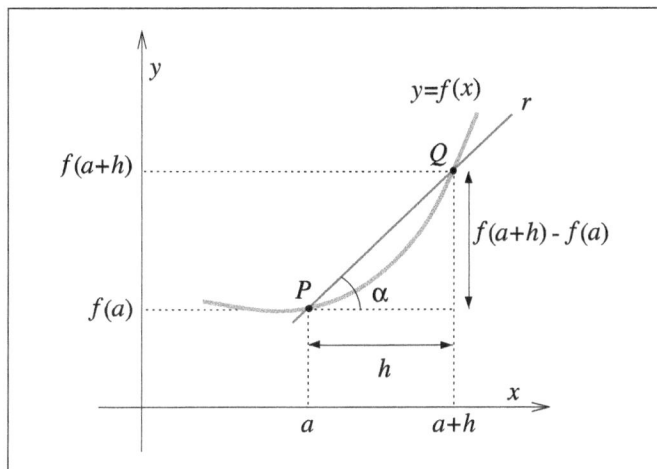

Fig. 4.3 Recta secant a la gràfica de f que passa per P i Q

Siguin r la recta secant que passa pels punts $P = (a, f(a))$ i $Q = (a + h, f(a + h))$, i α l'angle que forma r amb l'eix d'abscisses, com mostra la figura 4.3. Sabem que

$$\operatorname{tg}\alpha = \frac{f(a + h) - f(a)}{h}.$$

El pendent de r és precisament $\operatorname{tg}\alpha$. Aleshores, l'equació de la recta r queda

$$y = f(a) + \frac{f(a + h) - f(a)}{h}(x - a).$$

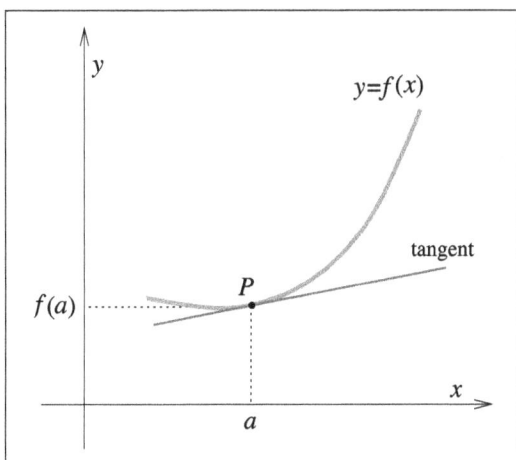

Fig. 4.4 Recta tangent a f en $(a, f(a))$

La idea clau és fer tendir $h \to 0$, de manera que $Q \to P$ i la recta secant tendirà a la recta tangent que volem (la tenim a la figura 4.4).

Aleshores, la recta tangent a la corba $y = f(x)$ en el punt $(a, f(a))$ tindrà pendent el límit dels pendents de les rectes secants anteriors quan $h \to 0$

$$f'(a) = \lim_{h \to 0} \frac{f(a + h) - f(a)}{h}.$$

Així, doncs, l'equació de la recta tangent buscada és $y = f(a) + f'(a)(x - a)$ o, equivalentment,

$$y - f(a) = f'(a)(x - a).$$

Observació 4.3 *Sabem que, si una recta té pendent m_1, aleshores qualsevol recta perpendicular a l'anterior té pendent $m_2 = \dfrac{-1}{m_1}$. Entenem que, si $m_1 = 0$, aleshores $m_2 = \infty$, i viceversa.*

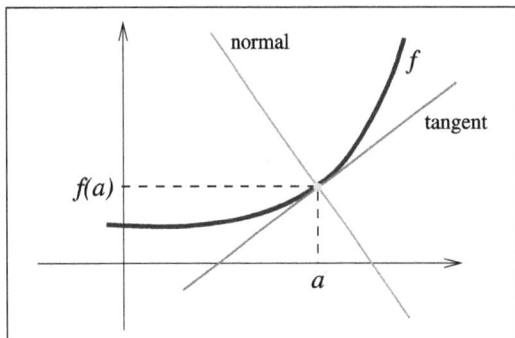

Fig. 4.5 Rectes tangent i normal a f en $(a, f(a))$

Sigui f una funció derivable en un punt a. La *recta normal* a la gràfica de f en el punt $(a, f(a))$ és

$$y - f(a) = \frac{-1}{f'(a)}(x - a).$$

És a dir, la recta perpendicular a la tangent en el punt $(a, f(a))$ (com l'esquema de la figura 4.5).

Exemples 4.4

Derivada d'algunes funcions elementals. Estudiem la derivada d'algunes funcions a partir de la definició. Calculeu els límits següents:

a) Sigui la funció $f(x) = x^2$ amb $D = \mathbb{R}$. Prenem $a \in \mathbb{R}$. Aleshores,

$$f'(a) = \lim_{x \to a} \frac{f(x) - f(a)}{x - a} = \lim_{x \to a} \frac{x^2 - a^2}{x - a} \qquad \text{(suma per diferència)}$$

$$= \lim_{x \to a} \frac{(x + a)(x - a)}{x - a} = \lim_{x \to a} (x + a) = 2a.$$

Per tant, la funció $f(x) = x^2$ és derivable a tot $\mathbb{R}$ i la seva derivada és $f'(x) = 2x$.

Si mirem en uns punts concrets —com a la figura 4.6— tenim, per exemple,

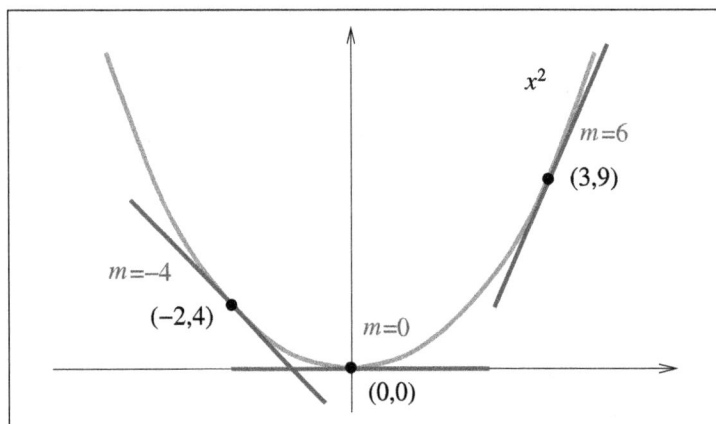

Fig. 4.6 Rectes tangents a $f(x) = x^2$ en diversos punts

$$f'(0) = 0 \quad \longrightarrow \quad \text{tangent horitzontal en } (0,0),$$
$$f'(3) = 6 \quad \longrightarrow \quad \text{tangent amb pendent } 6 \text{ en } (3,9),$$
$$f'(-2) = -4 \quad \longrightarrow \quad \text{tangent amb pendent } -4 \text{ en } (-2,4).$$

b) Sigui la funció $f(x) = |x|$ amb $D = \mathbb{R}$. Recordem que

$$|x| = \begin{cases} x & \text{si} & x \geq 0, \\ -x & \text{si} & x < 0. \end{cases}$$

Dividirem l'estudi en tres casos: $a > 0$, $a < 0$ i $a = 0$.
Si $a > 0$, llavors

$$f'(a) = \lim_{x \to a} \frac{f(x) - f(a)}{x - a} = \lim_{x \to a} \frac{|x| - |a|}{x - a}$$

$$= \lim_{x \to a} \frac{x - a}{x - a} = \lim_{x \to a} 1 = 1.$$

Si $a < 0$, aleshores

$$f'(a) = \lim_{x \to a} \frac{|x| - |a|}{x - a}$$

$$= \lim_{x \to a} \frac{-x - (-a)}{x - a} = \lim_{x \to a} -\frac{x - a}{x - a} = \lim_{x \to a} (-1) = -1.$$

Finalment, si $a = 0$, tenim

$$f'(0) = \lim_{x \to 0} \frac{|x| - 0}{x - 0} = \lim_{x \to 0} \frac{|x|}{x} = ?$$

N'hem d'analitzar els límits laterals.

- $\lim\limits_{x \to 0^+} \dfrac{|x|}{x} = \lim\limits_{x \to 0^+} \dfrac{x}{x} = 1$. El límit per la dreta val 1.

- $\lim\limits_{x \to 0^-} \dfrac{|x|}{x} = \lim\limits_{x \to 0^-} \dfrac{-x}{x} = -1$. El límit per l'esquerra val -1.

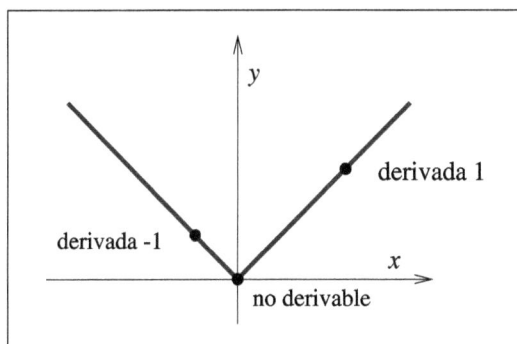

Atès que $1 \neq -1$, el límit ordinari no existeix i, per tant, tampoc no existeix $f'(0)$. La derivabilitat de $f(x) = |x|$ queda resumida a la figura 4.7.

Fig. 4.7 Derivabilitat de $f(x) = |x|$

c) Sigui la funció $f(x) = \sqrt{x}$, amb $D = [0, +\infty)$. Prenem $a \in D$.

$$f'(a) = \lim_{x \to a} \frac{\sqrt{x} - \sqrt{a}}{x - a} = \lim_{x \to a} \frac{\sqrt{x} - \sqrt{a}}{x - a} \cdot \frac{\sqrt{x} + \sqrt{a}}{\sqrt{x} + \sqrt{a}} =$$

$$= \lim_{x \to a} \frac{x - a}{(x - a)(\sqrt{x} + \sqrt{a})} = \lim_{x \to a} \frac{1}{\sqrt{x} + \sqrt{a}},$$

d'on

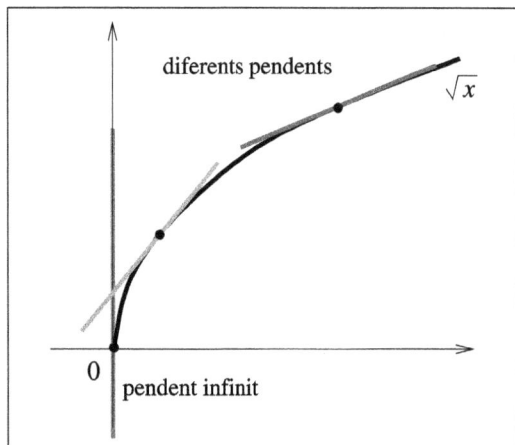

Fig. 4.8 Rectes tangents a $f(x) = \sqrt{x}$ en diversos punts

$$f'(a) = \begin{cases} \dfrac{1}{2\sqrt{a}} & \text{si} \quad a > 0, \\[2mm] +\infty & \text{si} \quad a = 0. \end{cases}$$

Per tant, la funció $f(x) = \sqrt{x}$ és derivable si $x > 0$ i la seva derivada és $f'(x) = \dfrac{1}{2\sqrt{x}}$. En $x = 0$ no és derivable, ja que té derivada infinita.

Gràficament, això significa que la recta tangent a la gràfica de la funció en l'origen és una recta vertical (pendent infinit). Il·lustrem les tangents per diferents punts a la figura 4.8.

Derivades laterals

El concepte de derivada lateral és del tot anàleg al de derivada ordinària, però considerant el límit lateral corresponent.

Definició 4.5 Sigui una funció $f : D \longrightarrow \mathbb{R}$, on D és un interval, una semirecta o tot $\mathbb{R}$.
- Diem que f és *derivable* o *diferenciable en* $a \in D$ *per la dreta* si existeix el límit

$$\lim_{x \to a^+} \frac{f(x) - f(a)}{x - a}$$

i és finit. En aquest cas, el valor del límit s'anomena *derivada de* f *en* a *per la dreta* i el designem per $f'(a^+)$ o bé $f'_+(a)$.

Si el límit és $+\infty$ o $-\infty$, diem que f té *derivada infinita en* a *per la dreta*.

- Diem que f és *derivable* o *diferenciable en* $a \in D$ *per l'esquerra* si existeix el límit

$$\lim_{x \to a^-} \frac{f(x) - f(a)}{x - a}$$

i és finit. En aquest cas, el valor del límit s'anomena *derivada de* f *en* a *per l'esquerra* i el designem per $f'(a^-)$ o bé $f'_-(a)$.

Si el límit és $+\infty$ o $-\infty$, diem que f té *derivada infinita en* a *per l'esquerra*.

Clarament, una funció f és derivable en un punt a si existeixen $f'(a^+)$ i $f'(a^-)$ i són iguals. En aquest cas,

$$f'(a) = f'(a^+) = f'(a^-).$$

Si el domini és de la forma $D = [a,b], (-\infty, a]...$, cal prendre els límits laterals en el punt a segons tinguin sentit.

Exemples 4.6

Derivades laterals

1) La funció $f(x) = |x|$ té derivades laterals diferents en $x = 0$. Òbviament, hem vist que $f'(0^+) = 1$ i $f'(0^-) = -1$. Per això no existeix $f'(0)$.

2) Sigui la funció

$$f(x) = \begin{cases} -x & \text{si} \quad x < -1, \\ x^2 & \text{si} \quad x \geq -1. \end{cases}$$

Notem que f és contínua en $\mathbb{R}$. En efecte, si $x \neq -1$, és clar perquè és un polinomi, i per a $x = -1$ els límits laterals de $f(x)$ són iguals:

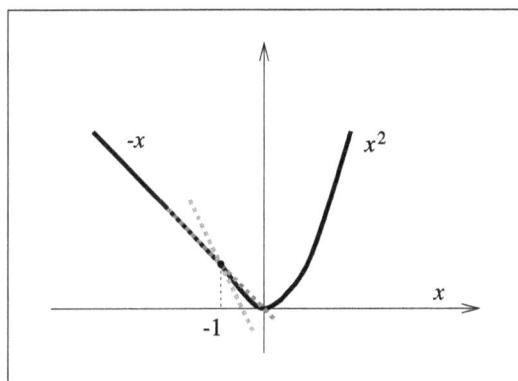

Fig. 4.9 Funció no derivable en $x = -1$

- $\lim_{x \to -1^-} f(x) = \lim_{x \to -1^-} (-x) = 1.$

- $\lim_{x \to -1^+} f(x) = \lim_{x \to -1^+} x^2 = 1.$

Examinem-ne ara la derivabilitat. Si $x \neq -1$, la funció és derivable perquè és un polinomi. I si $x = -1$? Aleshores, les derivades laterals són diferents:

$$f'(-1^-) = -1, \quad f'(-1^+) = -2.$$

Per tant, no existeix $f'(-1)$. Gràficament, ho veiem a la figura 4.9.

Exercici

Penseu un polinomi de grau 1 —una recta— per a $x < -1$, de manera que $f(x)$ sigui derivable en $x = -1$ i a tot $\mathbb{R}$:

$$f(x) = \begin{cases} ax + b & \text{si} \quad x < -1 \\ x^2 & \text{si} \quad x \geq -1 \end{cases}$$

Quin significat geomètric té aquesta recta?

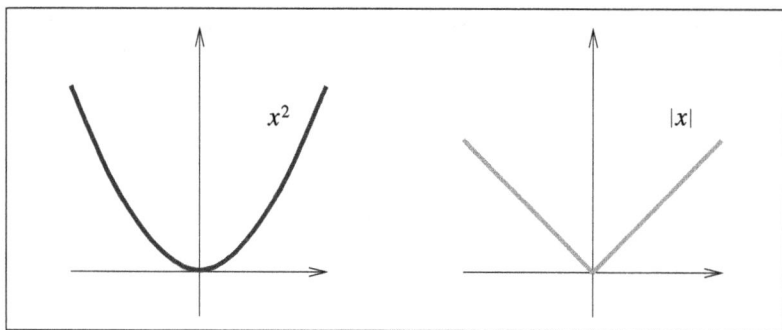

Fig. 4.10 Gràfiques de les funcions $y = x^2$ i $y = |x|$

Idea gràfica de la derivabilitat

Intentem esbrinar la diferència que hi ha entre les funcions $y = x^2$ i $y = |x|$ respecte de l'existència de la derivada en $x = 0$. N'hem fet l'estudi analític. Ara considerarem un punt de vista gràfic. Mirem amb atenció les funcions de la figura 4.10.

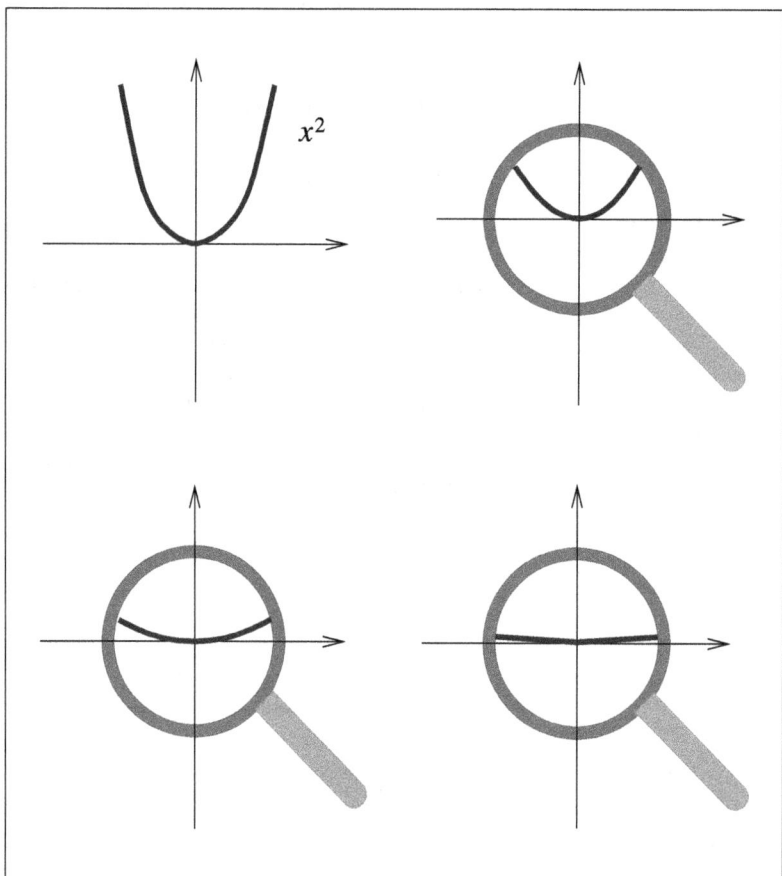

Fig. 4.11 Estudi microscòpic de la gràfica de $y = x^2$ a l'origen

Imaginem que tenim una lupa adequada i augmentem la gràfica de la funció $y = x^2$ en un entorn de l'origen. Com més augmentem la gràfica al voltant de l'origen, la funció $y = x^2$ i la recta $y = 0$ (la seva tangent a l'origen) són més "semblants", és a dir, tendeixen a confondre's. Aquesta propietat queda palesa a la figura 4.11.

En canvi, si procedim de la mateixa manera amb la funció $y = |x|$ en un entorn de l'origen, aquí no tenim cap recta "semblant" que aproximi la funció. Ho veiem a la figura 4.12.

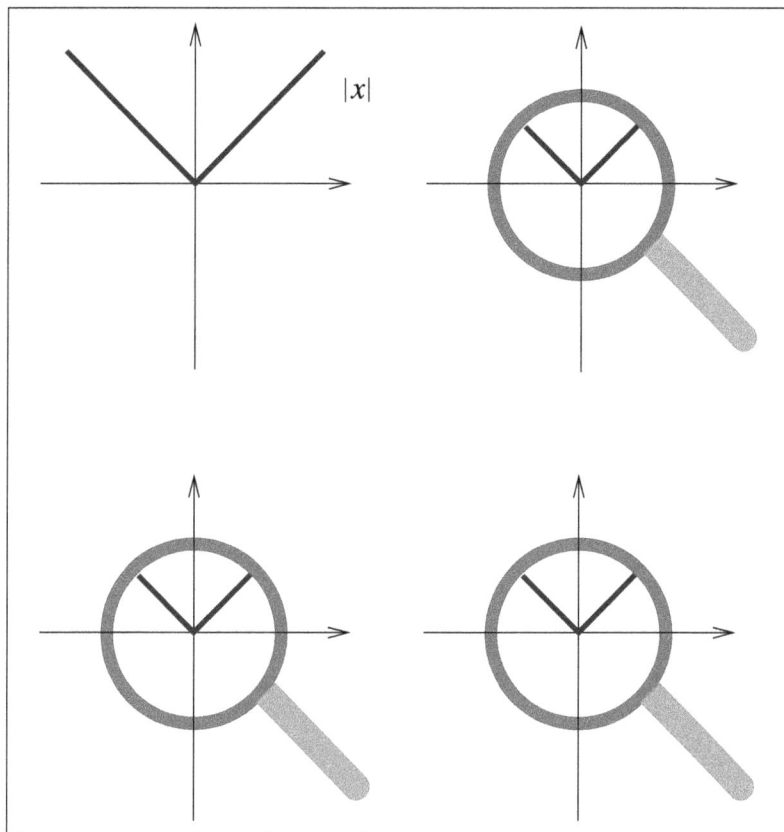

Fig. 4.12 Estudi microscòpic de la gràfica de $y = |x|$ a l'origen

Aproximació per la tangent

Insistirem en la idea de l'aproximació de la gràfica d'una funció per la recta tangent. Suposem que la funció f és derivable en un punt a. Tenim

$$m = f'(a) = \lim_{x \to a} \frac{f(x) - f(a)}{x - a} \qquad \Longleftrightarrow \qquad \lim_{x \to a} \frac{f(x) - f(a) - m(x - a)}{x - a} = 0 \qquad (*)$$

Observem que el numerador i el denominador de l'última expressió tendeixen a 0 quan $x \to a$ i el quocient té límit 0. Fixem-nos en l'estructura del numerador:

$$\lim_{x \to a} \big[\underbrace{f(x)}_{\text{funció}} - \underbrace{(f(a) + m(x - a))}_{\text{recta tangent}} \big] = 0.$$

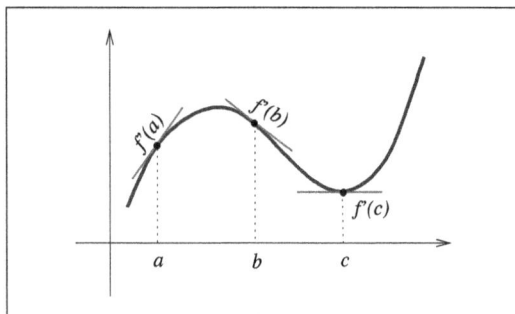

La recta tangent és la recta que "aproxima millor" la funció f en un entorn del punt $(a, f(a))$ en el sentit del quocient incremental ($*$).

Naturalment, en cada punt de la gràfica de la funció f l'aproximació per la recta tangent és distinta, ja que les derivades són diferents (figura 4.13). Més endavant, veurem que la recta tangent correspon al polinomi de Taylor de f de grau 1.

Fig. 4.13 Diferents tangents

Derivada com a coeficient de variació o raó de canvi

- Cas lineal. Comencem considerant el cas més senzill, el d'una recta,

$$y = f(x) = mx + n.$$

El pendent m d'aquesta recta ens dóna la proporció de variació en y respecte de x, és a dir, *el coeficient de variació o raó de canvi* (figura 4.14).

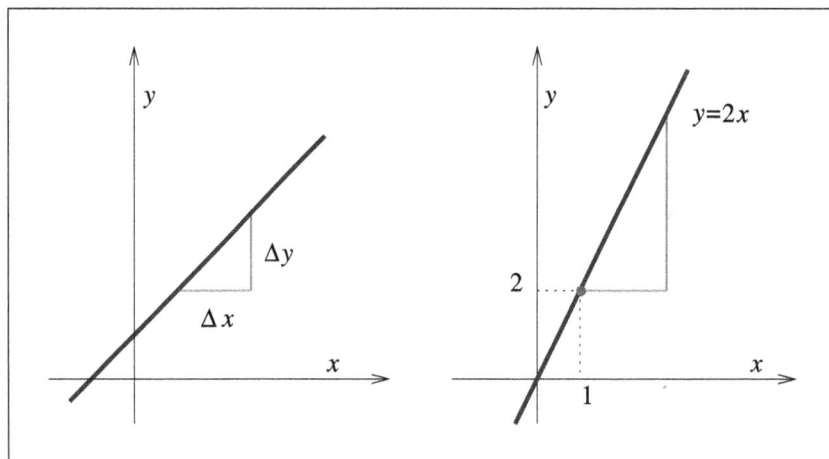

Fig. 4.14 Pendent d'una recta

$$m = \frac{\text{variació en } y}{\text{variació en } x} = \frac{\Delta y}{\Delta x}.$$

És a dir, la variació en y és m vegades la variació en x. En el cas d'una recta, el coeficient m és el mateix a tots els punts,

$$f'(x) = \frac{dy}{dx} = m.$$

Això significa que la derivada és constant, és a dir, que les rectes tangents als diferents punts són totes paral·leles; de fet, són la pròpia recta $y = mx + n$.

- Cas general. Considerem una funció qualsevol $y = f(x)$.

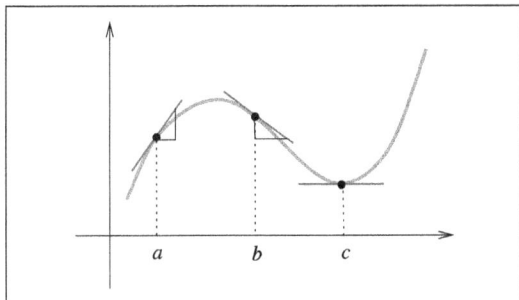

Fig. 4.15 Coeficient de variació

Per a una funció derivable qualsevol, el coeficient de variació, en general, no ha de ser igual a tots els punts (figura 4.15). La y varia més ràpidament o menys, depenent del punt x:

$$f'(x) = \frac{dy}{dx}.$$

Exemple 4.7

Determinem el coeficient de variació de l'àrea d'un cercle respecte del seu radi quan aquest fa 3 cm (figura 4.16). L'àrea en funció del radi és $A(r) = \pi r^2$. Ens demanen

$$\frac{dA}{dr}(3) = A'(3).$$

La derivada en un punt qualsevol val

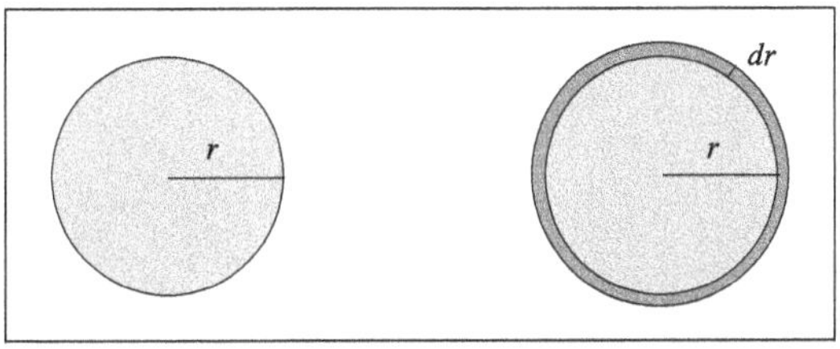

Fig. 4.16 Variació de l'àrea d'un cercle segons la variació del radi

$$\frac{dA(r)}{dr} = A'(r) = 2\pi r. \quad \text{Per tant, } A'(3) = 6\pi \text{ cm.}$$

La derivada de l'àrea d'un cercle respecte del seu radi dóna la variació de l'àrea del cercle segons la variació del radi. Per un increment del radi Δr, l'àrea s'incrementa en una corona de radis r i $r + \Delta r$.

4.2 Angle d'intersecció entre corbes

Ja sabem què significa l'angle format per dues rectes. Té sentit parlar de l'angle determinat per dues corbes?

Definició 4.8 *L'angle d'intersecció entre dues corbes* que es tallen en un punt és l'angle que formen les respectives rectes tangents a les corbes en aquest punt.

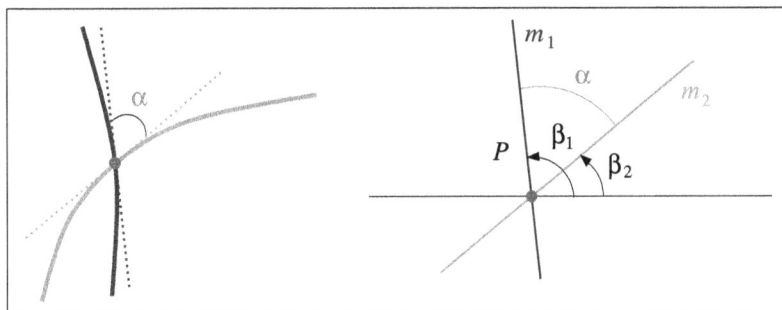

Fig. 4.17 Angle d'intersecció entre dues corbes

Gràficament, la idea és molt senzilla. En tenim un esbós a la figura 4.17. Val a dir que no cal conèixer l'equació de les rectes tangents a les corbes; n'hi ha prou amb els seus pendents. En efecte, siguin m_1 i m_2

aquests pendents respectius. Designem per β_1 i β_2 els angles que formen les rectes tangents a les corbes amb l'eix d'abscisses. Aleshores,

$$m_1 = \mathrm{tg}\,\beta_1, \qquad m_2 = \mathrm{tg}\,\beta_2$$

L'angle d'intersecció que volem determinar és $\alpha = \beta_1 - \beta_2$. Tenim

$$\mathrm{tg}\,\alpha = \mathrm{tg}\,(\beta_1 - \beta_2) = \frac{\mathrm{tg}\,(\beta_1) - \mathrm{tg}\,(\beta_2)}{1 + \mathrm{tg}\,(\beta_1) \cdot \mathrm{tg}\,(\beta_2)},$$

d'on

$$\mathrm{tg}\,\alpha = \left| \frac{m_1 - m_2}{1 + m_1 \cdot m_2} \right|.$$

- Si $1 + m_1 \cdot m_2 = 0 \implies m_2 = \dfrac{-1}{m_1} \implies \alpha = \dfrac{\pi}{2}$ (les corbes són perpendiculars).

- Si $1 + m_1 \cdot m_2 \neq 0 \implies \alpha = \mathrm{arctg}\left| \dfrac{m_1 - m_2}{1 + m_1 \cdot m_2} \right|$.

Exemple 4.9

Determinem els angles d'intersecció entre les paràboles $y = x^2$ i $x = y^2$.

És molt fàcil comprovar que les corbes es tallen només al primer quadrant, en els punts $(0,0)$ i $(1,1)$. Estudiem-los per separat.

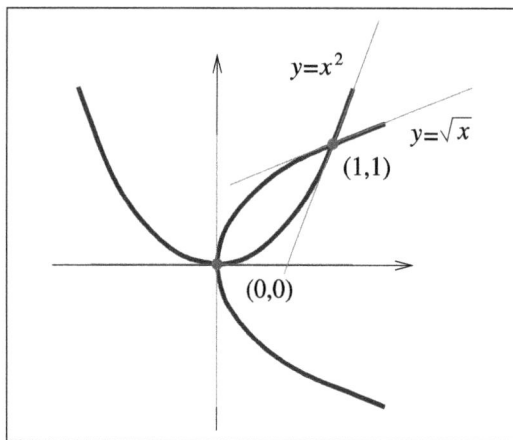

Fig. 4.18 Intersecció de les corbes $y = x^2$ i $x = y^2$

- Punt $(0,0)$. Observem gràficament (figura 4.18) que les paràboles són perpendiculars a l'origen, ja que les rectes tangents són $y = 0$ i $x = 0$. Per tant, l'angle d'intersecció és $\alpha = \dfrac{\pi}{2}$.

- Punt $(1,1)$. La branca de $x = y^2$ que ens interessa és $y = \sqrt{x}$ (la positiva).

  Per a $y = x^2$, es té $m_1 = y'(1) = 2$ i, per a $y = \sqrt{x}$, $m_2 = y'(1) = \dfrac{1}{2}$.

  Així, l'angle d'intersecció és

$$\alpha = \mathrm{arctg}\left| \frac{2 - \frac{1}{2}}{1 + 2\frac{1}{2}} \right| =$$

$$= \mathrm{arctg}\,\frac{3}{4} \approx 0'6435 \text{ radiants.}$$

4.3 Derivabilitat i continuïtat

La continuïtat és una condició necessària per a la derivabilitat, però no és suficient.

Teorema 4.10 *Siguin* $f : D \longrightarrow \mathbb{R}$ *i un punt* $a \in D$.

$$f \ \text{derivable en } a \Longrightarrow f \ \text{contínua en } a.$$

Demostració. Volem veure que $\lim\limits_{x \to a} f(x) = f(a)$. Com que f és derivable en a, tenim

$$\lim_{x \to a} f(x) = \lim_{x \to a} \left(f(a) + f'(a)(x-a) \right) = f(a) + 0 = f(a),$$

tal com volíem provar.

El recíproc del teorema anterior no és cert, és a dir,

$$f \ \text{contínua en } a \not\Rightarrow f \ \text{derivable en } a.$$

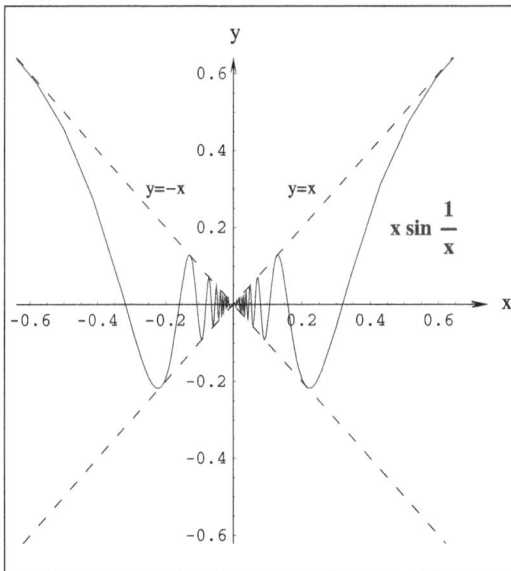

Fig. 4.19 Gràfica de la funció $f(x) = x \sin \frac{1}{x}$

Exemples 4.11

Contraexemples

a) Recordem la funció $y = |x|$. És contínua en $x = 0$ (de fet, en tot $\mathbb{R}$), però no és derivable en $x = 0$.

b) Sigui la funció $f(x) = \begin{cases} x \sin \dfrac{1}{x} & \text{si} \quad x \neq 0 \\ 0 & \text{si} \quad x = 0. \end{cases}$

Comprovarem que f és contínua però no derivable en $x = 0$ (figura 4.19).

- *Continuïtat*. Veurem que $\lim\limits_{x \to 0} f(x) = f(0)$. Efectivament,

$$\lim_{x \to 0} f(x) = \lim_{x \to 0} x \sin \frac{1}{x} \overset{(*)}{=} 0 = f(0).$$

$(*)$ Aquest límit val 0 ja que és el producte de la funció x, que tendeix a 0, per una funció fitada, $\left| \sin \frac{1}{x} \right| \leq 1$ (recordem el criteri "0 per fitada").

- *Derivabilitat*. Apliquem la definició de derivada

$$f'(0) = \lim_{x \to 0} \frac{f(x) - f(0)}{x - 0} = \lim_{x \to 0} \frac{x \sin \dfrac{1}{x}}{x} = \lim_{x \to 0} \sin \frac{1}{x}$$

Aquest límit no existeix perquè la funció $\sin \dfrac{1}{x}$ va oscil·lant entre -1 i 1 quan $x \to 0$.

4.4 Derivada i operacions algebraiques. Derivades d'ordre superior ▬▬▬▬

Aquesta secció està dedicada a l'àlgebra de derivades. La derivabilitat és una propietat que es conserva a través de les operacions algebraiques (suma, producte, quocient). Les regles de derivació d'aquestes operacions algebraiques permeten calcular derivades de funcions directament, sense necessitat d'aplicar la definició.

Propietats algebraiques de les funcions derivables

Siguin les funcions $f, g : D \longrightarrow \mathbb{R}$ derivables en $a \in D$. Aleshores, també són derivables en a les funcions següents:

$$f + g, \quad fg, \quad kf \ (\forall k \in \mathbb{R}), \quad \frac{f}{g} \ (\text{ si } g(a) \neq 0)$$

i es compleix que

- $(f + g)'(a) = f'(a) + g'(a)$.

- $(fg)'(a) = f'(a)g(a) + f(a)g'(a)$ (regla del producte).

- $(kf)'(a) = kf'(a)$.

- $\left(\dfrac{f}{g}\right)'(a) = \dfrac{f'(a)g(a) - f(a)g'(a)}{g^2(a)}, \quad$ si $g(a) \neq 0$ (regla del quocient).

Siguin $f_1, f_2, \ldots, f_m$ m funcions derivables en a. Per inducció, obtenim que també són derivables en a les funcions següents: la suma $f_1 + f_2 + \cdots + f_m$ i el producte $f_1 f_2 \cdots f_m$. A més, es compleix que

- $(f_1 + f_2 + \cdots + f_m)'(a) = f_1'(a) + f_2'(a) + \cdots + f_m'(a)$.

- $(f_1 f_2 \cdots f_m)'(a) = f_1'(a)f_2(a) \cdots f_m(a) + f_1(a)f_2'(a) \cdots f_m(a) + \cdots + f_1(a)f_2(a) \cdots f_m'(a)$.

Són derivables:

- Polinomis, a tot $\mathbb{R}$.

- $\sin x, \cos x, \operatorname{tg} x, \ldots$ en el seu domini.

- $\sqrt{x}$, si $x > 0$.

- Quocient de polinomis $\dfrac{P(x)}{Q(x)}$, si $Q(x) \neq 0$.

- $e^x, \ln x$, en el seu domini.

- $|x|$, si $x \neq 0$.

Derivades d'ordre superior

Sigui $f : D \longrightarrow \mathbb{R}$ una funció derivable amb funció derivada $f'(x)$. Aquesta funció f' pot ser contínua, no contínua, derivable, no derivable...

Suposem que $f'(x)$ sigui derivable. Aleshores, té sentit parlar de la derivada de $f'(x)$, que s'anomena *derivada segona de* $f(x)$ i es designa per $f''(x)$, $\frac{d^2 f}{dx^2} \cdots$

Anàlogament, podem obtenir les *derivades d'ordre superior*: derivades tercera, quarta ..., vintena ..., enèsima... $\left(f'''(x),\ f^{(4)}(x),\ ...,\ f^{(20)}(x),\ ...,\ f^{(n)}(x)...\right)$

Exemples 4.12

Unes derivades successives

a) Sigui $f(x) = 3x^2 + 2x - 1$. Aleshores,

$$
\begin{aligned}
f'(x) &= 6x + 2 \\
f''(x) &= 6 \\
f'''(x) &= 0 \\
f^{(4)}(x) &= 0 \\
&\vdots
\end{aligned}
$$

b) Les derivades successives de $f(x) = \dfrac{\sin x}{e^x}$ són

$$
\begin{aligned}
f'(x) &= \frac{\cos x\, e^x - e^x \sin x}{e^{2x}} = \frac{\cos x - \sin x}{e^x} \\
f''(x) &= \frac{(-\sin x - \cos x)\, e^x - (\cos x - \sin x)\, e^x}{e^{2x}} = \frac{-2\cos x}{e^x} \\
f'''(x) &= \frac{2\sin x\, e^x + 2\cos x\, e^x}{e^{2x}} = 2\,\frac{\sin x + \cos x}{e^x} \\
&\vdots
\end{aligned}
$$

Definició 4.13 Diem que una funció $f : D \longrightarrow \mathbb{R}$ és de classe

- $\mathscr{C}^0(D)$, si f és contínua en D.
- $\mathscr{C}^n(D)$ amb $n \in \mathbb{N}$, si f i les seves n primeres derivades $f', f'', \ldots, f^{(n)}$ són contínues en D.
- $\mathscr{C}^\infty(D)$, si f i les seves derivades de qualsevol ordre són contínues en D.

Exemple 4.14

Els polinomis, e^x, $\sin x$ i $\cos x$ són funcions de classe $\mathscr{C}^\infty$ en $\mathbb{R}$.

4.5 Regla de la cadena

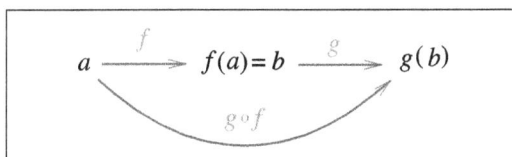

Fig. 4.20 Composició de funcions: f composta amb g

Siguin les funcions f i g amb $a \in D(f)$ i $f(a) \in D(g)$. Volem estudiar la derivabilitat de la funció composta $g \circ f$; en tenim l'esquema a la figura 4.20.

Teorema 4.15 Regla de la cadena

$$\left.\begin{array}{l} f \text{ derivable en } a \\ g \text{ derivable en } f(a) = b \end{array}\right\} \Longrightarrow g \circ f \text{ derivable en } a.$$

A més, $(g \circ f)'(a) = g'(f(a)) \cdot f'(a) = g'(b) \cdot f'(a)$.

Exemple 4.16

Siguin les funcions $f(x) = x^2 + 5$ i $g(x) = \cos x$. La composició $g \circ f$ és

$$h : x \xrightarrow{f} x^2 + 5 \xrightarrow{g} \cos(x^2 + 5),$$

és a dir, $h(x) = (g \circ f)(x) = g(f(x))$. Llavors, $h'(x) = g'(f(x)) \cdot f'(x) = -\sin(x^2 + 5)\, 2x$.

Notació clàssica de la regla de la cadena

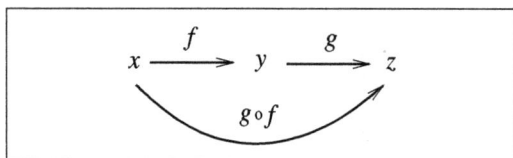

Fig. 4.21 Composició $g \circ f$

Siguin les funcions derivables

$$y = f(x) \quad \text{i} \quad z = g(y) = g(f(x)).$$

Considerem la composició $g \circ f$ (figura 4.21).

La regla de la cadena ens diu que

$$\frac{dz}{dx} = (g \circ f)'(x) = g'(f(x)) \cdot f'(x) = g'(y) \cdot f'(x) = \frac{dz}{dy}\frac{dy}{dx}.$$

La notació clàssica és

$$\frac{dz}{dx} = \frac{dz}{dy}\frac{dy}{dx}.$$

Aquesta idea es pot estendre a més variables. Per exemple, siguin

$$y = y(u), \quad u = u(x), \quad x = x(s) \quad \text{i} \quad s = s(t)$$

funcions derivables. Aleshores, y és funció de t i té sentit $\dfrac{dy}{dt}$, que és

$$y'(t) = \frac{dy}{dt} = \frac{dy}{du}\frac{du}{dx}\frac{dx}{ds}\frac{ds}{dt}.$$

Exemple 4.17

Determinem $\dfrac{dy}{dt}$, amb $y = 4u^2 + 3e^u$ i $u = \dfrac{2}{t+1}$.

Vist que $y = y(u)$ i $u = u(t)$, té sentit pensar que $y = y(t)$. Per la regla de la cadena,

$$\frac{dy}{dt} = \frac{dy}{du}\frac{du}{dt} = (8u + 3e^u) \cdot \frac{(-2)}{(t+1)^2}$$

$$= \left(\frac{16}{t+1} + 3\,e^{\frac{2}{t+1}}\right) \cdot \frac{(-2)}{(t+1)^2} = \frac{-32}{(t+1)^3} - \frac{6\,e^{\frac{2}{t+1}}}{(t+1)^2}.$$

4.6 Derivada de la funció inversa

En aquesta secció, veurem com la derivada d'una funció invertible ens dóna informació sobre la derivada de la seva inversa.

Teorema 4.18 Derivada de la funció inversa. *Sigui una funció $f : D \longrightarrow f(D)$ estrictament monòtona i contínua en D, on D és un interval, una semirecta o tot $\mathbb{R}$. Sigui $f^{-1} : f(D) \longrightarrow D$ la inversa de f. Si f és derivable en a amb $f'(a) \neq 0$, aleshores f^{-1} és derivable en $f(a) = b$ i*

$$\left(f^{-1}\right)'(b) = \frac{1}{f'(a)} = \frac{1}{f'(f^{-1}(b))}.$$

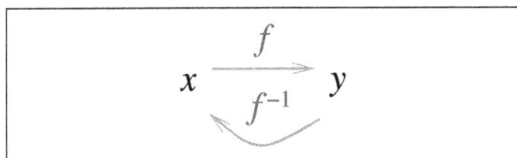

Fig. 4.22 Funció inversa

Per recordar aquest resultat, només cal tenir en compte què vol dir funció inversa i aplicar-hi la regla de la cadena. Vegem l'esquema de la figura 4.22.

Tenim $\left(f \circ f^{-1}\right)(y) = y$. Derivant-hi respecte de y obtenim $\left(f \circ f^{-1}\right)'(y) = 1$. Ara, per la regla de la cadena,

$$f'\left(f^{-1}(y)\right) \cdot \left(f^{-1}\right)'(y) = 1$$

$$f'(x) \cdot \left(f^{-1}\right)'(y) = 1$$

d'on

$$\left(f^{-1}\right)'(y) = \frac{1}{f'(x)}.$$

Com a aplicació del teorema anterior, estudiarem les derivades d'algunes funcions a partir de les inverses respectives.

Exemple 4.19

La funció arrel quadrada

Sigui $f(x) = x^2$, amb $x \in [0, +\infty)$. Considerem aquest domini per tal que existeixi la inversa de f. Sabem que $f'(x) = 2x$. Aquesta derivada s'anul·la en $x = 0$. Aleshores considerarem, de moment, el domini $D = (0, +\infty)$.

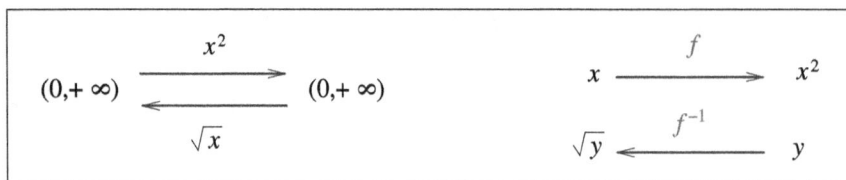

Fig. 4.23 Les inverses x^2 i $\sqrt{x}$

La imatge de f és $f(D) = (0,+\infty)$. La funció inversa de f és $f^{-1}(x) = \sqrt{x}$. Observem l'esquema de la figura 4.23.

Pel teorema de la derivada de la inversa, si $y \in (0,+\infty)$, aleshores

$$(f^{-1})'(y) = \frac{1}{f'(x)} = \frac{1}{2x} = \frac{1}{2\sqrt{y}} \qquad (*).$$

Si ens agrada més, $(\sqrt{x})' = \dfrac{1}{2\sqrt{x}}$ per a tot $x > 0$.

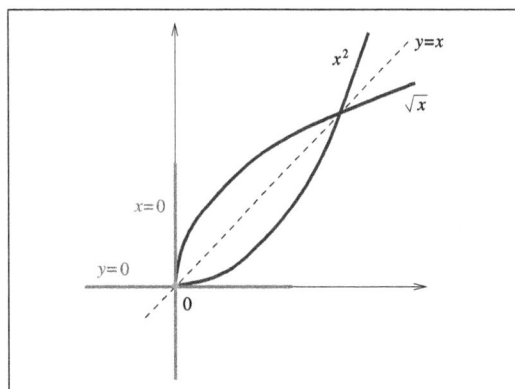

Fig. 4.24 Gràfiques de x^2 i $\sqrt{x}$

Aprofitem l'expressió $(*)$ per calcular $(\sqrt{y})'$ en $y = 9$. Com que $9 \xrightarrow{\sqrt{y}} 3 \xrightarrow{x^2} 9$, serà

$$(\sqrt{y})'|_9 = \frac{1}{(x^2)'|_3} = \frac{1}{2x|_3} = \frac{1}{6}.$$

Ja sabem que la funció arrel quadrada no és derivable a l'origen; té derivada infinita. Observem aquesta situació a la figura 4.24. La recta $y = 0$ és la tangent a $y = x^2$ a l'origen i té pendent 0. La recta simètrica de l'eix $y = 0$ respecte de $y = x$ és $x = 0$. Aquesta recta és la tangent a $y = \sqrt{x}$ a l'origen i té pendent infinit.

Exemple 4.20

La funció arcsinus. Sigui $f(x) = \sin x$. Considerem $x \in \left[-\frac{\pi}{2}, \frac{\pi}{2}\right]$ per tal que $f(x)$ sigui injectiva (figura 4.25).

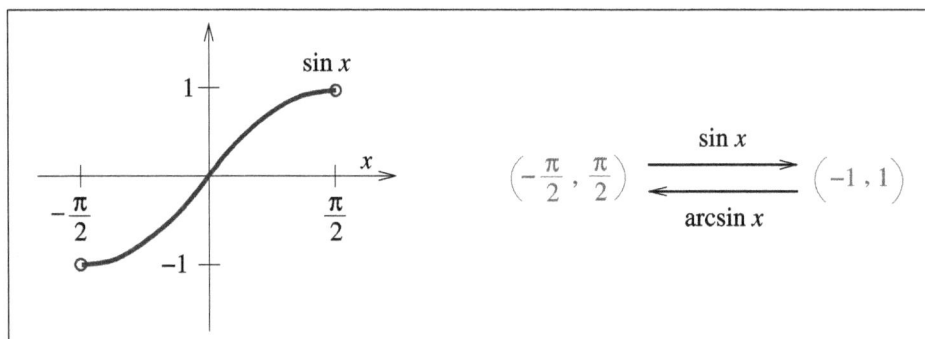

Fig. 4.25 La funció $f(x) = \sin x$ en un domini on té inversa

Tenim $f'(x) = \cos x$. La derivada s'anul·la, doncs, en $-\frac{\pi}{2}$ i $\frac{\pi}{2}$. Així, considerarem el domini $D = \left(-\frac{\pi}{2}, \frac{\pi}{2}\right)$. La imatge és $f(D) = (-1, 1)$.

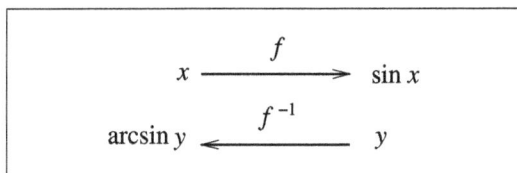

Fig. 4.26 Esquema de la funció sinus i la seva inversa

La funció inversa de $f(x)$ és l'arcsinus:

$$f^{-1}(x) = \arcsin x.$$

Mirem la figura 4.26.

Aplicant el teorema de la funció inversa per a $y \in (-1, 1)$, obtenim

$$\left(f^{-1}\right)'(y) = \frac{1}{f'(x)} = \frac{1}{\cos x} \overset{(*)}{=} \frac{1}{\sqrt{1 - \sin^2 x}} = \frac{1}{\sqrt{1 - y^2}}.$$

A $(*)$ escrivim $\cos x$ en funció de $y = \sin x$, fent servir que $\cos^2 x + \sin^2 x = 1$. Tenim $\cos^2 x = 1 - \sin^2 x \implies \cos x = \pm\sqrt{1 - \sin^2 x}$. Ara només cal esbrinar el signe que li correspon. Notem que, quan $x \in \left(-\frac{\pi}{2}, \frac{\pi}{2}\right)$, el cosinus és positiu —ho podem comprovar amb la gràfica de la funció cosinus o mitjançant la circumferència goniomètrica (figura 4.27)— i, en conseqüència, queda $\cos x = \sqrt{1 - \sin^2 x}$.

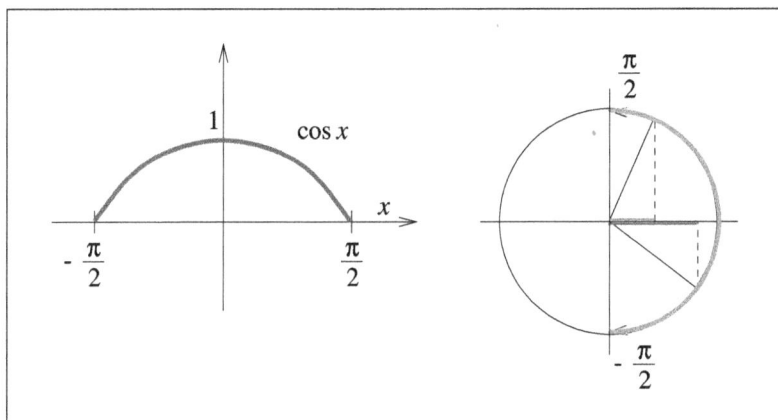

Fig. 4.27 El signe de $\cos x$ en $\left(\frac{-\pi}{2}, \frac{\pi}{2}\right)$

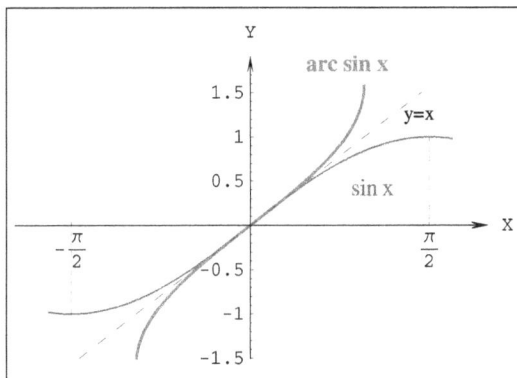

Fig. 4.28 La funció sinus i la seva inversa

Podem escriure, doncs, $(\arcsin x)' = \dfrac{1}{\sqrt{1 - x^2}}$ per a tot $x \in (-1, 1)$.

A la figura 4.28, podeu veure les gràfiques de les funcions sinus i arcsinus.

Observació 4.21 *La funció arcsinus no és derivable als punts -1 i 1; hi té derivada infinita.*

4.7 Derivades de les principals funcions elementals

A la taula següent, hi ha les derivades de les funcions més usuals.

$(x^r)' = rx^{r-1}$	$(\sqrt{x})' = \dfrac{1}{2\sqrt{x}}$
$(a^x)' = a^x \ln a$	$(\log_a x)' = \dfrac{1}{x} \log_a e$
$(e^x)' = e^x$	$(\ln x)' = \dfrac{1}{x}$
$(\sin x)' = \cos x$	$(\arcsin x)' = \dfrac{1}{\sqrt{1-x^2}}$
$(\cos x)' = -\sin x$	$(\arccos x)' = \dfrac{-1}{\sqrt{1-x^2}}$
$(\mathrm{tg}\, x)' = \dfrac{1}{\cos^2 x} = 1 + \mathrm{tg}^2 x$	$(\mathrm{arctg}\, x)' = \dfrac{1}{1+x^2}$
$(\cotg x)' = \dfrac{-1}{\sin^2 x}$	$(\mathrm{arccotg}\, x)' = \dfrac{-1}{1+x^2}$
$(\sinh x)' = \cosh x$	$(\arg \sinh x)' = \dfrac{1}{\sqrt{1+x^2}}$
$(\cosh x)' = \sinh x$	$(\arg \cosh x)' = \dfrac{1}{\sqrt{x^2-1}}$
$(\mathrm{tgh}\, x)' = \dfrac{1}{\cosh^2 x}$	$(\arg \mathrm{tgh}\, x)' = \dfrac{1}{1-x^2}$

4.8 Derivació implícita

Suposem que tenim una equació de la forma $F(x,y) = 0$, com ara $x^2 + y^2 - 4 = 0$. Si aïllem la y en funció de la x: $y^2 = 4 - x^2$, n'obtenim dues funcions (figura 4.29):

$$f_1(x) = \sqrt{4-x^2} \qquad \text{o bé} \qquad f_2(x) = -\sqrt{4-x^2}.$$

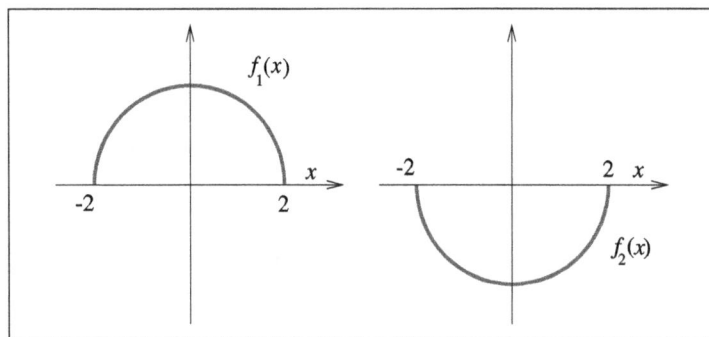

Fig. 4.29 Dues funcions implícites de la corba $x^2 + y^2 - 4 = 0$

Calculem la derivada als punts $(0,2)$, $(\sqrt{2}, \sqrt{2})$ i $(2,0)$. Per aquests tres punts, considerem la funció $f_1(x)$, que és $y = \sqrt{4 - x^2}$. Derivem-la respecte de x:

$$y' = \frac{-2x}{2\sqrt{4-x^2}} = \frac{-x}{\sqrt{4-x^2}}.$$

Avaluem-la en els diferents punts (figura 4.30).

- Si $x = 0$, $y'(0) = 0$. La gràfica té tangent horitzontal.

- Si $x = \sqrt{2}$, $y' = \dfrac{-\sqrt{2}}{\sqrt{2}} = -1$. La gràfica té tangent amb pendent -1.

- Si $x = 2$, la funció no és derivable ja que la derivada és infinita. La gràfica té tangent vertical.

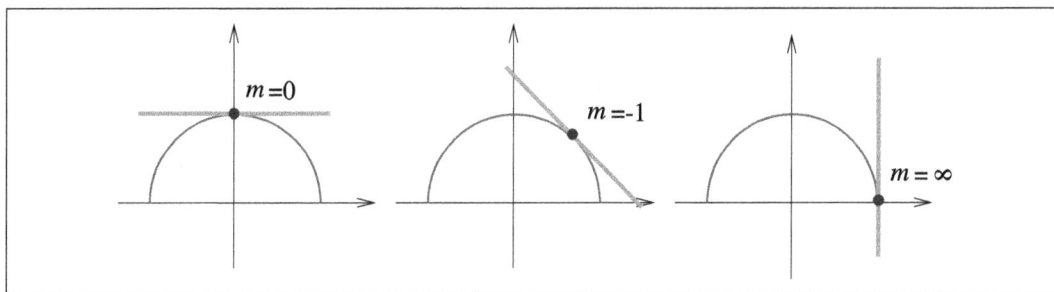

Fig. 4.30 Tangents de la funció implícita en diversos punts

La derivació implícita ens permet fer aquests càlculs sense necessitat d'aïllar la y en funció de la x. Prenem l'equació $x^2 + y^2 - 4 = 0$ i pensem $y = y(x)$, on aquesta y és una funció implícita de x.

$$x^2 + y^2(x) - 4 = 0.$$

Ara derivem implícitament aquesta equació respecte de x:

$$2x + 2y(x) \cdot y'(x) = 0.$$

Ens ha aparegut la derivada $y'(x)$, que volem calcular. Evidentment, el seu valor depèn del punt considerat.

- Punt $(0,2)$. Substituïm $x = 0$, $y = 2$, i la incògnita és $y'(0)$.

$$0 + 4y'(0) = 0 \quad \Longrightarrow \quad y'(0) = 0.$$

- Punt $(\sqrt{2}, \sqrt{2})$. Substituïm $x = \sqrt{2}$, $y = \sqrt{2}$, i la incògnita és $y'(\sqrt{2})$.

$$2\sqrt{2} + 2\sqrt{2}\,y'(\sqrt{2}) = 0 \Longrightarrow 1 + y'(\sqrt{2}) = 0 \quad \Longrightarrow \quad y'(\sqrt{2}) = -1.$$

- Punt $(2,0)$. Substituïm $x = 2$, $y = 0$, i la incògnita és $y'(2)$.

$$4 + 0 \cdot y'(2) = 0 \quad \Longrightarrow \quad y'(2) = ?$$

Així, també es veu que no existeix $y'(2)$. La funció no és derivable en $x = 2$.

La derivació implícita resulta especialment útil quan no és fàcil o no és possible aïllar una variable en funció de l'altra, per exemple, a l'equació $x^3 + y^3 - 6xy = 0$. En general, si una equació $F(x,y) = 0$ defineix implícitament $y = y(x)$ en un entorn del punt (a,b), utilitzarem la derivada implícita.

Exemple 4.22

Recta tangent a la lemniscata. Determinem la recta tangent a la lemniscata $(x^2 + y^2)^2 = 8xy$ en el punt $(-\sqrt{2}, -\sqrt{2})$.

Primer hem de comprovar que $(-\sqrt{2}, -\sqrt{2})$ satisfà l'equació de la corba (és immediat); si no, el problema no tindria sentit.

Si pensem $y = y(x)$ en un entorn del punt $(-\sqrt{2}, -\sqrt{2})$, la recta tangent té pendent $y'(-\sqrt{2})$ i la seva equació serà

$$y + \sqrt{2} = y'(-\sqrt{2})(x + \sqrt{2}).$$

Calculem el pendent derivant implícitament respecte de x l'equació que defineix la corba, $(x^2 + y^2(x))^2 = 8xy(x)$. Tenim

$$2\left(x^2 + y^2(x)\right)(2x + 2y(x)\, y'(x)) = 8y(x) + 8xy'(x).$$

Avaluem l'expressió anterior al punt $x = -\sqrt{2}$, $y(-\sqrt{2}) = -\sqrt{2}$. La incògnita és $y'(-\sqrt{2})$:

$$2 \cdot 4 \left(-2\sqrt{2} - 2\sqrt{2} \cdot y'(-\sqrt{2})\right) = -8\sqrt{2} - 8\sqrt{2} \cdot y'(-\sqrt{2}),$$

d'on

$$2 + 2y'(-\sqrt{2}) = 1 + y'(-\sqrt{2}) \quad \Longrightarrow \quad y'(-\sqrt{2}) = -1.$$

L'equació de la recta tangent és, doncs, $y + \sqrt{2} = -(x + \sqrt{2})$, o bé $x + y + 2\sqrt{2} = 0$.

Aplicació. Derivada logarítmica

Per obtenir la derivada de funcions del tipus $y = f(x)^{g(x)}$, on $f(x) > 0$, prenem logaritmes a cada banda i hi apliquem les propietats logarítmiques:

$$\ln y = \ln\left(f(x)^{g(x)}\right) \quad \Longrightarrow \quad \ln y = g(x) \ln(f(x)).$$

Aleshores ens apareix una funció implícita $y = y(x)$, que abans era explícita. Derivem implícitament respecte de x.

$$\frac{y'(x)}{y(x)} = g'(x) \ln(f(x)) + g(x)\frac{f'(x)}{f(x)}.$$

Així,

$$y'(x) = y(x)\left(g'(x) \ln(f(x)) + g(x)\frac{f'(x)}{f(x)}\right).$$

Vegem-ne unes mostres.

Exemple 4.23

Un parell de derivades logarítmiques

(1) Sigui $y = x^x$, amb $x > 0$. Calculem y'. Tenim

$$\ln y = \ln(x^x) \implies \ln y = x \ln x.$$

Derivant implícitament respecte de x, surt

$$\frac{y'}{y} = \ln x + x \frac{1}{x}.$$

Aleshores,

$$y' = y(\ln x + 1) \implies y' = x^x(1 + \ln x).$$

(2) Calculem la derivada de $y = \sin x^{\cos x}$ per a $x \in (0, \pi)$. Tenim

$$\ln y = \ln(\sin x^{\cos x}) \implies \ln y = \cos x \cdot \ln(\sin x).$$

Derivant l'expressió anterior, queda

$$\frac{y'}{y} = -\sin x \cdot \ln(\sin x) + \cos x \frac{\cos x}{\sin x}.$$

Llavors,

$$y' = y\left(-\sin x \cdot \ln(\sin x) + \frac{\cos^2 x}{\sin x}\right).$$

Finalment,

$$y' = \sin x^{\cos x}\left(-\sin x \cdot \ln(\sin x) + \frac{\cos^2 x}{\sin x}\right).$$

Derivades d'ordre superior implícitament

Retornem a l'exemple 4.22 de la lemniscata. Ara ens interessa calcular les derivades d'ordre superior en $x = -\sqrt{2}$ de la funció implícita $y = y(x)$ definida en un entorn del punt $(-\sqrt{2}, -\sqrt{2})$ per l'equació $(x^2 + y^2)^2 = 8xy$. Comencem per la segona derivada. Pensem-hi $y = y(x)$:

$$\left(x^2 + y^2(x)\right)^2 = 8xy(x) \qquad (*).$$

Abans hem obtingut, derivant,

$$2\left(x^2 + y^2(x)\right)\left(2x + 2y(x)\,y'(x)\right) = 8y(x) + 8xy'(x).$$

Simplifiquem el resultat anterior,

$$\left(x^2 + y^2(x)\right)\left(x + y(x)\,y'(x)\right) = 2y(x) + 2xy'(x), \qquad (**)$$

i derivem implícitament (∗∗) respecte de x per tal de fer aparèixer $y''(x)$:

$$(2x + 2yy')(x + yy') + (x^2 + y^2)(1 + (y')^2 + yy'') = 2y' + 2y' + 2xy''. \qquad (\ast\ast\ast)$$

Avaluem en $x = -\sqrt{2}$, $y = -\sqrt{2}$, $y' = -1$. La nostra incògnita és $y''\left(-\sqrt{2}\right)$. Aleshores,

$$\underbrace{\left(-2\sqrt{2} + 2\sqrt{2}\right)\left(-\sqrt{2} + \sqrt{2}\right)}_{0} + 4\left(1 + 1 - \sqrt{2}\,y''\left(\sqrt{2}\right)\right) = -2 - 2 - 2\sqrt{2}\,y''\left(\sqrt{2}\right),$$

d'on

$$y''\left(-\sqrt{2}\right) = 3\sqrt{2}.$$

Exercici. Determineu $y'''\left(-\sqrt{2}\right)$ derivant implícitament l'equació $(\ast\ast\ast)$.

4.9 Teoremes del valor mitjà i aplicacions

En aquesta secció, veurem dues propietats globals de la derivabilitat. Són resultats certament rellevants. En conjunt, es coneixen com els teoremes del valor mitjà. En tots ells apareix un punt intermedi de l'interval on la funció és derivable. També en farem les interpretacions geomètriques corresponents.

Teorema 4.24 Teorema de Rolle. *Sigui* $f : [a,b] \longrightarrow \mathbb{R}$ *una funció contínua en* $[a,b]$ *i derivable en* (a,b). *Si* $f(a) = f(b)$, *llavors existeix* $c \in (a,b)$ *tal que* $f'(c) = 0$.

La interpretació gràfica ens diu que, sota les hipòtesis del teorema, existeix algun punt de la gràfica de f amb tangent horitzontal (figura 4.31).

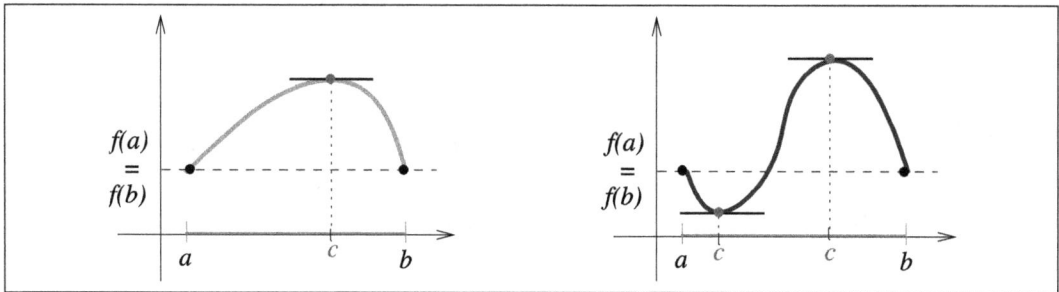

Fig. 4.31 Interpretació gràfica del teorema de Rolle

Teorema 4.25 Teorema del valor mitjà de Lagrange. *Sigui* $f : [a,b] \longrightarrow \mathbb{R}$ *una funció contínua en* $[a,b]$ *i derivable en* (a,b). *Aleshores, existeix* $c \in (a,b)$ *tal que*

$$f'(c) = \frac{f(b) - f(a)}{b - a}.$$

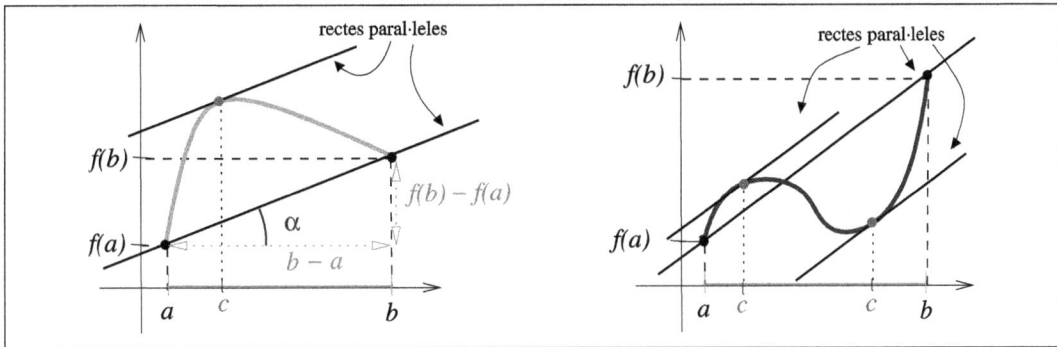

Fig. 4.32 Interpretació gràfica del teorema del valor mitjà de Lagrange

Gràficament, el resultat ens diu que existeix algun punt de la gràfica de f amb tangent paral·lela a la recta que passa per $(a, f(a))$ i $(b, f(b))$ (figura 4.32).

Aplicacions i corol·laris

A continuació, presentem una col·lecció de conseqüències dels teoremes del valor mitjà, com ara els criteris de monotonia en un interval, la caracterització de les funcions constants i els criteris d'extrems relatius.

Corol·lari 4.26 Funcions monòtones

- $f'(x) = 0, \quad \forall x \in [a,b] \Longleftrightarrow f(x)$ és constant en $[a,b]$.

- $f'(x) \geq 0, \quad \forall x \in (a,b) \Longleftrightarrow f(x)$ és creixent en (a,b).

- $f'(x) \leq 0, \quad \forall x \in (a,b) \Longleftrightarrow f(x)$ és decreixent en (a,b).

En el cas de les funcions estrictament monòtones, ja no és certa la doble implicació.

Corol·lari 4.27 Funcions estrictament monòtones

- $f'(x) > 0, \quad \forall x \in (a,b) \Longrightarrow f(x)$ és estrictament creixent en (a,b). El recíproc no és cert ($\Leftarrow$).

- $f'(x) < 0, \quad \forall x \in (a,b) \Longrightarrow f(x)$ és estrictament decreixent en (a,b). El recíproc no és cert ($\Leftarrow$).

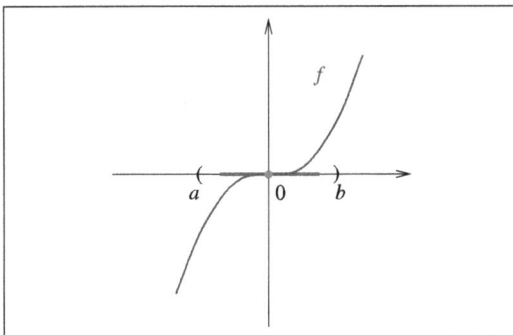

Fig. 4.33 La funció $f(x) = x^3$

Exemple 4.28

La funció $f(x) = x^3$ és estrictament creixent en qualsevol interval $(a,b) \subset \mathbb{R}$ (en particular, en $\mathbb{R}$). En canvi, la seva derivada no és estrictament positiva en tots els punts ja que $f'(0) = 0$. En tenim un esbós a la figura 4.33. Observem que la tangent a x^3 en $x = 0$ travessa la gràfica de la funció.

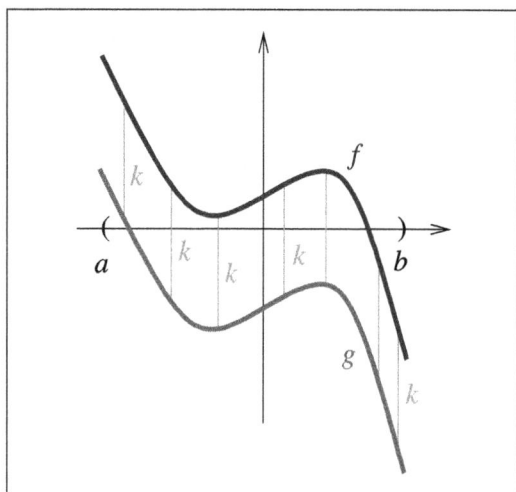

Corol·lari 4.29 Funcions que difereixen en una constant

$$f'(x) = g'(x), \forall x \in (a,b) \iff$$

$$\text{existeix } k \in \mathbb{R} : f(x) = g(x) + k, \forall x \in (a,b).$$

Les funcions amb la mateixa derivada difereixen en una constant. Gràficament, a partir d'una d'elles podem obtenir-les totes; només cal desplaçar la funció donada k unitats cap amunt o cap avall. Per a cada k n'aconseguim una altra (figura 4.34). Aquest corol·lari jugarà un paper important en el càlcul integral.

Fig. 4.34 Funcions que difereixen en una constant

Teorema 4.30 Teorema de l'extrem interior. *Si f té un extrem (màxim o mínim) relatiu en*

$$c \in (a,b) \Longrightarrow \begin{cases} f'(c) = 0 \\ \text{o bé} \\ \text{no existeix } f'(c). \end{cases}$$

La figura 4.35 mostra ambdues possibilitats. Si tenim una funció amb un extrem relatiu interior, o bé la funció és *suau* amb tangent horitzontal a l'extrem, o bé no hi és derivable (per exemple, fa una *punxa*).

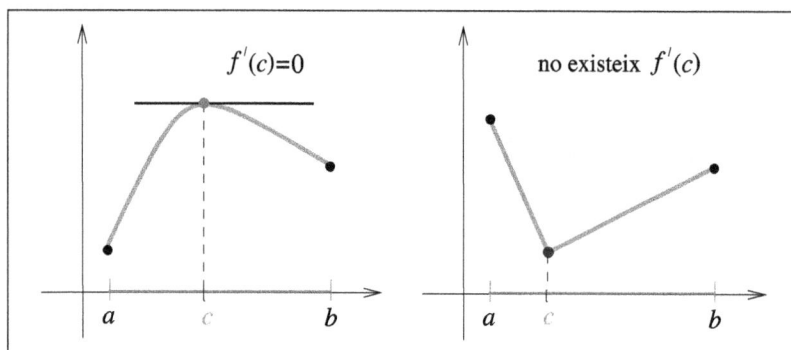

Fig. 4.35 Interpretació gràfica del teorema de l'extrem interior

El recíproc del teorema 4.30 no és cert. Com a contraexemple, tenim la funció $f(x) = x^3$ per a $x \in [-1, 1]$. En efecte, $f'(0) = 0$, però la funció no té cap extrem relatiu en el punt interior $x = 0$.

Tanquem la secció amb un criteri que ens relaciona el signe de la derivada amb l'existència d'extrems relatius.

Teorema 4.31 **Criteri de la primera derivada per a extrems relatius.** *Sigui f derivable en* (a,c) *i* (c,b).

- $$\left. \begin{cases} f'(x) > 0 & \forall x \in (c-\delta,c) \\ i \\ f'(x) < 0 & \forall x \in (c,c+\delta) \end{cases} \right\} \implies f \text{ té màxim relatiu en } x = c. \text{ El recíproc no és cert } (\Leftarrow).$$

- $$\left. \begin{cases} f'(x) < 0 & \forall x \in (c-\delta,c) \\ i \\ f'(x) > 0 & \forall x \in (c,c+\delta) \end{cases} \right\} \implies f \text{ té mínim relatiu en } x = c. \text{ El recíproc no és cert } (\Leftarrow).$$

- $f'(x)$ *té signe constant* $\forall x \in (c-\delta, c+\delta) \implies f$ *no té extrem relatiu en* $x = c$.

  El recíproc no és cert ($\Leftarrow$).

Observació 4.32 *Per a l'existència d'extrems relatius o absoluts d'una funció, no són necessàries ni la continuïtat ni la derivabilitat de la funció. Els dibuixos de la figura 4.36 mostren una funció no contínua en c i una altra no derivable en c, ambdues amb extrems absoluts i, per tant, relatius.*

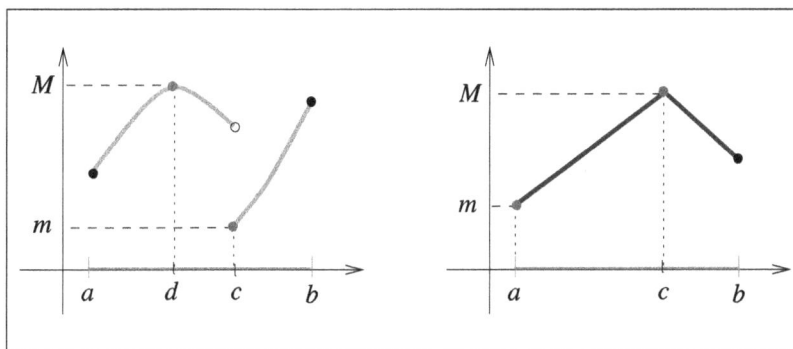

Fig. 4.36 Funcions no contínues o no derivables amb extrems absoluts i relatius

4.10 Extrems absoluts

El fet que una funció presenti un extrem relatiu en un punt només depèn del comportament de la funció en un entorn d'aquest punt. L'existència d'un extrem absolut en un conjunt, en canvi, depèn de tots els valors que pren la funció en aquell conjunt. Per tant, l'estudi d'aquest segon tipus d'extrems requereix més informació sobre l'actuació de la funció que el primer.

Extrems absoluts d'una funció contínua f en un interval tancat

Suposem que tenim una funció contínua f en l'interval tancat $[a,b]$. Pel teorema de Weierstrass sabem que la funció f assoleix valors màxim i mínim absoluts en $[a,b]$. El problema és com determinar-los.

La col·lecció de punts candidats a extrem —màxim o mínim— absolut és la següent:

- x tals que $f'(x) = 0$,
- x tals que no existeix $f'(x)$,
- punts extrems (o frontera) de l'interval tancat, és a dir, a i b.

El que hem de fer és avaluar la funció f en tots aquests punts i comparar-ne els valors. Llavors,

el valor més gran és el *màxim absolut*,

el valor més petit és el *mínim absolut*.

Extrems absoluts d'una funció f (contínua o no) en un interval, semirecta...

En aquest cas, no podem assegurar l'existència d'extrems absoluts per a la funció f. Aleshores, hem de fer un esbós de la gràfica de la funció f a partir de l'estudi de

- x tals que $f'(x) = 0$,
- x tals que no existeix $f'(x)$,
- els límits $\lim\limits_{x \to \pm\infty} f(x)$ (si escau),
- el límit $\lim\limits_{x \to a} f(x)$ o el valor de la funció en a, $f(a)$ (si té sentit), en cas que a sigui un extrem de l'interval o la semirecta de domini,
- els punts de discontinuïtat de f,
- etc.

Exemple 4.33

Determinem els extrems absoluts de la funció $f(x) = 2x - 3x^{2/3}$ en $[-1, 3]$.

Clarament, la funció f és contínua en $[-1, 3]$, ja que és la suma d'un polinomi i una funció potencial. El teorema de Weierstrass assegura l'existència d'un màxim i un mínim absoluts. Examinem ara els punts candidats:

- Punts on $f'(x) = 0$. Tenim

$$f'(x) = 2 - 2x^{-1/3} = 2 - \frac{2}{\sqrt[3]{x}} = 0 \implies \frac{2\sqrt[3]{x} - 2}{\sqrt[3]{x}} = 0 \implies x = 1.$$

El valor de la funció en aquest punt és $f(1) = -1$.

- Punts on no existeix $f'(x)$. No existeix $f'(0)$. El valor de la funció en aquest punt és $f(0) = 0$.
- Extrems de l'interval: -1 i 3. N'avaluem la funció i obtenim $f(-1) = -5$ i $f(3) = 6 - 3\sqrt[3]{9} \approx -0,24$.

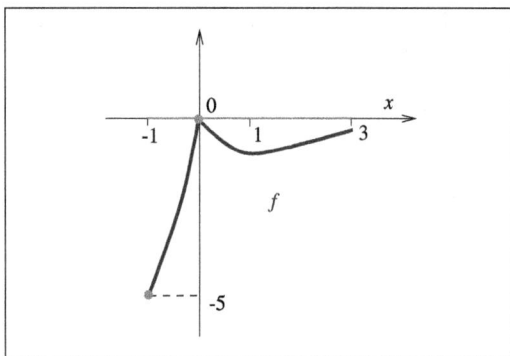

Finalment, si comparem tots els valors de la funció obtinguts, podem concloure que el màxim absolut és $M = 0$ i s'assoleix en $x = 0$; el mínim absolut val $m = -5$ i s'obté en $x = -1$. Tenim un esbós de la gràfica de $f(x)$ a la figura 4.37.

Fig. 4.37 Funció $f(x) = 2x - 3x^{2/3}$

4.11 Regles de L'Hôpital

En aquesta secció, volem resoldre indeterminacions del tipus $\frac{0}{0}$ o $\frac{\infty}{\infty}$ que es presenten en calcular límits de quocients de funcions: $\lim\limits_{x\to a}\dfrac{f(x)}{g(x)}$. En moltes ocasions, la solució ens la donarà la regla de L'Hôpital.

Teorema 4.34 Regla de L'Hôpital, cas $\frac{0}{0}$. *Siguin $a\in\mathbb{R}$ i $U=(a-\delta,a+\delta)\setminus\{a\}$*

$$
\begin{array}{ccc}
(& \circ &) \\
a\text{-}\delta & a & a+\delta
\end{array}
$$

Considerem les funcions $f,g:U\longrightarrow\mathbb{R}$ derivables en U tals que $g'(x)\neq 0,\ \forall x\in U$ amb $\lim\limits_{x\to a}f(x)=0$ i $\lim\limits_{x\to a}g(x)=0$. Aleshores

$$\text{si existeix } \lim_{x\to a}\frac{f'(x)}{g'(x)} \text{ i val } L, \text{també existeix } \lim_{x\to a}\frac{f(x)}{g(x)} \text{ i val } L,$$

on $L\in\mathbb{R}\cup\{-\infty,+\infty\}$.

El teorema és també vàlid per a límits laterals i límits en l'infinit. Evidentment, però, canvia l'entorn U. Si en comptes de fer-ne el límit quan $x\longrightarrow a$ es considera

$$
\begin{array}{lll}
x\to a^{+}, & \text{aleshores se'n pren} & U=(a,a+\delta), \\
x\to a^{-}, & \cdots & U=(a-\delta,a), \\
x\to +\infty, & \cdots & U=(b,+\infty), \\
x\to -\infty, & \cdots & U=(-\infty,b).
\end{array}
$$

Teorema 4.35 Regla de L'Hôpital, cas $\frac{\infty}{\infty}$. *Siguin $a\in\mathbb{R}$ i $U=(a-\delta,a+\delta)\setminus\{a\}$*

$$
\begin{array}{ccc}
(& \circ &) \\
a\text{-}\delta & a & a+\delta
\end{array}
$$

Considerem les funcions $f,g:U\longrightarrow\mathbb{R}$ derivables en U tals que $g'(x)\neq 0,\ \forall x\in U$ amb $\lim\limits_{x\to a}f(x)=\pm\infty$ i $\lim\limits_{x\to a}g(x)=\pm\infty$. Aleshores

$$\text{si existeix } \lim_{x\to a}\frac{f'(x)}{g'(x)} \text{ i val } L, \text{ també existeix } \lim_{x\to a}\frac{f(x)}{g(x)} \text{ i val } L,$$

on $L\in\mathbb{R}\cup\{-\infty,+\infty\}$.

Com en el cas anterior, s'ha de modificar convenientment l'entorn U depenent d'on es vulgui calcular el límit.

Exemple 4.36

a) Calculem $\lim\limits_{x\to 0}\dfrac{\sin x}{x}$. Se'ns presenta una indeterminació $\dfrac{0}{0}$. Aplicant la regla de L'Hôpital obtenim

$\lim\limits_{x\to 0}\dfrac{(\sin x)'}{(x)'}=\lim\limits_{x\to 0}\dfrac{\cos x}{1}=\dfrac{1}{1}=1$. Com que aquest límit existeix i val 1, tenim $\lim\limits_{x\to 0}\dfrac{\sin x}{x}=1$.

b) Calculem $\lim\limits_{x\to 0^+}\dfrac{\sqrt{x}}{\sin x}$. De moment, trobem una altra indeterminació $\dfrac{0}{0}$. Aplicant la regla de L'Hôpital

tenim $\lim\limits_{x\to 0^+}\dfrac{\frac{1}{2\sqrt{x}}}{\cos x}=+\infty \implies \lim\limits_{x\to 0^+}\dfrac{\sqrt{x}}{\sin x}=+\infty$.

c) Calculem $\lim\limits_{x\to +\infty}\dfrac{\ln x}{x}$. En aquest cas, la indeterminació és del tipus $\dfrac{\infty}{\infty}$. Per la regla de L'Hôpital, $\lim\limits_{x\to +\infty}\dfrac{\frac{1}{x}}{1}=$

$0 \implies \lim\limits_{x\to +\infty}\dfrac{\ln x}{x}=0$.

Observació 4.37 *El recíproc de la regla de L'Hôpital no és cert:*

$$\lim\limits_{x\to a}\frac{f(x)}{g(x)}=L \;\not\Rightarrow\; \lim\limits_{x\to a}\frac{f'(x)}{g'(x)}=L.$$

En altres paraules, pot existir $\lim\limits_{x\to a}\dfrac{f(x)}{g(x)}$ i, en canvi, no existir $\lim\limits_{x\to a}\dfrac{f'(x)}{g'(x)}$. Per demostrar aquesta observació, només cal donar-ne un contraexemple.

Exemples 4.38

Contraexemples del recíproc de la regla de L'Hôpital

(1) Calculem $\lim\limits_{x\to 0}\dfrac{x^2\sin\frac{1}{x}}{\sin x}$.

Directament surt una indeterminació $\frac{0}{0}$ (el numerador és "0 per fitada"). Si intentem aplicar la regla de L'Hôpital, tenim

$$\lim\limits_{x\to 0}\frac{f'(x)}{g'(x)}=\lim\limits_{x\to 0}\frac{2x\sin\frac{1}{x}+x^2\cos\frac{1}{x}\cdot\left(-\frac{1}{x^2}\right)}{\cos x}$$

$$=\lim\limits_{x\to 0}\left(\frac{2x\sin\frac{1}{x}}{\cos x}-\frac{\cos\frac{1}{x}}{\cos x}\right)$$

aquest límit no existeix ja que és la diferència dels dos límits següents:

- $\lim\limits_{x\to 0}\dfrac{2x\sin\frac{1}{x}}{\cos x}=\dfrac{0}{1}=0$, però

- $\lim\limits_{x\to 0}\dfrac{\cos\frac{1}{x}}{\cos x} \longrightarrow \dfrac{\text{"oscil·lant"}}{1}$ no existeix.

Per tant, no podem aplicar la regla de L'Hôpital. Tanmateix, podem determinar $\lim\limits_{x \to 0} \dfrac{x^2 \sin \frac{1}{x}}{\sin x}$ per un altre camí. Escrivim-lo de manera adequada, com un producte

$$\lim_{x \to 0} \frac{x^2 \sin \frac{1}{x}}{\sin x} = \lim_{x \to 0} \frac{x}{\sin x} \cdot x \sin \frac{1}{x} = 1 \cdot 0 = 0.$$

Així doncs, el límit demanat val 0, mentre que el límit del quocient de les derivades no existeix.

(2) Calculem $\lim\limits_{x \to +\infty} \dfrac{2x + \cos x}{3x - \sin x}$.

Encara que $\lim\limits_{x \to +\infty} \cos x$ no existeix, la funció cosinus està fitada entre -1 i 1. Per això, $\lim\limits_{x \to +\infty} (2x + \cos x) = \infty$. Anàlogament, al denominador tenim $\lim\limits_{x \to +\infty} (3x - \sin x) = \infty$. Per tant, directament se'ns presenta una indeterminació $\frac{\infty}{\infty}$.

És fàcil veure que el límit del quocient de les derivades és

$$\lim_{x \to +\infty} \frac{(2x + \cos x)'}{(3x - \sin x)'} = \lim_{x \to +\infty} \frac{2 - \sin x}{3 - \cos x}.$$

El numerador oscil·la entre 1 i 3, i el denominador ho fa entre 2 i 4, de manera que el límit de l'últim quocient no existeix. Així doncs, no podem aplicar-hi la regla de L'Hôpital. Esbrinem el valor del límit demanat directament. Atès que els infinits que provoquen la indeterminació són $2x$ i $3x$, dividim numerador i denominador per x:

$$\lim_{x \to +\infty} \frac{2x + \cos x}{3x - \sin x} = \lim_{x \to +\infty} \frac{2 + \frac{\cos x}{x}}{3 - \frac{\sin x}{x}} = \lim_{x \to +\infty} \frac{2 + \frac{1}{x} \cos x}{3 - \frac{1}{x} \sin x}.$$

És clar que

$$\lim_{x \to +\infty} \frac{1}{x} \cos x = 0 \quad \text{i} \quad \lim_{x \to +\infty} \frac{1}{x} \sin x = 0$$

pel criteri "0 per fitada". Finalment,

$$\lim_{x \to +\infty} \frac{2x + \cos x}{3x - \sin x} = \frac{2 + 0}{3 - 0} = \frac{2}{3}.$$

Aplicació reiterada de la regla de L'Hôpital

Suposem que volem estudiar un límit del tipus

$$\lim_{x \to a} \frac{f(x)}{g(x)} \quad \text{amb indeterminació} \quad \frac{0}{0} \quad \text{o bé} \quad \frac{\infty}{\infty},$$

de manera que

$$\lim_{x \to a} \frac{f'(x)}{g'(x)} \quad \text{també és una indeterminació} \quad \frac{0}{0} \quad \text{o bé} \quad \frac{\infty}{\infty}.$$

Si podem aplicar la regla de L'Hôpital a $\dfrac{f'(x)}{g'(x)}$, aleshores tindrem

$$\lim_{x \to a} \frac{f''(x)}{g''(x)} = L \implies \lim_{x \to a} \frac{f'(x)}{g'(x)} = L \implies \lim_{x \to a} \frac{f(x)}{g(x)} = L.$$

Podem iterar la regla de L'Hôpital un nombre finit de vegades, tantes com convingui.

Exemple 4.39

Vegem que $\displaystyle\lim_{x \to 0^+} \frac{\sin x - x}{x \sin x} = 0$. Directament observem una indeterminació $\frac{0}{0}$. Tenim

$$\lim_{x \to 0^+} \frac{\sin x - x}{x \sin x} \overset{\frac{0}{0}}{=} \text{ (si existeix el límit següent)}$$

$$\lim_{x \to 0^+} \frac{\cos x - 1}{\sin x + x \cos x} \overset{\frac{0}{0}}{=} \text{ (si existeix el límit següent)}$$

$$\lim_{x \to 0^+} \frac{-\sin x}{2 \cos x - x \sin x} = \frac{0}{2} = 0.$$

Aplicació a les indeterminacions $0 \cdot \infty$, $\infty - \infty$, 0^0, ∞^0 i 1^∞

Les indeterminacions $0 \cdot \infty$, $\infty - \infty$, 0^0, ∞^0 i 1^∞ es poden transformar en indeterminacions equivalents de la forma $\frac{0}{0}$ o bé $\frac{\infty}{\infty}$ mitjançant manipulacions algebraiques i utilitzant les funcions exponencial i logarítmica. A continuació, veurem com s'obtenen les transformacions esmentades. Designem per U un entorn de a.

a) Indeterminació $0 \cdot \infty$. Suposem que tenim el límit

$$\lim_{x \to a} f(x) g(x) \quad \text{amb} \quad \lim_{x \to a} f(x) = 0 \quad \text{i} \quad \lim_{x \to a} g(x) = \pm\infty.$$

Posem el producte en alguna de les formes següents:

$$f(x) g(x) = \frac{f(x)}{1/g(x)}, \quad \text{si } g(x) \neq 0, \, x \in U,$$

o bé

$$f(x) g(x) = \frac{g(x)}{1/f(x)}, \quad \text{si } f(x) \neq 0, \, x \in U,$$

i llavors obtenim una indeterminació

$$\frac{0}{1/\infty}, \quad \text{que és} \quad \frac{0}{0} \quad \text{en el primer cas,}$$

o bé

$$\frac{\infty}{1/0}, \quad \text{que és} \quad \frac{\infty}{\infty} \quad \text{en el segon cas.}$$

Exemple 4.40

Calculem $\lim\limits_{x\to 0^+} x\ln x$. És una indeterminació $0\cdot\infty$. Escrivim

$$\lim_{x\to 0^+} x\ln x = \lim_{x\to 0^+} \frac{\ln x}{1/x} = \left(\text{es transforma en } \frac{\infty}{\infty} \text{ i, per L'Hôpital}\right)$$

$$= \lim_{x\to 0^+} \frac{1/x}{-1/x^2} = \lim_{x\to 0^+} -\frac{x^2}{x} = \lim_{x\to 0^+} (-x) = 0.$$

b) Indeterminació $\infty - \infty$. Suposem que tenim el límit

$$\lim_{x\to a} (f(x) - g(x)) \quad \text{amb} \quad \lim_{x\to a} f(x) = +\infty \quad \text{i} \quad \lim_{x\to a} g(x) = +\infty$$

$$\text{o bé} \quad \lim_{x\to a} f(x) = -\infty \quad \text{i} \quad \lim_{x\to a} g(x) = -\infty.$$

Fixem–nos que tots dos signes de l'infinit han de ser iguals ja que, en cas contrari, no hi ha cap indeterminació. Posem-ne la diferència en la forma

$$f(x) - g(x) = \frac{\dfrac{1}{g(x)} - \dfrac{1}{f(x)}}{\dfrac{1}{f(x)\cdot g(x)}}, \quad \text{si } f(x) \neq 0 \text{ i } g(x) \neq 0 \text{ per } x \in U$$

i obtenim la indeterminació $\dfrac{0}{0}$.

Exemple 4.41

Calculem $\lim\limits_{x\to 0^+} \left(\dfrac{1}{x} - \dfrac{1}{\sin x}\right)$.

Es tracta d'una indeterminació $\infty - \infty$, concretament $(+\infty) - (+\infty)$. Tenim, aprofitant l'exemple 4.39

$$\lim_{x\to 0^+} \left(\frac{1}{x} - \frac{1}{\sin x}\right) = \lim_{x\to 0^+} \frac{\sin x - x}{x\sin x} \overset{\frac{0}{0}}{=} \cdots = 0.$$

Per aconseguir la fracció, no cal aplicar cap fórmula; és suficient fer la resta de les fraccions.

c) Indeterminació $0^0, \infty^0, 1^\infty$. Estudiem els límits del tipus $\lim\limits_{x\to a} f(x)^{g(x)}$

$$\text{amb} \quad \lim_{x\to a} f(x) = 0 \quad \text{i} \quad \lim_{x\to a} g(x) = 0,$$

$$\text{o bé} \quad \lim_{x\to a} f(x) = \infty \quad \text{i} \quad \lim_{x\to a} g(x) = 0,$$

$$\text{o bé} \quad \lim_{x\to a} f(x) = 1 \quad \text{i} \quad \lim_{x\to a} g(x) = \infty.$$

Escrivim $f(x)^{g(x)} = e^{\ln f(x)^{g(x)}} = e^{g(x)\ln f(x)}$, de manera que, per la continuïtat de la funció exponencial,

$$\lim_{x \to a} f(x)^{g(x)} = e^{\lim_{x \to a} g(x) \ln f(x)}.$$

Ara la indeterminació queda a l'exponent, $\lim_{x \to a} g(x) \ln f(x)$, i és de la forma $0 \cdot \infty$ per als tres casos.

Exemples 4.42

Veurem un cas 0^0 i un altre 1^∞.

1) Calculem $\lim_{x \to 0^+} x^x$. És una indeterminació 0^0. Mitjançant les funcions exponencial i logaritme, posem

$$\lim_{x \to 0^+} x^x = \lim_{x \to 0^+} e^{\ln x^x} = e^{\lim_{x \to 0^+} x \ln x}.$$

La nova indeterminació és $0 \cdot \infty$. Abans l'hem calculada transformant–la per L'Hôpital: $\lim_{x \to 0^+} x \ln x = 0$. Aleshores, $\lim_{x \to 0^+} x^x = e^0 = 1$.

2) Calculem $\lim_{x \to +\infty} \left(\frac{2}{\pi} \arctan x \right)^x$. Observem la indeterminació 1^∞. Utilitzant les funcions exponencial i logaritme, obtindrem a l'exponent una indeterminació $\infty \cdot 0$. Escrivim el nostre límit com

$$\lim_{x \to +\infty} \exp \left[\ln \left(\frac{2}{\pi} \arctan x \right)^x \right] = \lim_{x \to +\infty} \exp \left[x \ln \left(\frac{2}{\pi} \arctan x \right) \right] =$$

$$\exp \left[\lim_{x \to +\infty} x \ln \left(\frac{2}{\pi} \arctan x \right) \right] = \exp \left[\lim_{x \to +\infty} \frac{\ln \left(\frac{2}{\pi} \arctan x \right)}{\frac{1}{x}} \right] =$$

$$\exp \left[\lim_{x \to +\infty} \frac{\frac{1}{\frac{2}{\pi} \arctan x} \cdot \frac{2}{\pi} \cdot \frac{1}{1+x^2}}{\frac{-1}{x^2}} \right] = \exp \left[\lim_{x \to +\infty} \frac{-x^2}{\arctan x \cdot (1+x^2)} \right] =$$

$$\exp \left[\lim_{x \to +\infty} \frac{1}{\arctan x} \cdot \frac{(-x^2)}{x^2+1} \right] = \exp \left[\frac{2}{\pi}(-1) \right] = e^{-2/\pi}.$$

4.12 La fórmula de Taylor. Aplicacions

Al principi d'aquest capítol, hem vist que la derivabilitat d'una funció f en un punt a equival a l'aproximació de la funció per un polinomi de grau 1 —la recta tangent— $y = f(a) + f'(a)(x-a)$. Ara ens interessa estudiar les aproximacions de funcions mitjançant polinomis de grau n.

Aproximació de funcions mitjançant polinomis

Si $P(x)$ és un polinomi, $P(x) = a_0 + a_1 x + a_2 x^2 + a_3 x^3 + \cdots + a_n x^n$, podem calcular la imatge de qualsevol punt fàcilment; només cal fer sumes i productes. En canvi, si considerem funcions com ara

$$e^x, \ln x, \sin x, \cos x, \sinh x \ldots$$

com ho faríem, sense l'ajut de la calculadora, per determinar

$$e^2, \ln 3, \sin 2 \ldots ?$$

La idea que tingué el matemàtic anglès Brook Taylor (1685-1731) consistia a trobar funcions polinòmiques que s'aproximessin *força* a una funció f localment, de manera que, donant el valor de la funció polinòmica en el punt desitjat, tinguéssim una bona aproximació del valor de f en aquest punt. La diferència entre el valor exacte i el valor aproximat és l'error comès.

$$f(a) = P_n(a) + \text{error}.$$

Abans d'entrar en aquest procés, però, vegem com s'expressa una funció polinòmica en termes de les seves derivades en un punt.

Considerem un polinomi de grau n desenvolupat en potències de $x - a$,

$$P(x) = a_0 + a_1(x-a) + a_2(x-a)^2 + a_3(x-a)^3 + \cdots + a_n(x-a)^n.$$

Tenim que

$$P'(x) = a_1 + 2a_2(x-a) + \cdots + na_n(x-a)^{n-1}$$
$$P''(x) = 2a_2 + \cdots + n(n-1)a_n(x-a)^{n-2}$$
$$\vdots$$
$$P^{(k)}(x) = k!a_k + \cdots$$

$$P(a) = a_0$$
$$P'(a) = a_1$$
$$P''(a) = 2a_2$$
$$\vdots$$
$$P^{(k)}(a) = k!a_k$$

és a dir, $a_k = \dfrac{P^{(k)}(a)}{k!}$, i podem escriure

$$P(x) = P(a) + P'(a)(x-a) + \frac{P''(a)}{2!}(x-a)^2 + \cdots + \frac{P^{(n)}(a)}{n!}(x-a)^n.$$

Teorema 4.43 Teorema de Taylor. *Sigui f una funció amb derivades d'ordre n en el punt $x = a$. Existeix un únic polinomi $P(x)$ de grau inferior o igual a n que satisfà*

$$P(a) = f(a), \ P'(a) = f'(a), \ \ldots, \ P^{(n)}(a) = f^{(n)}(a).$$

Aquest polinomi s'anomena polinomi de Taylor de grau n de la funció f en el punt a i és

$$P_{n,a}(x) = f(a) + f'(a)(x-a) + \frac{f''(a)}{2!}(x-a)^2 + \cdots + \frac{f^{(n)}(a)}{n!}(x-a)^n.$$

A més, es compleix que

$$\lim_{x \to a} \frac{f(x) - P_{n,a}(x)}{(x-a)^n} = 0.$$

Demostració. És immediat comprovar les $n+1$ condicions

$$P(a) = f(a), \ P'(a) = f'(a), \ \ldots, \ P^{(n)}(a) = f^{(n)}(a).$$

I, aplicant $n-1$ vegades la regla de L'Hôpital, per tal de resoldre la indeterminació, tenim

$$\lim_{x \to a} \frac{f(x) - P_{n,a}(x)}{(x-a)^n} = \lim_{x \to a} \frac{f(x) - f(a) - f'(a)(x-a) - \cdots - \frac{f^{(n)}(a)}{n!}(x-a)^n}{(x-a)^n}$$

$$= \lim_{x \to a} \frac{f^{(n-1)}(x) - f^{(n-1)}(a) - f^{(n)}(a)(x-a)}{n!(x-a)}$$

$$= \frac{1}{n!} \left[\lim_{x \to a} \frac{f^{(n-1)}(x) - f^{(n-1)}(a)}{x-a} - \lim_{x \to a} f^{(n)}(a) \right] = 0.$$

En aquest cas, diem que $P_{n,a}(x)$ i $f(x)$ coincideixen *fins a l'ordre n en a*, o bé que f i P tenen un *contacte d'ordre n en a*. Si $a = 0$, el polinomi de *Taylor* es coneix com a *polinomi de MacLaurin*.

Exemple 4.44

Sigui $f(x) = e^x$. Els seus polinomis de Taylor en $a = 0$ de graus 1, 2, 3 i 4 són:

$$P_{1,0}(x) = 1 + x, \qquad\qquad P_{2,0}(x) = 1 + x + \tfrac{x^2}{2},$$

$$P_{3,0}(x) = 1 + x + \tfrac{x^2}{2} + \tfrac{x^3}{3!}, \qquad P_{4,0}(x) = 1 + x + \tfrac{x^2}{2} + \tfrac{x^3}{3!} + \tfrac{x^4}{4!}.$$

A la figura 4.38 n'hem representat uns quants.

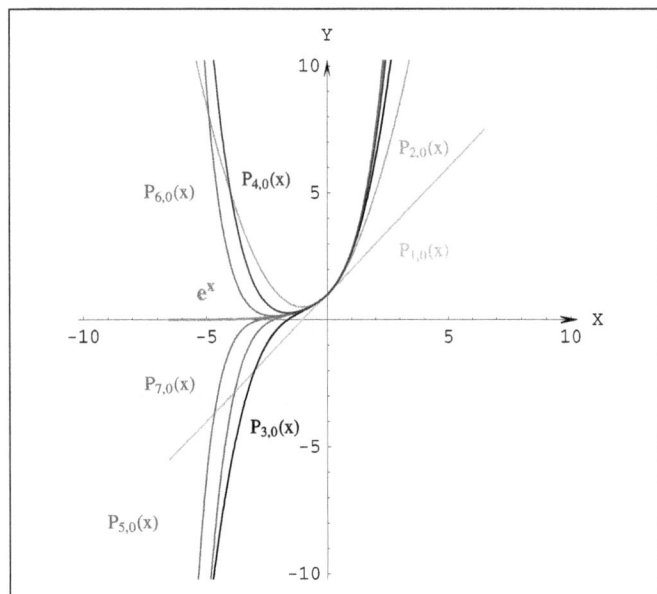

Fig. 4.38 Polinomis de Taylor de $f(x) = e^x$ en $a = 0$

Exemple 4.45

Si $f(x) = \sin x$, en $a = 0$ obtenim, per exemple, els polinomis

$$P_{1,0}(x) = x, \qquad\qquad P_{3,0}(x) = x - \frac{x^3}{3!},$$

$$P_{5,0}(x) = x - \frac{x^3}{3!} + \frac{x^5}{5!}, \qquad P_{7,0}(x) = x - \frac{x^3}{3!} + \frac{x^5}{5!} - \frac{x^7}{7!}$$

que estan dibuixats a la figura 4.39.

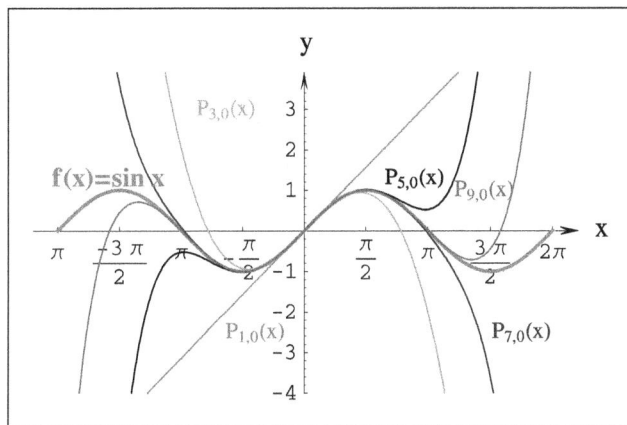

Fig. 4.39 Polinomis de Taylor de $f(x) = \sin x$ en $a = 0$

Teorema 4.46 Fórmula de Lagrange del residu. *Sigui f una funció $n+1$ vegades derivable en un interval obert I, amb derivades contínues fins a l'ordre n. Aleshores, si $x, a \in I$, es compleix*

$$f(x) = f(a) + f'(a)(x-a) + \frac{f''(a)}{2!}(x-a)^2 + \cdots + \frac{f^{(n)}(a)}{n!}(x-a)^n + \mathscr{R}_{n,a}(x),$$

on $\mathscr{R}_{n,a}(x)$ és una funció que depèn de x i de a i pot expressar-se com

$$\underset{\text{Residu de Lagrange}}{\mathscr{R}_{n,a}(x)} = \frac{f^{(n+1)}(c)}{(n+1)!}(x-a)^{n+1}$$

per a un valor c determinat entre a i x.

La funció $\mathscr{R}_{n,a}(x)$ s'anomena *el residu, la resta, l'error* o *el terme complementari de Lagrange*. La fórmula del residu ens permet interpretar el teorema de Taylor com una generalització dels teoremes del valor mitjà. El residu o error és $\mathscr{R}_{n,a}(x) = f(x) - P_{n,a}(x)$ i sabem, pel teorema de Taylor, que

$$\lim_{x \to a} \frac{\mathscr{R}_{n,a}(x)}{(x-a)^n} = 0.$$

D'això es diu que $\mathscr{R}_{n,a}(x)$ és *una o petita de $x - a$ quan $x \to a$* i es designa per $\mathscr{R}_{n,a}(x) = o(x-a)^n$. De vegades, el residu també se sol escriure com t.o.s. (termes d'ordre superior).

Alguns desenvolupaments de Taylor A la taula següent, presentem els desenvolupaments de Taylor en $a = 0$ (MacLaurin) de les principals funcions elementals.

DESENVOLUPAMENT DE MACLAURIN	CONVERGÈNCIA $\lim_{n\to\infty} \mathscr{R}_{n,0}(x) = 0$
$e^x = 1 + x + \dfrac{x^2}{2} + \dfrac{x^3}{3!} + \cdots + \dfrac{x^n}{n!} + o(x^n)$	$\forall x \in \mathbb{R}$
$\sin x = x - \dfrac{x^3}{3!} + \dfrac{x^5}{5!} - \dfrac{x^7}{7!} + \cdots + (-1)^n \dfrac{x^{2n+1}}{(2n+1)!} + o(x^{2n+2})$	$\forall x \in \mathbb{R}$
$\cos x = 1 - \dfrac{x^2}{2!} + \dfrac{x^4}{4!} - \dfrac{x^6}{6!} + \cdots + (-1)^n \dfrac{x^{2n}}{(2n)!} + o(x^{2n+1})$	$\forall x \in \mathbb{R}$
$\operatorname{tg} x = x + \dfrac{x^3}{3} + \dfrac{2x^5}{15} + \dfrac{17x^7}{315} + o(x^8)$	$\forall x \in \left(-\dfrac{\pi}{2}, \dfrac{\pi}{2}\right)$
$\sinh x = x + \dfrac{x^3}{3!} + \dfrac{x^5}{5!} + \dfrac{x^7}{7!} + \cdots + \dfrac{x^{2n+1}}{(2n+1)!} + o(x^{2n+2})$	$\forall x \in \mathbb{R}$
$\cosh x = 1 + \dfrac{x^2}{2!} + \dfrac{x^4}{4!} + \dfrac{x^6}{6!} + \cdots + \dfrac{x^{2n}}{(2n)!} + o(x^{2n+1})$	$\forall x \in \mathbb{R}$
$\ln(1+x) = x - \dfrac{x^2}{2} + \dfrac{x^3}{3} + \cdots + (-1)^n \dfrac{x^{n+1}}{n+1} + o(x^{n+1})$	$\forall x \in (-1, \infty)$
$(1+x)^\alpha = 1 + \alpha x + \dfrac{\alpha(\alpha-1)}{2}x^2 + \dfrac{\alpha(\alpha-1)(\alpha-2)}{3!}x^3 + \cdots$ $\cdots + \dfrac{\alpha(\alpha-1)\cdots(\alpha-(n-1))}{n!}x^n + o(x^n)$	$\forall x \in (-1, \infty); \ \forall \alpha \in \mathbb{R}$

A partir d'aquesta taula, podem escriure desenvolupaments d'altres funcions. Per exemple, utilitzant del desenvolupament de

$$e^x \qquad \text{s'obté} \quad e^{-x} = 1 - x + \frac{x^2}{2} - \frac{x^3}{3!} + \text{t.o.s.}$$

$$\cos x \qquad \text{s'obté} \quad \cos(x^2) = 1 - \frac{x^4}{2!} + \frac{x^8}{4!} - \text{t.o.s.}$$

$$\ln(1+x) \quad \text{s'obté} \quad \ln(1-x) = -x - \frac{x^2}{2} - \frac{x^3}{3} + \text{t.o.s.}$$

Exemples 4.47

Els exercicis següents mostren aplicacions dels desenvolupaments de Taylor al càlcul d'aproximacions i de límits.

a) **Càlculs aproximats.** Determinem el valor de e amb un error més petit que 10^{-5}.
   El desenvolupament de e^x en $a = 0$ és

$$e^x = 1 + x + \frac{x^2}{2} + \frac{x^3}{3!} + \cdots + \frac{x^n}{n!} + \frac{e^c}{(n+1)!} x^{n+1}, \quad 0 < c < x.$$

Si prenem $x = 1$, l'estimació de l'error és

$$\mathscr{R}_{n,0}(1) = \frac{e^c}{(n+1)!} \underset{(0<c<1)}{<} \frac{3}{(n+1)!} < 10^{-5}.$$

L'última desigualtat ens dóna els valors de n que podem prendre. Aquesta desigualtat es compleix per a $n \geq 8$. Prenent $n = 8$, obtindrem el que volíem. Per tant,

$$e \simeq 1 + 1 + \frac{1}{2} + \frac{1}{3!} + \frac{1}{4!} + \frac{1}{5!} + \frac{1}{6!} + \frac{1}{7!} + \frac{1}{8!} \simeq 2'71828.$$

b) **Càlculs aproximats.** Calculem $\sin 2$ amb un error més petit que 10^{-4}.
El desenvolupament de MacLaurin de $\sin x$ és

$$\sin x = x - \frac{x^3}{3!} + \frac{x^5}{5!} - \frac{x^7}{7!} + \cdots + (-1)^n \frac{x^{2n+1}}{(2n+1)!} + \frac{(-1)^n \sin c}{(2n+2)!} x^{2n+2}, \quad 0 < c < x.$$

Prenem $x = 2$ i estimem l'error,

$$\left| \frac{(-1)^n \sin c}{(2n+2)!} 2^{2n+2} \right| = \frac{2^{2n+2}}{(2n+2)!} < 10^{-4},$$

que es compleix per a $n \geq 5$. Així,

$$\sin 2 \simeq 2 - \frac{2^3}{3!} + \frac{2^5}{5!} - \frac{2^7}{7!} + \frac{2^9}{9!} - \frac{2^{11}}{11!} \simeq 0'9093 \,.$$

c) **Càlcul de límits.** Calculem $\lim\limits_{x \to 0} \dfrac{x - \sin x}{x(1 - \cos 3x)}$.

Tenim una indeterminació del tipus $\frac{0}{0}$. Si hi apliquem la regla de L'Hôpital, hem de repetir el procés fins a tres cops. En canvi, si considerem els desenvolupaments de MacLaurin de $\sin x$ i $\cos 3x$, podem expressar el límit com

$$\lim_{x \to 0} \frac{x - \sin x}{x(1 - \cos 3x)} = \lim_{x \to 0} \frac{x - \left(x - \frac{x^3}{3!} + \frac{x^5}{5!} + \cdots + (-1)^n \frac{x^{2n+1}}{(2n+1)!} + \text{t.o.s.} \right)}{x \left[1 - \left(1 - \frac{(3x)^2}{2!} + \frac{(3x)^4}{4!} + \cdots + (-1)^n \frac{(3x)^{2n}}{(2n)!} + \text{t.o.s.} \right) \right]}$$

$$= \lim_{x \to 0} \frac{\frac{x^3}{3!} - \frac{x^5}{5!} + \cdots + (-1)^{n+1} \frac{x^{2n+1}}{(2n+1)!} + \text{t.o.s.}}{\frac{9x^3}{2!} - \frac{81x^5}{4!} + \cdots + \text{t.o.s.}}$$

$$(\text{dividint per } x^3) = \lim_{x \to 0} \frac{\frac{1}{3!} - \frac{x^2}{5!} + \text{t.o.s.}}{\frac{9}{2!} - \frac{81x^2}{4!} + \text{t.o.s.}}$$

$$= \frac{\frac{1}{3!}}{\frac{9}{2!}} = \frac{1}{27}$$

Infinitèsims. Aplicacions

Les funcions que tendeixen a 0 en un punt reben un nom especial. Moltes d'aquestes funcions són "equivalents" entre si i es poden substituir entre elles per facilitar els càlculs de límits.

Definició 4.48 Diem que una funció f és un *infinitèsim* quan $x \to a$ si

$$\lim_{x \to a} f(x) = 0.$$

Un infinitèsim també s'anomena *infinitesimal*.

Exemple 4.49

Vegem-ne unes mostres.

- $x - 4$ és un infinitèsim quan $x \to 4$, perquè $\lim\limits_{x \to 4}(x - 4) = 0$;

- $\sin x$ és un infinitèsim quan $x \to 0$, ja que $\lim\limits_{x \to 0} \sin x = 0$;

- $\dfrac{1}{x^2 + 3}$ és un infinitèsim quan $x \to \infty$, perquè $\lim\limits_{x \to \infty} \dfrac{1}{x^2 + 3} = 0$.

Definició 4.50 Siguin f i g dos infinitèsims quan $x \to a$. Diem que f i g són *infinitèsims equivalents* quan $x \to a$ si

$$\lim_{x \to a} \frac{f(x)}{g(x)} = 1.$$

En aquest cas, ho designarem per $f(x) \sim g(x)$ quan $x \to a$.

Exemple 4.51

Sabem que $\lim\limits_{x \to 0} \dfrac{x}{\sin x} = 1$. Llavors,

- $\sin x \sim x$ quan $x \to 0$,

- $\sin(x - 3) \sim x - 3$ quan $x \to 3$,

- $\sin \dfrac{1}{x} \sim \dfrac{1}{x}$ quan $x \to \infty$.

Aprofitant els desenvolupaments de Taylor en $x = 0$ de les funcions elementals, podem trobar aproximacions d'aquestes funcions. A la taula següent en presentem algunes.

DESENVOLUPAMENT DE MACLAURIN	APROXIMACIONS $(x \to 0)$
$e^x = 1 + x + \dfrac{x^2}{2} + \dfrac{x^3}{3!} + \cdots + \dfrac{x^n}{n!} + o(x^n)$	$e^x \sim 1 + x$
$\sin x = x - \dfrac{x^3}{3!} + \dfrac{x^5}{5!} - \dfrac{x^7}{7!} + \cdots + (-1)^n \dfrac{x^{2n+1}}{(2n+1)!} + o(x^{2n+2})$	$\sin x \sim x$
$\cos x = 1 - \dfrac{x^2}{2!} + \dfrac{x^4}{4!} - \dfrac{x^6}{6!} + \cdots + (-1)^n \dfrac{x^{2n}}{(2n)!} + o(x^{2n+1})$	$\cos x \sim 1 - \dfrac{x^2}{2}$
$\operatorname{tg} x = x + \dfrac{x^3}{3} + \dfrac{2x^5}{15} + \dfrac{17x^7}{315} + o(x^8)$	$\operatorname{tg} x \sim x$
$\sinh x = x + \dfrac{x^3}{3!} + \dfrac{x^5}{5!} + \dfrac{x^7}{7!} + \cdots + \dfrac{x^{2n+1}}{(2n+1)!} + o(x^{2n+2})$	$\sinh x \sim x$
$\cosh x = 1 + \dfrac{x^2}{2!} + \dfrac{x^4}{4!} + \dfrac{x^6}{6!} + \cdots + \dfrac{x^{2n}}{(2n)!} + o(x^{2n+1})$	$\cosh x \sim 1 + \dfrac{x^2}{2}$
$\ln(1+x) = x - \dfrac{x^2}{2} + \dfrac{x^3}{3} - \cdots + (-1)^n \dfrac{x^{n+1}}{n+1} + o(x^{n+1})$	$\ln(1+x) \sim x$
$(1+x)^\alpha = 1 + \alpha x + \dfrac{\alpha(\alpha-1)}{2}x^2 + \dfrac{\alpha(\alpha-1)(\alpha-2)}{3!}x^3 + \cdots$ $\cdots + \dfrac{\alpha(\alpha-1)\cdots(\alpha-(n-1))}{n!}x^n + o(x^n)$	$(1+x)^\alpha \sim 1 + \alpha x$

Equivalències dels infinitèsims més usuals

A partir de la taula anterior, obtenim diverses equivalències entre infinitèsims.

- $e^x - 1 \sim x$ quan $x \to 0$
- $\sin x \sim x$ quan $x \to 0$
- $\cos x - 1 \sim -\dfrac{x^2}{2}$ quan $x \to 0$, o bé $\quad 1 - \cos x \sim \dfrac{x^2}{2}$ quan $x \to 0$
- $\operatorname{tg} x \sim x$ quan $x \to 0$
- $\ln(1+x) \sim x$ quan $x \to 0$
- $(1+x)^\alpha \sim 1 + \alpha x$ quan $x \to 0$

Podem substituir la x per diferents infinitèsims i tenim, per exemple,

- $e^{x-3} - 1 \sim x - 3$ quan $x \to 3$
- $\sin(x^2) \sim x^2$ quan $x \to 0$
- $\cos(3x) - 1 \sim -\dfrac{9x^2}{2}$ quan $x \to 0$

- $\operatorname{tg}\dfrac{1}{x} \sim \dfrac{1}{x}$ quan $x \to \infty$

- $\ln(3+x) = \ln(1+2+x) \sim (2+x)$ quan $x \to -2$

Exemples 4.52

Aproximacions de primer ordre. Vegem uns càlculs d'aproximacions elementals a partir de diversos desenvolupaments de MacLaurin fins a primer ordre.

- $\sin 0'05 \approx 0'05$

- $\sin 1^{o} = \sin\dfrac{\pi}{180} \approx \dfrac{\pi}{180} = 0'01745$

- $e^{0'1} \approx 1+0'1 = 1'1$

- $\ln 1'02 \approx 0'2$

- $\sqrt{1'1} = (1+0'1)^{1/2} \approx 1+\dfrac{1}{2}\cdot 0'1 = 1'05$

- $\dfrac{1}{\sqrt{0'985}} \approx 1+\dfrac{0'015}{2} = 1'0075$ $(\alpha = -\dfrac{1}{2}, x = -0'015)$

Exemples 4.53

Càlcul de límits amb infinitèsims equivalents.

a) Calculem $\displaystyle\lim_{x\to 0}\dfrac{\sin(9x^2)}{x(e^x-1)}$ utilitzant infinitèsims equivalents.

Es tracta d'una indeterminació $\frac{0}{0}$. Tenint en compte que

$$\sin(9x^2) \sim 9x^2 \text{ quan } x \to 0, \quad \text{i } \ e^x - 1 \sim x \text{ quan } x \to 0$$

obtenim

$$\lim_{x\to 0}\dfrac{\sin(9x^2)}{x(e^x-1)} = \lim_{x\to 0}\dfrac{9x^2}{x\cdot x} = 9.$$

b) Calculem $\displaystyle\lim_{x\to -1}\dfrac{\pi\ln(x+2)}{x^3+x^2}$ utilitzant infinitèsims equivalents.

És una indeterminació $\frac{0}{0}$. Atès que

$$\ln(x+2) = \ln(1+(1+x))) \sim 1+x \text{ quan } x \to -1$$

podem escriure

$$\lim_{x\to -1}\dfrac{\pi\ln(x+2)}{x^3+x^2} = \lim_{x\to -1}\dfrac{\pi(1+x)}{x^2(x+1)} = \pi.$$

En aquesta secció, estudiarem els conceptes de *concavitat*, *convexitat* i *punt d'inflexió*. Per a les definicions que segueixen, suposarem que la funció f és derivable en a.

Definició 4.54 Diem que f *és convexa en* a si, en un entorn del punt $(a, f(a))$, la gràfica de la funció està per sobre de la tangent a la gràfica de la funció en el punt $(a, f(a))$.

És a dir, f és convexa en a si i només si

$$f(x) > f(a) + f'(a)(x-a), \forall x \in (a-\varepsilon, a+\varepsilon) - \{a\}.$$

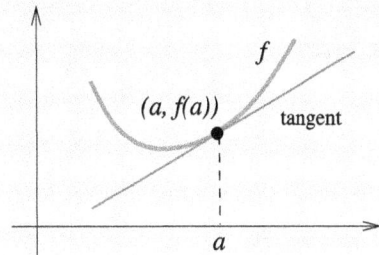

Definició 4.55 Diem que f *és còncava en* a si, en un entorn del punt $(a, f(a))$, la gràfica de la funció està per sota de la tangent a la gràfica de la funció en el punt $(a, f(a))$.

És a dir, f és còncava en a si i només si

$$f(x) < f(a) + f'(a)(x-a), \forall x \in (a-\varepsilon, a+\varepsilon) - \{a\}.$$

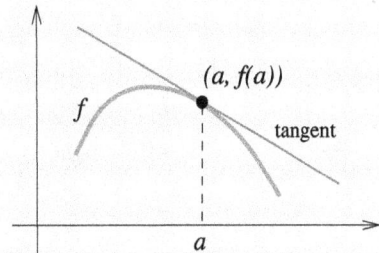

Les definicions de funció còncava i convexa que hem donat més amunt són les estàndards dins el que en diríem la matemàtica superior. En alguns textos de batxillerat, però, aquests conceptes s'expliquen a l'inrevés. Tanmateix, amb la intenció de no provocar confusions, en proposem els noms alternatius: funció *còncava amunt* si té la forma $\cup$ i funció *còncava avall* si és del tipus $\cap$.

Definició 4.56 Diem que f té un *punt d'inflexió en* $(a, f(a))$ si

$$f(x) < f(a) + f'(a)(x-a), \text{ per a } x \in (a-\varepsilon, a) \quad i$$
$$f(x) > f(a) + f'(a)(x-a), \text{ per a } x \in (a, a+\varepsilon),$$

o amb les dues desigualtats a l'inrevés.

Geomètricament, una funció té un punt d'inflexió si, en un entorn del punt, a l'esquerra, la gràfica de la funció està per sota de la tangent i, a la dreta, està per sobre de la tangent o a l'inrevés (figura 4.40).

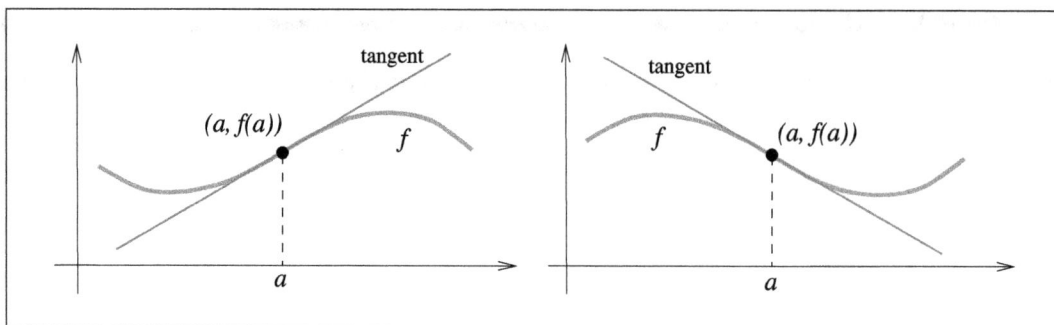

Fig. 4.40 Punts d'inflexió de la funció $f(x)$

Per tancar el tema, veurem com les derivades successives en un punt ens donen informació sobre el comportament local d'una funció.

Teorema 4.57 Aplicació del polinomi de *Taylor*. *Sigui f una funció n vegades derivable en I, amb $f^{(n)}$ contínua en $a \in I$, de manera que*

$$f''(a) = f'''(a) = \cdots = f^{(n-1)}(a) = 0 \ i \ f^{(n)}(a) \neq 0.$$

Llavors,

- *Si n és parell i $f^{(n)}(a) > 0$, f és còncava amunt en $(a, f(a))$. Si, a més, $f'(a) = 0$, llavors f té un mínim relatiu en $(a, f(a))$.*

- *Si n és parell i $f^{(n)}(a) < 0$, f és còncava avall en $(a, f(a))$. Si, a més, $f'(a) = 0$, llavors f té un màxim relatiu en $(a, f(a))$.*

- *Si n és senar, f té un punt d'inflexió en $(a, f(a))$.*

Demostració. Podem expressar f com

$$f(x) = f(a) + f'(a)(x-a) + \frac{f''(a)}{2!}(x-a)^2 + \cdots + \frac{f^{(n)}(a)}{n!}(x-a)^n + \mathscr{R}_{n,a}(x).$$

Per hipòtesi, obtenim

$$f(x) = f(a) + f'(a)(x-a) + \frac{f^{(n)}(a)}{n!}(x-a)^n + \mathscr{R}_{n,a}(x),$$

és a dir,

$$f(x) - [f(a) + f'(a)(x-a)] = \frac{f^{(n)}(a)}{n!}(x-a)^n + \mathscr{R}_{n,a}(x) = (x-a)^n \left(\frac{f^{(n)}(a)}{n!} + \frac{\mathscr{R}_{n,a}(x)}{(x-a)^n} \right).$$

Així, tenint en compte que $\dfrac{\mathscr{R}_{n,a}(x)}{(x-a)^n} \xrightarrow[x \to a]{} 0$, podem deduir que

a) Si n és parell, signe $\{f(x) - [f(a) + f'(a)(x-a)]\} = $ signe $\{f^{(n)}(a)\}$ i, per tant:

- Si $f^{(n)}(a) > 0 \implies f(x) > f(a) + f'(a)(x-a) \Rightarrow f$ és còncava amunt en $(a, f(a))$.
- Si $f^{(n)}(a) < 0 \implies f(x) < f(a) + f'(a)(x-a) \Rightarrow f$ és còncava avall en $(a, f(a))$.
- Si, a més, $f'(a) = 0$, llavors signe $\{f(x) - f(a)\} = $ signe $\{f^{(n)}(a)\}$ i obtenim que

  - $f^{(n)}(a) > 0 \Rightarrow f(x) > f(a) \implies f$ té un mínim relatiu en $(a, f(a))$.
  - $f^{(n)}(a) < 0 \Rightarrow f(x) < f(a) \implies f$ té un màxim relatiu en $(a, f(a))$.

b) Si n és senar, signe $\{f(x) - [f(a) + f'(a)(x-a)]\} = $ signe $\{(x-a)^n f^{(n)}(a)\}$. Considerem el cas $f^{(n)}(a) > 0$. Aleshores,

$$f(x) > f(a) + f'(a)(x-a) \ \text{si} \ x > a$$

i

$$f(x) < f(a) + f'(a)(x-a) \ \text{si} \ x < a,$$

d'on podem concloure que f té un punt d'inflexió en $(a, f(a))$.

La demostració és anàloga per al cas $f^{(n)}(a) < 0$. $\qquad\qquad\qquad\qquad\qquad$ $\square$

Exemples 4.58

Extrems relatius. Donades les funcions següents, esbrinarem si tenen un màxim relatiu, un mínim relatiu o un punt d'inflexió en $x = 0$.

a) $f(x) = \cos x - 1 + \dfrac{x^2}{2}$. Hi ha un mínim relatiu, ja que $f'(0) = f''(0) = f'''(0) = 0$ i $f^{(4)}(0) > 0$ (figura 4.41).

b) $f(x) = \sin x + \dfrac{x^3}{6}$. Hi ha un punt d'inflexió, ja que $f''(0) = f'''(0) = f^{(4)}(0) = 0$ i $f^{(5)}(0) \neq 0$ (figura 4.42).

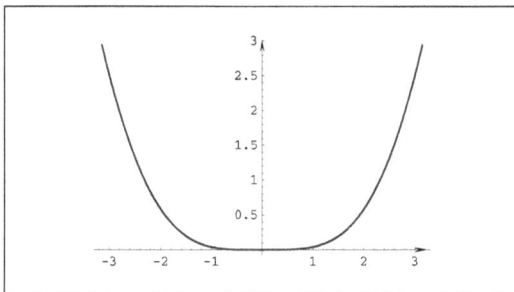

Fig. 4.41 La funció $f(x) = \cos x - 1 + \dfrac{x^2}{2}$ té un mínim relatiu a l'origen

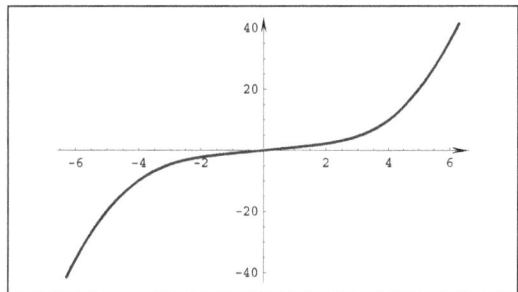

Fig. 4.42 La funció $f(x) = \sin x + \dfrac{x^3}{6}$ té un punt d'inflexió a l'origen

Problemes resolts

Problema 1

Sigui la funció $f(x) = 1 - \sqrt[3]{(1-x)^2}$.

a) Estudieu-ne la continuïtat i la derivabilitat.

b) Existeixen el màxim i el mínim absoluts de $f(x)$ en $[0,9]$? Per què? En cas afirmatiu, trobeu-los.

[Solució]

a) Observem que $\text{Dom}(f) = \mathbb{R}$ i, com que 1 i $\sqrt[3]{(1-x)^2}$ són funcions contínues en $\mathbb{R}$, $f(x)$ també ho és. La funció $\sqrt[3]{x}$ és derivable en $\mathbb{R} \setminus \{0\}$. La funció que hi ha dins de l'arrel, $(1-x)^2$, s'anul·la només quan $x = 1$; per tant, podem afirmar que $f(x)$ és derivable per a tot $x \in \mathbb{R} \setminus \{1\}$ i la seva derivada val $f'(x) = \frac{2}{3\sqrt[3]{1-x}}$ per a $x \neq 1$.

b) La funció $f(x)$ és contínua a tot $\mathbb{R}$; en particular, també ho és a l'interval tancat $[0,9]$. Pel teorema de Weierstrass, existeixen màxim i mínim absoluts de $f(x)$ en $[0,9]$.

Els punts on la funció $f(x)$ pot assolir els extrems absoluts són:

- Els extrems de l'interval: 0 i 9, amb $f(0) = 0$ i $f(9) = -3$.

- Els punts on $f'(x) = 0$. En aquest cas, no n'hi ha, ja que $f'(x) = \frac{2}{3\sqrt[3]{1-x}} \neq 0$ per a tot x.

- Els punts on $f(x)$ no és derivable: $x = 1$, $f(1) = 1$.

Comparant tots aquests valors de la funció, obtenim que el màxim absolut és 1 i es pren en $x = 1$; el mínim absolut és -3 i s'assoleix en $x = 9$.

Problema 2

Sigui la funció

$$f(x) = \begin{cases} \dfrac{\sin x}{x} & \text{si } x \neq 0 \\ 1 & \text{si } x = 0. \end{cases}$$

Calculeu les derivades $f'(0)$ i $f''(0)$.

[Solució]

Hem d'aplicar la definició de derivada al punt 0:

$$f'(0) = \lim_{x \to 0} \frac{f(x) - f(0)}{x - 0} = \lim_{x \to 0} \frac{\frac{\sin x}{x} - 1}{x - 0} = \lim_{x \to 0} \frac{\sin x - x}{x^2}.$$

Aquest límit és del tipus $\frac{0}{0}$. Per resoldre la indeterminació, apliquem la regla de L'Hôpital:

$$\lim_{x \to 0} \frac{\sin x - x}{x^2} = \lim_{x \to 0} \frac{\cos x - 1}{2x}.$$

Torna a donar una indeterminació del mateix tipus. Utilitzem una altra vegada L'Hôpital:

$$\lim_{x \to 0} \frac{\cos x - 1}{2x} = \frac{-\sin x}{2} = 0.$$

Per tant, el primer límit del quocient incremental també val 0, és a dir, $f'(0) = 0$.

Per trobar la derivada segona, necessitem $f'(x)$ en un entorn de $x = 0$. Calculem-la:

$$f'(x) = \frac{x \cos x - \sin x}{x^2} \ \text{ si } x \neq 0.$$

Ara apliquem la definició de derivada a $f'(x)$ en $x = 0$:

$$f''(0) = \lim_{x \to 0} \frac{f'(x) - f'(0)}{x - 0} = \lim_{x \to 0} \frac{\dfrac{x \cos x - \sin x}{x^2} - 0}{x} = \lim_{x \to 0} \frac{x \cos x - \sin x}{x^3}.$$

Una altra vegada surt una indeterminació del tipus $\frac{0}{0}$. Emprant repetidament la regla de L'Hôpital, obtenim:

$$\lim_{x \to 0} \frac{x \cos x - \sin x}{x^3} = \lim_{x \to 0} \frac{-x \sin x}{3x^2} = \lim_{x \to 0} \frac{-\sin x}{3x} = \lim_{x \to 0} \frac{-\cos x}{3} = -\frac{1}{3}.$$

Així doncs, $f''(0) = -\frac{1}{3}$.

Problema 3

Determineu les equacions de les rectes tangent i normal a la corba d'equació $x^3 - axy + 3ay^2 = 3a^3$ en el punt (a, a).

[Solució]

Podem pensar y com a funció implícita derivable de x. El pendent de la tangent a la corba és la derivada de la funció $y(x)$ al punt $x = a$. Derivant implícitament l'equació de la corba, tenim

$$3x^2 - ay - axy' + 6ayy' = 0.$$

Substituint-hi (x, y) per (a, a), resulta:

$$3a^2 - a^2 - a^2 y'(a) + 6a^2 y'(a) = 0 \ \implies \ 5a^2 y'(a) = -2a^2.$$

- Si $a \neq 0$, llavors $y'(a) = -\dfrac{2}{5}$ i la recta tangent és

$$y - a = -\frac{2}{5}(x - a).$$

El pendent de la normal és $\dfrac{5}{2}$, ja que és perpendicular a la tangent. Per tant, la seva equació s'escriu

$$y - a = \frac{5}{2}(x - a).$$

- Si $a = 0$, aleshores la corba té equació $x = 0$, que és l'eix d'ordenades. La tangent, doncs, és ella mateixa i la normal és l'eix d'abscisses.

Problema 4

Resoleu els apartats següents.

a) Una partícula es mou sobre la hipèrbola $y = \frac{10}{x}$ de forma que al punt $(5, 2)$ l'abscissa x augmenta a raó d'una unitat per segon. Amb quina velocitat varia la seva ordenada?

b) En quin punt de la paràbola $y^2 = 18x$ l'ordenada creix el doble de ràpid que l'abscissa?

[Solució]

a) Que la x augmenti a raó d'una unitat per segon vol dir que, si la pensem com a funció del temps t, aleshores $x'(t) = 1$ al punt $(5, 2)$. Per veure com varia la y respecte del temps, n'hi ha prou a calcular-ne la derivada respecte de t a l'expressió $y(t) = \dfrac{10}{x(t)}$:

$$y'(t) = -\frac{10}{x^2}\, x'(t).$$

Aleshores, al punt $(5, 2)$ tenim

$$y'(t) = \frac{-10}{25} = -\frac{2}{5}\ \text{unitats/segon.}$$

b) Tant la variació de l'abscissa com la de l'ordenada són les derivades d'aquestes respecte del temps. Si volem que l'ordenada creixi el doble que l'abscissa, hem d'imposar-hi $y' = 2x'$. A més, el punt ha de satisfer l'equació de la paràbola $y^2 = 18x$.

Derivant respecte de t, s'obté $2yy' = 18x'$ i, substituint y' per $2x'$, ens queda $4yx' = 18x'$. Com que ens demanen que y' sigui el doble de x', suposarem que $x' \neq 0$. Aleshores, tenim $4y = 18$, d'on resulta $y = \frac{9}{2}$ i $x = \frac{9}{8}$. Per tant, el punt de la corba on es compleix aquesta condició és $\left(\frac{9}{8}, \frac{9}{2}\right)$.

Problema 5

Un trapezi isòsceles està inscrit en una circumferència de radi r. Suposant que una de les bases coincideix amb un diàmetre, calculeu la longitud de l'altra base per tal que l'àrea del trapezi sigui màxima.

[Solució]

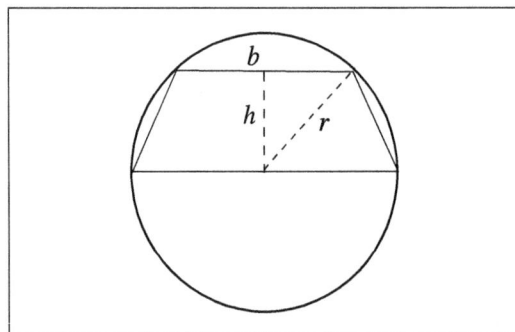

Fig. 4.43 El trapezi isòsceles

A la figura 4.43 tenim el trapezi isòsceles inscrit en la circumferència. Designem per h l'altura del trapezi i per b la base petita. La base gran val $2r$, essent r el radi de la circumferència.

Sabem que l'àrea d'un trapezi és el producte de la semi-suma de les bases per l'altura. En el cas que ens ocupa queda

$$\text{àrea}(b, h) = \frac{2r + b}{2}\, h.$$

Òbviament, ha de ser $b \in [0, 2r]$. De fet, $b \in (0, 2r)$, ja que si $b = 0$, en comptes d'un trapezi tenim un triangle i, si $b = 2r$, el trapezi es redueix a un segment ($h = 0$). Aplicant el teorema de Pitàgores, obtenim una relació entre la base i l'altura

$$h^2 + \frac{b^2}{4} = r^2.$$

Per tant, la funció àrea, que depèn només de b (la base petita), és

$$A(b) = \frac{2r + b}{2} \sqrt{r^2 - \frac{b^2}{4}}.$$

Aquesta és la funció que volem maximitzar, quan $b \in [0, 2r]$. Es tracta d'una funció contínua en un interval tancat. El teorema de Weierstrass assegura l'existència de màxim absolut. Calculem-ne la derivada:

$$A'(b) = \frac{1}{2} \sqrt{r^2 - \frac{b^2}{4}} + \frac{2r + b}{2} \frac{-\dfrac{b}{4}}{\sqrt{r^2 - \dfrac{b^2}{4}}}.$$

Simplificant els càlculs i igualant la derivada a 0, obtenim l'equació de segon grau en la variable b següent:

$$-b^2 - br + 2r^2 = 0.$$

Les solucions d'aquesta equació són $b = r$ i $b = -2r$. En descartem la segona ja que no té sentit en aquest problema.

Per saber on es troba el màxim absolut de la funció àrea en l'interval $[0, 2r]$, hem de comparar els valors de la funció als punts $b = 0$, $b = r$ i $b = 2r$. Com que $A(0) = r^2$, $A(r) = \frac{3\sqrt{3}}{4}r^2$ i $A(2r) = 0$, el màxim absolut s'assoleix quan la base petita és $b = r$.

Problema 6

Sigui

$$P(x) = \pi + \sqrt{3}(x + 2)^{41} - \frac{(x + 2)^{42}}{24} + 50(x + 2)^{43}$$

el polinomi de Taylor de grau 43 d'una funció $g(x)$ al punt $x = -2$.

a) Quin és el valor de $g(x)$ en $x = -2$?

b) Té $g(x)$ extrem relatiu o punt d'inflexió en $x = -2$?

[Solució]

a) Sabem que, donada una funció $g(x)$, el polinomi de Taylor de grau 43 al punt -2 és

$$P_{43,-2}g(x) = g(-2) + g'(-2)(x + 2) + \frac{g''(-2)}{2!}(x + 2)^2 + \cdots + \frac{g^{(43)}(-2)}{43!}(x + 2)^{43}.$$

A partir de l'expressió de $P(x)$, podem afirmar que $g(-2) = \pi$.

b) Comparant els termes de $P(x)$ i $P_{43,-2}g(x)$, observem que $g'(-2) = g''(-2) = \cdots = g^{(40)}(-2) = 0$, però $g^{(41)}(-2) \neq 0$. En concret,

$$\frac{g^{(41)}(-2)}{41!} = \sqrt{3}.$$

Llavors, com que la primera derivada no nul·la és d'ordre senar (41), la funció g té un punt d'inflexió en $x = -2$.

Problema 7

Demostreu que a l'el·lipse $\frac{x^2}{a^2} + \frac{y^2}{b^2} = 1$ es pot trobar un punt on la recta tangent és paral·lela a qualsevol recta del pla fixada.

[Solució]

És clar que en els punts on l'el·lipse talla l'eix d'abscisses, la recta tangent corresponent és vertical. Per tant, es pot trobar un punt de l'el·lipse on la recta tangent és vertical (de fet, dos punts).

Una recta no vertical del pla serà de la forma $y = mx + n$. Ara veurem si hi ha cap punt de l'el·lipse on la tangent tingui pendent m. Per determinar-ne el pendent, derivem implícitament a l'equació de l'el·lipse:

$$\frac{2x}{a^2} + \frac{2yy'}{b^2} = 0.$$

Imposem $y' = m$:

$$\frac{x}{a^2} + \frac{my}{b^2} = 0.$$

De l'equació anterior, podem trobar una relació entre x i y:

$$y = -\frac{b^2}{ma^2}x.$$

Com que el punt que busquem ha de ser de l'el·lipse, ha de complir la seva equació:

$$\frac{x^2}{a^2} + \frac{b^4x^2}{m^2a^4b^2} = 1.$$

Aïllant, obtenim dues solucions:

$$x = \frac{\pm ma^2}{\sqrt{m^2a^2 + b^2}}.$$

Per tant, hi ha dos punts a l'el·lipse on la tangent és paral·lela a la recta donada. Són els punts de coordenades

$$\left(\frac{ma^2}{\sqrt{m^2a^2 + b^2}}, \frac{m^2a^2}{\sqrt{m^2a^2 + b^2}} + n \right) \text{ i } \left(\frac{-ma^2}{\sqrt{m^2a^2 + b^2}}, \frac{-m^2a^2}{\sqrt{m^2a^2 + b^2}} + n \right).$$

Problema 8

Quina és la paràbola que aproxima millor la funció $y = \sqrt{1+2x}$ en el punt $a = 0$? Demostreu que l'error comès per a $0 < x < 1$ és inferior a $\frac{1}{2}$.

[Solució]

Ens demanen el polinomi de Taylor de grau 2 de la funció $f(x) = (1+2x)^{1/2}$ al punt $a = 0$. Necessitem, doncs, la funció i les seves dues primeres derivades avaluades en aquest punt:

$$f(x) = (1+2x)^{\frac{1}{2}} \qquad \rightarrow \quad f(0) = 1,$$
$$f'(x) = (1+2x)^{-\frac{1}{2}} \qquad \rightarrow \quad f'(0) = 1,$$
$$f''(x) = -(1+2x)^{-\frac{3}{2}} \quad \rightarrow \quad f''(0) = -1.$$

Per tant, la paràbola que busquem és

$$y = P_{2,0}f(0) = 1 + x - \frac{1}{2}x^2.$$

L'error comès és la diferència entre la funció i l'aproximació que utilitzem (és a dir, el seu polinomi de Taylor de grau 2). Segons la fórmula de Taylor,

$$R_3 f(x) = f(x) - P_{2,0}f(x).$$

Utilitzarem el residu de Lagrange:

$$R_3 f(x) = \frac{f'''(c)}{3!}x^3 = \frac{3}{3!\sqrt{(1+2c)^5}}x^3, \text{ per a un determinat } c \in (0,x).$$

Com que $0 < x < 1$ i $c \in (0,x)$, tenim $\sqrt{(1+2c)^5} > 1$, i en resulta

$$|R_3 f(x)| < \left| \frac{3}{3!\sqrt{(1+2c)^5}} \right| < \frac{3}{3!} = \frac{1}{2},$$

tal com volíem veure.

Problemes proposats

Problema 1

Trobeu els valors de a i b per als quals la funció

$$f(x) = \begin{cases} \dfrac{2}{|x|} & \text{si } x \leq -1, \\[2mm] ax + bx^2 & \text{si } x > -1 \end{cases}$$

és derivable a tot $\mathbb{R}$.

Problema 2

Demostreu que la funció $y = \ln \dfrac{1}{1+x}$ satisfà la relació $xy' + 1 = e^y$.

Problema 3

Proveu que la funció $y = \dfrac{\arcsin x}{\sqrt{1-x^2}}$ satisfà l'equació diferencial $(1-x^2)y' - xy = 1$.

Problema 4

En quin punt la tangent a la paràbola $y = x^2$

a) és paral·lela a la recta $y = 4x - 5$;

b) és perpendicular a la recta $2x - 6y + 5 = 0$;

c) forma una angle de $45°$ amb la recta $3x - y + 1 = 0$?

Problema 5

Determineu la derivada primera de cadascuna de les funcions següents, donades en forma implícita:

$$(1)\ x - y = \arcsin x - \arcsin y \quad (2)\ x^{\frac{2}{3}} + y^{\frac{2}{3}} = a^{\frac{2}{3}}, \quad a \in \mathbb{R}$$

$$(3)\ x \sin y - \cos y + \cos 2y = 0 \quad (4)\ x^y = y^x$$

Problema 6

Les rectes tangent i normal a la paràbola $2y = x^2 + 2$ en el punt d'abscissa $x_0 > 0$ determinen amb l'eix OY un triangle d'àrea A.

a) Calculeu A quan $x_0 = 4$.

b) Trobeu x_0 quan $A = 15$.

Problema 7

Calculeu l'angle entre les dues circumferències següents als punts on es tallen:

$$(x-3)^2 + (y-1)^2 = 8, \quad (x-2)^2 + (y+2)^2 = 2.$$

Problema 8

Considereu les corbes $C_1 : y = x^2 - \sin(xy + ax)$, i $C_2 : y = x^2 + \sin(xy + 2x)$, amb $a \in \mathbb{R}$. Calculeu el valor de a per tal que C_1 i C_2 siguin ortogonals a l'origen.

Problema 9

Determineu les equacions de les tangents a la hipèrbola $\frac{x^2}{20} - \frac{y^2}{5} = 1$ que són perpendiculars a la recta $4x + 3y - 7 = 0$.

Problema 10

Des del focus esquerre de l'el·lipse

$$\frac{x^2}{45} + \frac{y^2}{20} = 1$$

s'ha dirigit un raig de llum amb una inclinació d'angle α amb l'eix OX. Se sap que $\operatorname{tg}\alpha = -2$. Trobeu l'equació de la recta en què està situat el raig reflectit.

Problema 11

Enuncieu el teorema de Rolle. Sigui $f(x) = 4 - x^{2/3}$. Comproveu que $f(-8) = f(8)$, però la derivada primera $f'(x) \neq 0$, $\forall x \in [-8, 8]$. Contradiu aquest resultat el teorema de Rolle?

Problema 12

Sigui l'el·lipse $x^2 - xy + y^2 = 3$.

  a) Determineu els punts en què l'el·lipse talla l'eix d'abscisses i demostreu que les rectes normals en aquests punts són paral·leles.

  b) Trobeu la paràbola que aproxima millor l'el·lipse anterior en el punt $(1, -1)$.

Problema 13

Esbrineu les dimensions d'un con de volum màxim inscrit en una esfera de radi R. Quin és aquest volum màxim?

Problema 14

Trobeu el punt de la corba $y = x^2 - 4x + 5$ més proper al punt $\left(-10, \frac{17}{2}\right)$.

Problema 15

Determineu la tercera derivada de la funció $f(x) = \sin x$. Calculeu també la quarta derivada de $f(x) = \cos x$.

Problema 16

Trobeu la derivada enèsima de:

  a) $y = \dfrac{1}{x}$

  b) $y = \ln 3x$

5 Integració

5.1 La integral de Riemann. Propietats

En aquesta secció, generalitzem la idea d'àrea —tan intuïtiva per a quadrats, triangles, cercles...— a figures determinades per corbes al pla. Per fer-ho, hem d'estudiar la integració de funcions reals fitades en intervals tancats.

Construcció de la integral de Riemann

Sigui $f : [a,b] \to \mathbb{R}$ una funció fitada.

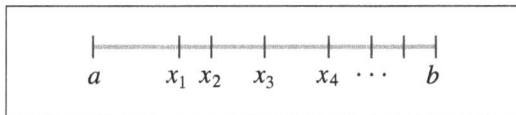

Fig. 5.1 Una partició de l'interval $[a,b]$

- Una *partició*, Π, de $[a,b]$ és un conjunt finit i ordenat de punts, $\{x_0, x_1, x_2, \ldots x_n\}$, amb

$$a = x_0 < x_1 < x_2 < \cdots < x_{n-1} < x_n = b.$$

Els elements de la partició no són necessàriament equiespaiats, com es mostra a la figura 5.1.

Designem per $\Delta x_i = x_i - x_{i-1}$ la longitud del i-èsim interval determinat per la partició. Atès que f és una funció fitada, podem considerar

$$M_i = \sup_{x \in [x_{i-1}, x_i]} \{f(x)\}$$

$$m_i = \inf_{x \in [x_{i-1}, x_i]} \{f(x)\}.$$

La idea de la integral de Riemann és aproximar l'àrea sota la gràfica de f entre a i b mitjançant rectangles que tenen com a base els subintervals de la partició i com a altura els valors M_i o m_i. Definim

- *Suma superior* $S(f, \Pi) = \Delta x_1 M_1 + \Delta x_2 M_2 + \cdots + \Delta x_n M_n$,
- *Suma inferior* $s(f, \Pi) = \Delta x_1 m_1 + \Delta x_2 m_2 + \cdots + \Delta x_n m_n$.

Aquestes sumes corresponen a les àrees dels rectangles per excés i per defecte, respectivament (figura 5.2).

Fent un procés de pas al límit quan $\Delta x_i \to 0$, se n'obtenen les integrals superior i inferior.

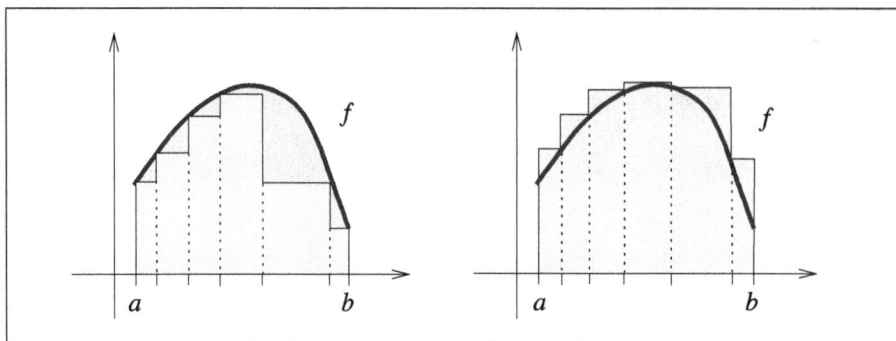

Fig. 5.2 Sumes inferior i superior

- Integral superior $\overline{\int_a^b} f = \inf_{\Pi} \{S(f, \Pi)\}$

- Integral inferior $\underline{\int_a^b} f = \sup_{\Pi} \{s(f, \Pi)\}$

Observació 5.1 *Clarament, la integral inferior de f sempre és més petita o igual que la integral superior de f, és a dir,* $\underline{\int_a^b} f \le \overline{\int_a^b} f$.

Definició 5.2 Diem que f *és integrable en* $[a,b]$ *en sentit de Riemann* si

$$\underline{\int_a^b} f = \overline{\int_a^b} f.$$

Aquest valor s'anomena *integral de f en* $[a,b]$ i el designem per $\int_a^b f$ o bé $\int_a^b f(x)\,dx$.

Es defineixen, a més, $\int_b^a f = -\int_a^b f$ i $\int_a^a f = 0$.

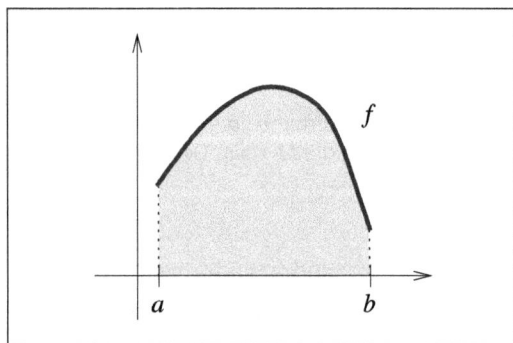

Si $f(x) \ge 0$, la integral s'entén com l'àrea sota la gràfica de $f(x)$ fins a l'eix d'abscisses encabida entre $x = a$ i $x = b$, com es veu a la figura 5.3.

A partir d'ara, si f és integrable en el sentit de Riemann, diem simplement que f és integrable.

Fig. 5.3 Àrea sota la gràfica de f

Exemples 5.3

Analitzem la integrabilitat d'un parell de funcions.

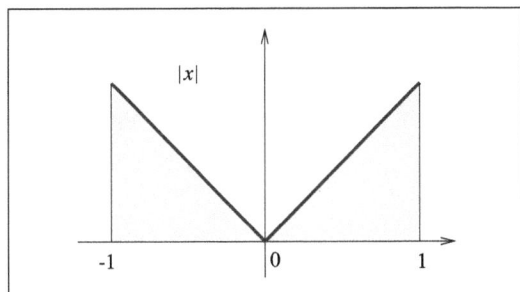

Fig. 5.4 L'àrea que determina $f(x) = |x|$ en $[-1,1]$

a) Sigui $f(x) = |x|$, $x \in [-1,1]$. Estudiem si f és integrable i, en cas afirmatiu, calculem $\int_{-1}^{1} f(x)dx$.

Per simetria (figura 5.4), considerem primer l'interval $[0,1]$ i la partició

$$\Pi = \left\{0, \frac{1}{n}, \frac{2}{n}, \frac{3}{n}, \cdots, \frac{n-1}{n}, \frac{n}{n}\right\}.$$

Llavors, obtenim:

$$s(f,\Pi) = \frac{1}{n}\left(0 + \frac{1}{n} + \frac{2}{n} + \cdots + \frac{n-1}{n}\right) = \cdots = \frac{n-1}{2n}$$

$$S(f,\Pi) = \frac{1}{n}\left(\frac{1}{n} + \frac{2}{n} + \cdots + \frac{n}{n}\right) = \cdots = \frac{n+1}{2n}$$

i, per tant,

$$\lim_{n\to\infty} \frac{n-1}{2n} = \frac{1}{2} = \lim_{n\to\infty} \frac{n+1}{2n}.$$

Aleshores, $\int_{0}^{1} |x|\, dx = \frac{1}{2}$. Finalment, com que la gràfica de $f(x) = |x|$ és simètrica respecte de $x = 0$, resulta

$$\int_{-1}^{1} f(x)\, dx = 2\int_{0}^{1} f(x)\, dx = 1.$$

b) Estudiem si la funció següent és integrable en $[0,1]$. $\quad f(x) = \begin{cases} 1 & \text{si } x \in \mathbb{Q} \\ 0 & \text{si } x \notin \mathbb{Q}. \end{cases}$

Un esbós de la seva gràfica, juntament amb les corresponents integrals inferior i superior, es troben a la figura 5.5.

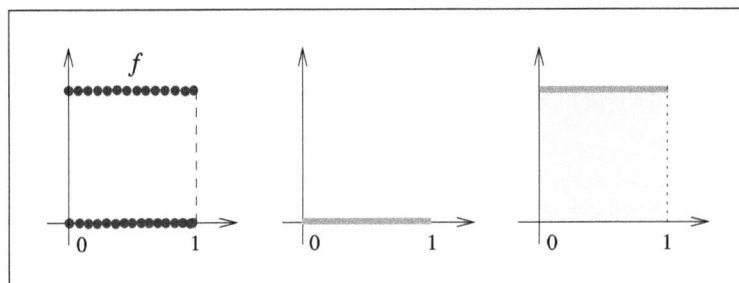

Fig. 5.5 Gràfica de $f(x)$. Integrals inferior i superior

Notem que, per a qualsevol partició, es té $s(f, \Pi) = 0$ i $S(f, \Pi) = 1$. Per tant, $\underline{\int_0^1} f = 0$ i $\overline{\int_1^1} f = 1$, d'on deduïm que no existeix $\int_0^1 f(x)\,dx$. No té sentit parlar de l'àrea sota la gràfica de $f(x)$.

Proposició 5.4 *Són integrables en qualsevol interval tancat $[a,b]$ les funcions:*

- *fitades amb un nombre finit de discontinuïtats,*
- *contínues,*
- *monòtones.*

Corol·lari 5.5 *Suposem que tenim una funció f integrable en $[a,b]$. Sigui g una funció que es diferencia de f només en un nombre finit de punts. Aleshores, g també és integrable i té la mateixa integral:*

$$\int_a^b f = \int_a^b g.$$

La relació entre les tres grans propietats que hem estudiat —continuïtat, derivabilitat i integrabilitat— en un interval I és la següent:

$$f \text{ derivable en } I \implies f \text{ contínua en } I \implies f \text{ integrable en } I.$$

Les implicacions en sentit contrari no són certes, en general.

Propietats de la integral

Una propietat bàsica de la integral és la linealitat. Això significa, d'una banda, que la integral de la suma de funcions és la suma de les integrals de cadascuna de les funcions, i, de l'altra, que les constants surten fora de la integral.

Proposició 5.6 Propietat de la linealitat. *Siguin $f, g : [a,b] \to \mathbb{R}$ integrables i $\lambda \in \mathbb{R}$. Llavors, es compleix:*

a) *$f + g$ és integrable en $[a,b]$ i* $\displaystyle \int_a^b (f+g) = \int_a^b f + \int_a^b g.$

b) *λf és integrable en $[a,b]$ i* $\displaystyle \int_a^b (\lambda f) = \lambda \int_a^b f.$

Corol·lari 5.7 *Siguin $f_1, f_2, \ldots, f_m : [a,b] \longrightarrow \mathbb{R}$ funcions integrables en $[a,b]$, i $k_1, k_2, \ldots, k_m \in \mathbb{R}$. Aleshores, també és integrable en $[a,b]$ la funció $k_1 f_1 + k_2 f_2 + \cdots + k_m f_m$ i la seva integral val*

$$\int_a^b (k_1 f_1 + k_2 f_2 + \cdots + k_m f_m) = k_1 \int_a^b f_1 + k_2 \int_a^b f_2 + \cdots + k_m \int_a^b f_m$$

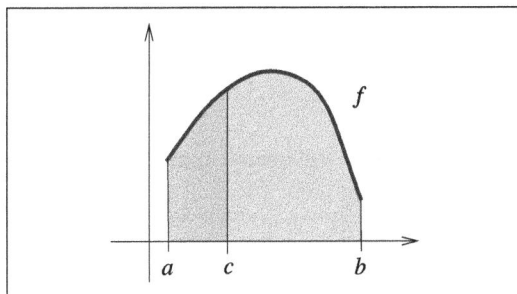

Fig. 5.6 Additivitat de la integral

Si trenquem un interval en dos subintervals conse-
cutius, aleshores la integral sobre l'interval gran és
la suma de les integrals sobre cadascun dels trossos.
En altres paraules, la integral és additiva respecte de
l'interval d'integració (figura 5.6).

> **Propietat d'additivitat respecte de l'inter-
> val d'integració.** Sigui $f : [a,b] \to \mathbb{R}$ integra-
> ble i $c \in [a,b]$. Llavors, f és integrable en $[a,c]$
> i $[c,b]$ amb
>
> $$\int_a^b f = \int_a^c f + \int_c^b f.$$
>
> I el recíproc també és cert.

A continuació, presentem una col·lecció de propietats de la integral relacionades amb les desigualtats (signe
d'una funció, comparació de dues funcions, valor absolut i fites d'una funció).

> **Propietats d'ordre.** Siguin $f, g : [a,b] \to \mathbb{R}$ integrables i $\lambda \in \mathbb{R}$. Llavors, es compleix:
>
> - $f \geq 0 \Rightarrow \int_a^b f \geq 0.$
>
> - $f \leq 0 \Rightarrow \int_a^b f \leq 0.$
>
> - $f \leq g \Rightarrow \int_a^b f \leq \int_a^b g.$
>
> - $|f|$ és integrable en $[a,b]$ i $\left| \int_a^b f \right| \leq \int_a^b |f|.$
>
> - $m \leq f \leq M \Rightarrow (b-a)m \leq \int_a^b f \leq (b-a)M.$

De la mateixa manera que hi ha teoremes del valor mitjà per a les derivades, també n'existeixen per a
integrals. Un d'ells relaciona el valor de la integral d'una funció en un interval amb el valor de la funció en
un punt intermedi.

> **Proposició 5.8 Teorema del valor mitjà per a integrals.** *Sigui $f : [a,b] \to \mathbb{R}$ contínua. Aleshores,*
> $\exists \xi \in [a,b]$ *tal que*
>
> $$\int_a^b f = f(\xi)(b-a).$$
>
> *Sovint s'utilitza la notació*
>
> $$\xi = a + \delta(b-a), \quad 0 \leq \delta \leq 1.$$

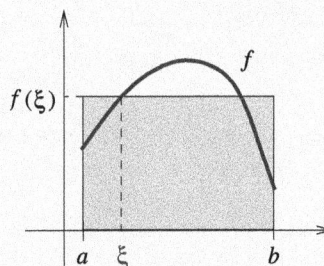

Si suposem la funció f positiva, la interpretació gràfica ens diu que l'àrea sota la gràfica de f (és a dir, la seva integral) és la mateixa que la d'un rectangle que té com a base la longitud de l'interval d'integració i com a altura la imatge d'un punt determinat de l'interval.

5.2 Integració i derivació

En aquesta secció, estudiem la relació entre la derivació i la integració. Veurem en quin sentit una operació és la inversa de l'altra.

Funció integral

Sabem que, si una funció fitada és integrable en $[a,b]$, aleshores també és integrable en tot subinterval; en particular, en cada $[a,x]$. Això ens permet donar la definició següent.

Definició 5.9 Sigui f una funció integrable en $[a,b]$.

Definim la *funció integral de f* com

$$F(x) = \int_a^x f(t)\,dt, \quad x \in [a,b].$$

Aquesta $F(x)$ també s'anomena *integral indefinida de f*.

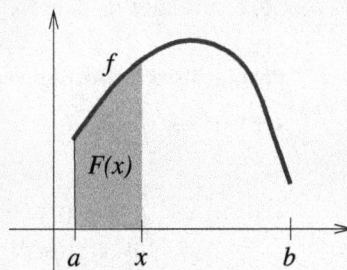

Exemples 5.10

A la figura 5.7 tenim un esquema de les funcions integrals de $f(x) = \sin x$ i $f(x) = \dfrac{1}{x}$.

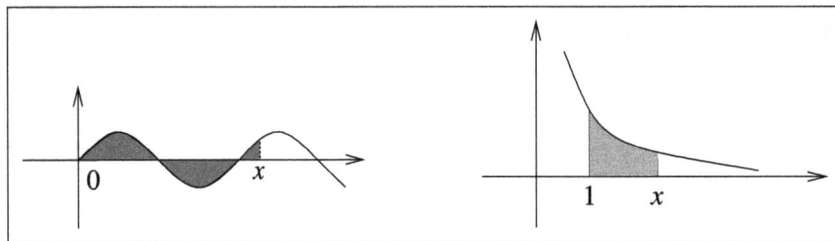

Fig. 5.7 Esquema de les funcions integrals $F(x) = \displaystyle\int_0^x \sin t\,dt$ i $F(x) = \displaystyle\int_1^x \frac{1}{t}\,dt$

Observació 5.11 *Convé insistir en la idea que la integral indefinida, $F(x)$, és una funció, mentre que la integral definida, $\displaystyle\int_a^b f(x)\,dx$, no és una funció, sinó un número.*

Estudiem ara les propietats de la funció F a partir de les de f.

Teorema 5.12 *Si f és integrable en $[a,b]$, llavors $F(x) = \displaystyle\int_a^x f(t)\,dt$ és contínua en $[a,b]$.*

Demostració. Sigui $c \in [a,b]$; volem veure que $\displaystyle\lim_{x \to c} F(x) = F(c)$. Com que f és fitada en $[a,b]$, sabem que existeix M tal que $|f| \leq M$. Suposem que $c < x$. Tenim que

$$|F(x) - F(c)| = \left| \int_a^x f - \int_a^c f \right| = \left| \int_a^x f + \int_c^a f \right| = \left| \int_c^x f \right| \leq \int_c^x |f| \leq M|x - c|.$$

Anàlogament per a $c > x$. Per tant, $\displaystyle\lim_{x \to c} |F(x) - F(c)| = 0$ i, llavors, $\displaystyle\lim_{x \to c} F(x) = F(c)$. $\qquad\qquad\square$

Observació 5.13 *Una funció integrable no necessàriament és contínua, però la seva integral indefinida sí que ho és.*

Ara donarem exemples de funcions en un interval i en determinarem les funcions integrals corresponents.

Exemples 5.14

Considerem les funcions següents.

a) Sigui $f(x) = 2x$, $x \in [0,1]$. Aleshores, $F(x) = \dfrac{1}{2}x\,2x = x^2$.

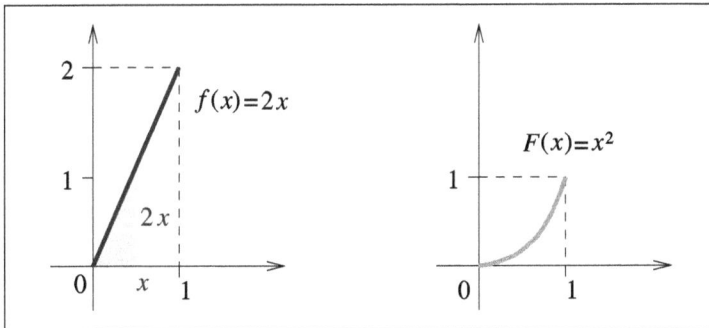

Fig. 5.8 La funció $f(x) = 2x$ i la seva integral indefinida

b) Sigui $f(x) = \begin{cases} 0 & \text{si } x \in [-1,0), \\ 1 & \text{si } x \in [0,1]. \end{cases}$ Aleshores, $F(x) = \begin{cases} 0 & \text{si } x \in [-1,0), \\ x & \text{si } x \in [0,1]. \end{cases}$

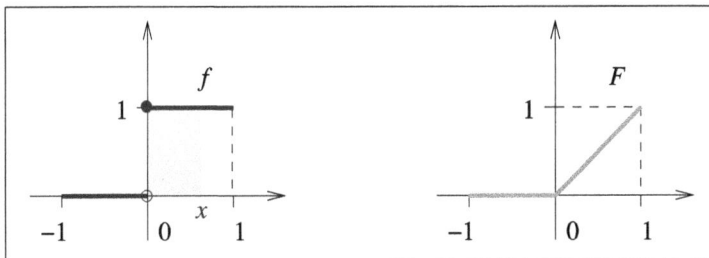

Fig. 5.9 La funció $f(x)$ i la seva funció integral $F(x)$

Podem comprovar, analíticament i mitjançant les gràfiques, que les dues funcions $f(x)$ dels exemples són integrables i, en conseqüència, les integrals indefinides són contínues (tant si la f és contínua com si no ho és). Fixem-nos en quins punts és derivable la funció integral. Quina relació hi ha amb la f? Les gràfiques d'ambdós exemples es mostren a les figures 5.8 i 5.9.

Teorema fonamental del càlcul

Integrar i derivar són processos inversos en el sentit del teorema fonamental del càlcul. Vegem-ho.

Teorema 5.15 Teorema fonamental del càlcul. *Sigui una funció* $f : [a,b] \to \mathbb{R}$ *contínua. Llavors,*
$F(x) = \int_a^x f(t)\, dt$ *és derivable i la seva derivada val* $F'(x) = f(x)$.
Si $x = a$ *o* $x = b$, *s'entén que* $F'(x)$ *representa la derivada per la dreta o per l'esquerra de* F, *respectivament.*

Demostració. Per definició de derivada tenim que

$$F'(x) = \lim_{h \to 0} \frac{F(x+h) - F(x)}{h}.$$

Fem el cas $h > 0$:

$$F(x+h) - F(x) = \int_a^{x+h} f(t)\, dt - \int_a^x f(t)\, dt = \int_x^{x+h} f(t)\, dt \underset{\text{(T. v. mitjà)}}{=} f(x + \delta h)\, h$$

on $0 \le \delta \le 1$. Finalment,

$$F'(x) = \lim_{h \to 0} \frac{f(x + \delta h) \cdot h}{h} \underset{(f \text{ contínua})}{=} f(x).$$

Anàlogament per a $h < 0$. $\qquad\qquad\qquad\qquad\qquad\qquad\qquad\qquad\qquad\qquad\qquad\qquad\qquad\qquad\square$

Observació 5.16 *En general, si* f *no és contínua,* F *no té per què ser derivable. Reprenem el segon exemple de 5.14. A la figura 5.9 observem que* f *no és contínua en* $x = 0$ *i, clarament,* F *no és derivable en* $x = 0$.

Teorema fonamental del càlcul i regla de la cadena

Utilitzant el *teorema fonamental del càlcul* i la *regla de la cadena*, podem calcular la derivada de la integral d'una funció quan els extrems de l'interval d'integració no són constants, sinó funcions.

Partirem de $F(x) = \int_a^x f(t)\, dt$, amb f contínua. Pel teorema fonamental del càlcul, F és derivable i $F'(x) = f(x)$. Sigui g una funció derivable. Considerem la composició següent:

- $F_1(x) = (F \circ g)(x) = \int_a^{g(x)} f(t)\, dt$. Per la regla de la cadena, F_1 és derivable i la seva derivada val

$$F_1'(x) = F'(g(x))\, g'(x) = f(g(x))\, g'(x).$$

Ja sabem, doncs, derivar integrals amb l'extrem superior no constant. Anàlogament, en podem variar l'extrem inferior. Sigui

- $F_2(x) = -(F \circ h)(x) = \int_{h(x)}^{a} f(t)\, dt$, amb f contínua i h derivable. Observem que $F_2(x)$ és una funció del tipus $-F_1(x)$ i, per tant, és derivable. En efecte,

$$F_2(x) = -\int_{a}^{h(x)} f(t)\, dt = -F_1(x).$$

Per tant, la seva derivada és

$$F_2'(x) = -F'(h(x))\, h'(x) = -f(h(x))\, h'(x).$$

Finalment, estudiem integrals amb els dos límits d'integració variables. Sigui

- $F_3(x) = \int_{h(x)}^{g(x)} f(t)\, dt$, amb f contínua i g i h derivables. Per l'additivitat respecte de l'interval d'integració,

podem expressar aquesta integral com $\int_{h(x)}^{g(x)} f(t)\, dt = \int_{h(x)}^{a} f(t)\, dt + \int_{a}^{g(x)} f(t)\, dt$. És a dir, com la suma de funcions dels tipus anteriors:

$$F_3(x) = F_1(x) + F_2(x).$$

Així, $F_3(x)$ és derivable i la seva derivada és $F_3'(x) = F_1'(x) + F_2'(x)$. Això és,

$$F_3'(x) = f(g(x))\, g'(x) - f(h(x))\, h'(x).$$

Resumint, siguin les funcions $f(t)$ contínua i $g(x)$ i $h(x)$ derivables. Aleshores,

$$\frac{d}{dx}\left(\int_{h(x)}^{g(x)} f(t)\, dt \right) = f(g(x))\, g'(x) - f(h(x))\, h'(x).$$

Exemples 5.17

Derivades de funcions integrals

a) Sigui $F(x) = \int_{2}^{4\sin x} (t^3 - 5t^2)\, dt$.

La funció $f(t) = t^3 - 5t^2$ és contínua en $\mathbb{R}$ i $g(x) = 4\sin x$ és derivable en $\mathbb{R}$. Aleshores, $F(x)$ és derivable en $\mathbb{R}$ i

$$F'(x) = \left(64\sin^3 x - 80\sin^2 x \right) 4\cos x.$$

b) Sigui $F(x) = \int_{2x+1}^{3\pi} \frac{t}{1 + \sin^2 t}\, dt$.

La funció $f(t) = \dfrac{t}{1 + \sin^2 t}$ és contínua en $\mathbb{R}$ i $h(x) = 2x + 1$ és derivable en $\mathbb{R}$. Aleshores, $F(x)$ és derivable en $\mathbb{R}$ i

$$F'(x) = -2\,\frac{2x+1}{1+\sin^2(2x+1)}.$$

c) Sigui $F(x) = \displaystyle\int_{x^3}^{x^2} \frac{t^6}{1+t^4}\,dx$.

Com que $\dfrac{t^6}{1+t^4}$ és contínua en $\mathbb{R}$ i $g(x) = x^2$ i $h(x) = x^3$ són derivables en $\mathbb{R}$, la funció $F(x)$ també és derivable en $\mathbb{R}$ i la seva derivada val

$$F'(x) = \frac{2x^{13}}{1+x^8} - \frac{3x^{20}}{1+x^{12}}.$$

Corol·laris del teorema fonamental del càlcul

En aquest apartat, donem uns resultats molt útils per al càlcul d'integrals basats en el teorema fonamental del càlcul.

Definició 5.18 Diem que $F(x)$ és una *primitiva* de $f(x)$ si $F(x)$ és derivable i $F'(x) = f(x)$.

Suposem que $F(x)$ és una primitiva d'una funció donada $f(x)$. Ens preguntem com podem trobar-ne totes les primitives. Si G és una altra primitiva, tenim $G'(x) = f(x)$. Aleshores, $(G(x) - F(x))' = 0$. Per tant, $G(x) - F(x) = $ constant, és a dir, les primitives d'una funció difereixen en una constant (recordem la figura 4.34). Hem provat, doncs, el resultat següent.

Lema 5.19 *Si $F(x)$ és una primitiva de $f(x)$, aleshores totes les primitives de $f(x)$ són de la forma*

$$F(x) + k, \quad k \in \mathbb{R}.$$

El conjunt de totes les primitives de $f(x)$ es designa per $\displaystyle\int f(x)\,dx$.

La versió operativa del teorema fonamental del càlcul és la *regla de Newton–Leibniz*, més coneguda com *regla de Barrow* (1630–1677), que enunciem ara amb dos resultats més.

Teorema 5.20 Regla de Barrow. *Siguin $f : [a,b] \to \mathbb{R}$ contínua i F una primitiva de f, és a dir, $F' = f$. Llavors,*

$$\int_a^b f(t)\,dt = F(b) - F(a)$$

Proposició 5.21 Fórmula d'integració per parts. *Siguin $u = f(x)$ i $v = g(x)$ derivables. Llavors,*

$$\int_a^b f(x)\,g'(x)\,dx = \int_a^b u\,dv = [u \cdot v]_a^b - \int_a^b v\,du$$

Proposició 5.22 Fórmula del canvi de variable. *Donada la integral*

$$\int_a^b f(x)\,dx,$$

fem el canvi $x = g(t)$, *que ha de complir:*

    a) *ser derivable i amb derivada no nul·la,* $dx = g'(t)dt$,

    b) *admetre funció inversa, és a dir,* $t = g^{-1}(x)$.

Aleshores,

$$\int_a^b f(x)dx = \int_c^d f(g(t))g'(t)\,dt$$

amb $g(c) = a$ *i* $g(d) = b$ *(figura 5.10).*

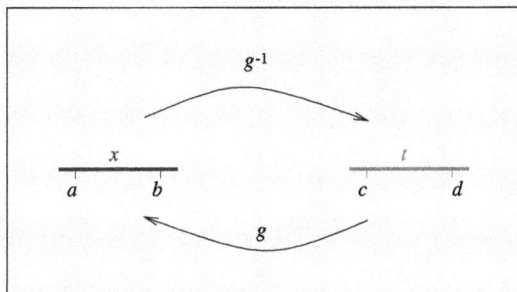

Fig. 5.10 Canvi de variable

Exemples 5.23

Els exercicis següents són aplicacions de les proposicions anteriors.

a) Proveu que, fent el canvi de variable $\sqrt{t} = x$, obtenim

$$\int_1^4 \frac{1}{1+\sqrt{t}}\,dt = 2 - \ln\frac{9}{4}.$$

b) Fent un canvi de variable adequat, proveu que

$$\int_0^1 \frac{x}{1+x^4}\,dx = \frac{\pi}{8}.$$

c) Aplicant el mètode d'integració per parts, demostreu que

$$\int \arcsin x\,dx = x\arcsin x + \sqrt{1-x^2} + C.$$

d) Aplicant el mètode d'integració per parts, comproveu que

$$\int_0^{\frac{\pi}{2}} e^{2x}\sin x\,dx = \frac{1}{5}\left(2e^{\frac{\pi}{2}} - 1\right).$$

e) Trobeu una funció f i un valor per a la constant c, de manera que

$$\int_c^x f(t)\,dt = \cos x - \frac{1}{2}, \text{ per a tot } x \in \mathbb{R}.$$

5.3 Càlcul de primitives de funcions

Aquesta secció és eminentment pràctica. La dedicarem al càlcul de primitives. Segons el mètode que utilitzem, podem fer la classificació següent de les primitives.

- **Immediates**

  - *Directes* → a partir de les primitives elementals.

  - *Per descomposició* → desglossant convenientment la integral inicial.

  - *Per canvi de variable* → de manera senzilla.

- **Per parts**. Utilitzem la *fórmula d'integració per parts*:

$$\int u\,dv = uv - \int v\,du.$$

És clar que aquest mètode és eficaç quan $\int v\,du$ és més senzilla de calcular que $\int u\,dv$. Les podem classificar en:

  - *No cícliques* → després del procés (que potser s'ha de realitzar més d'una vegada), n'obtenim la primitiva.

  - *Cícliques* → després del procés, obtenim la integral inicial dins d'una equació.

- **Racionals**

  - *Elementals* → immediates, o bé completant quadrats.

  - *Generals* → per divisió i/o descomposició en fraccions simples.

- **Trigonomètriques i hiperbòliques** → ús de relacions trigonomètriques o canvi de variable trigonomètric (ídem amb les hiperbòliques).

- **Irracionals** → canvi de variable trigonomètric o hiperbòlic.

Integrals immediates usuals

A la taula següent, considerem $f = f(x)$.

$\displaystyle \int f' \cdot f^r \, dx = \frac{f^{r+1}}{r+1} + C \quad (r \neq -1)$	$\displaystyle \int \frac{f'}{f} \, dx = \ln|f| + C$
$\displaystyle \int f' \cdot e^f \, dx = e^f + C$	$\displaystyle \int f' \cdot a^f \, dx = \frac{a^f}{\ln a} + C \quad (a \in (0,\infty) \setminus \{1\})$
$\displaystyle \int f' \cdot \cos f \, dx = \sin f + C$	$\displaystyle \int f' \cdot \sin f \, dx = -\cos f + C$

$\displaystyle\int \frac{f'}{\cos^2 f}\,dx = \operatorname{tg} f + C$	$\displaystyle\int \frac{f'}{\sin^2 f}\,dx = -\cot g\ f + C$
$\displaystyle\int \frac{f'}{\sin f}\,dx = \ln\left|\operatorname{tg}\frac{f}{2}\right| + C$	$\displaystyle\int \frac{f'}{\sqrt{1-f^2}}\,dx = \arcsin f + C$
$\displaystyle\int \frac{f'}{1+f^2}\,dx = \operatorname{arctg} f + C$	$\displaystyle\int f' \cdot \cosh f\,dx = \sinh f + C$
$\displaystyle\int f' \cdot \sinh f\,dx = \cosh f + C$	$\displaystyle\int \frac{f'}{\cosh^2 f}\,dx = \operatorname{tgh} f + C$
$\displaystyle\int \frac{f'}{\sinh^2 f}\,dx = -\operatorname{cotgh} f + C$	$\displaystyle\int \frac{f'}{\sqrt{f^2+1}}\,dx = \operatorname{arg\,sinh} f + C$
$\displaystyle\int \frac{f'}{\sqrt{f^2-1}}\,dx = \operatorname{arg\,cosh} f + C$	$\displaystyle\int \frac{f'}{1-f^2}\,dx = \operatorname{arg\,tgh} f + C$

Integració per descomposició

En general, el mètode de descomposició consisteix a transformar o descompondre l'integrand en suma o resta d'altres, de manera que la integració d'aquests és més senzilla. La propietat de linealitat ens diu que

$$\int \left[\alpha f(x) + \beta g(x)\right]dx = \alpha \int f(x)\,dx + \beta \int g(x)\,dx, \quad \text{per a tot } \alpha, \beta \in \mathbb{R}.$$

Exemples 5.24

a) $\displaystyle\int \frac{x^5 - 3\sqrt{x} + 4}{x}\,dx = \int \left(x^4 - \frac{3}{\sqrt{x}} + \frac{4}{x}\right)dx = \frac{x^5}{5} - 6\sqrt{x} + 4\ln|x| + C.$

b) $\displaystyle\int \operatorname{tg}^2 x\,dx = \int \frac{\sin^2 x}{\cos^2 x}\,dx = \int \frac{1-\cos^2 x}{\cos^2 x}\,dx = \int \frac{dx}{\cos^2 x} - \int dx = \operatorname{tg} x - x + C.$

 També es pot pensar com $\displaystyle\int \operatorname{tg}^2 x\,dx = \int \left(1 + \operatorname{tg}^2 x - 1\right)dx = \operatorname{tg} x - x + C.$

c) $\displaystyle\int \frac{dx}{\sin^2 x \cos^2 x} = \int \frac{\sin^2 x + \cos^2 x}{\sin^2 x \cos^2 x}\,dx = \int \frac{dx}{\cos^2 x} + \int \frac{dx}{\sin^2 x} = \operatorname{tg} x - \cot g\ x + C.$

Integració per canvi de variable

Aquí presentem un parell de mostres de com poden ser els canvis de variable.

Exemples 5.25

a) $\displaystyle \int \frac{e^{3x}}{\sqrt{e^{6x}+e^{3x}+2}}\,dx \underset{(e^{3x}=t)}{=} \int \frac{t}{3t\sqrt{t^2+t+2}}\,dt = \frac{1}{3}\int \frac{dt}{\sqrt{t^2+t+2}} = I.$

I, observant que

$$t^2+t+2 = \left(t+\frac{1}{2}\right)^2 + \frac{7}{4} = \frac{(2t+1)^2+7}{4},$$

tindrem

$$I = \frac{2}{3}\int \frac{dt}{\sqrt{(2t+1)^2+7}} = \frac{2}{3}\int \frac{\frac{1}{\sqrt{7}}}{\sqrt{\left(\frac{2t+1}{\sqrt{7}}\right)^2+1}}\,dt = \frac{1}{3}\operatorname{arg\,sinh}\left(\frac{2t+1}{\sqrt{7}}\right)+C.$$

Finalment, desfent el canvi, obtenim

$$I = \frac{1}{3}\operatorname{arg\,sinh}\left(\frac{2e^{3x}+1}{\sqrt{7}}\right)+C.$$

b) $\displaystyle \int \frac{\arcsin(x/3)}{\sqrt{9-x^2}}\,dx \underset{(\arcsin\frac{x}{3}=t)}{=} \int \frac{3t\cos t}{\sqrt{9-9\sin^2 t}}\,dt = \int t\,dt = \frac{t^2}{2} = \left(\arcsin\frac{x}{3}\right)^2 + C.$

Integració per parts

El primer exemple s'ha d'integrar dues vegades per parts; en el tercer, surt una integral cíclica.

Exemples 5.26

a) $I = \displaystyle \int (3x^2-2x+4)e^{3x}dx$. Fent $u = 3x^2-2x+4$, $dv = e^{3x}dx$, obtenim

$$du = (6x-2)\,dx, \ v = \frac{e^{3x}}{3}.$$

Per tant,

$$I = (3x^2-2x+4)\frac{e^{3x}}{3} - \frac{1}{3}\int e^{3x}(6x-2)\,dx.$$

Considerem ara les parts $u = 6x-2$, $dv = e^{3x}dx$ i queda

$$I = (3x^2-2x+4)\frac{e^{3x}}{3} - \frac{1}{3}\left[(6x-2)\frac{e^{3x}}{3} - \int \frac{6e^{3x}}{3}dx\right] = \left(x^2 - \frac{4x}{3} + \frac{16}{9}\right)e^{3x} + C.$$

b) $I = \displaystyle \int \operatorname{arctg} x\,dx$. Fent $u = \operatorname{arctg} x$, $dv = 1\cdot dx$, obtenim

$$du = \frac{1}{1+x^2}\,dx, \; v = x.$$

Per tant,

$$I = \int 1 \cdot \operatorname{arctg} x \, dx = x \operatorname{arctg} x - \int \frac{x}{1+x^2}\,dx =$$

$$= x \operatorname{arctg} x - \frac{1}{2}\int \frac{2x}{1+x^2}\,dx = x \operatorname{arctg} x - \frac{1}{2}\ln(1+x^2) + C.$$

c) $I = \int e^x \cos x \, dx$. Aquest exemple és un model d'integral anomenada *cíclica*. Hem d'integrar-la dues vegades per parts. Fent $u = e^x$, $dv = \cos x \, dx$, surt $du = e^x dx$, $v = \sin x$. Per tant,

$$I = e^x \sin x - \int e^x \sin x \, dx.$$

Siguin ara $u = e^x$, $dv = \sin x \, dx$. Aleshores,

$$I = e^x \sin x - \left[-e^x \cos x + \int e^x \cos x \, dx \right] = e^x \sin x + e^x \cos x - \underbrace{\int e^x \cos x \, dx}_{I},$$

d'on resulta l'equació

$$I = e^x(\sin x + \cos x) - I \quad \Longleftrightarrow \quad 2I = e^x(\sin x + \cos x)$$

Finalment, $I = \dfrac{1}{2}e^x(\sin x + \cos x) + C.$

Integració de funcions racionals

Volem integrar expressions de la forma $\displaystyle\int \frac{P(x)}{Q(x)}\,dx$, on $P(x)$ i $Q(x)$ són polinomis amb coeficients reals. En distingim dos blocs: elementals i generals.

a) **Elementals**

- $\displaystyle\int \frac{A}{x-a}\,dx = A \ln|x-a| + C.$

- $\displaystyle\int \frac{A}{(x-a)^r}\,dx = \frac{A}{1-r}(x-a)^{1-r} + C, \quad (r \neq 1).$

- $\displaystyle\int \frac{A}{ax^2+bx+c}\,dx$, on el denominador ax^2+bx+c no té arrels reals.

- $\displaystyle\int \frac{Ax+B}{ax^2+bx+c}\,dx$, on el denominador ax^2+bx+c no té arrels reals.

Vegem com calcular aquestes dues últimes integrals. Primer completem quadrats al denominador de la manera següent:

$$ax^2 + bx + c = a\left((x - M)^2 + N^2\right).$$

També podem arribar a l'expressió anterior considerant les arrels complexes del polinomi i descomponent-lo en factors primers. Així, si x_1 i x_2 són les arrels complexes de $ax^2 + bx + c$; $x_1 = M + Ni$, $x_2 = M - Ni$, obtenim que

$$ax^2 + bx + c = a\left(x - (M + Ni)\right)\left(x - (M - Ni)\right) = a\left((x - M)^2 + N^2\right).$$

Aleshores, podem integrar el nou quocient

- $$\int \frac{A}{ax^2 + bx + c}\, dx = \frac{A}{a} \int \frac{1}{(x - M)^2 + N^2}\, dx = \frac{A}{aN} \operatorname{arctg}\left(\frac{x - M}{N}\right) + C.$$

L'últim tipus de les integrals elementals que ens queda es pot escriure com una suma d'integrals més senzilles:

$$\int \frac{Ax + B}{ax^2 + bx + c}\, dx = A \int \frac{x}{ax^2 + bx + c}\, dx + B \int \frac{1}{ax^2 + bx + c}\, dx$$

Notem que el segon sumand és una integral del tipus anterior; per tant, ens dóna un arctangent. Ara manipularem la primera integral per tal de posar-la com a suma de dues integrals: una del tipus logaritme i l'altra del tipus arctangent.

$$A \int \frac{x}{ax^2 + bx + c}\, dx = \frac{A}{2a} \int \frac{2ax}{ax^2 + bx + c}\, dx = \frac{A}{2a} \int \frac{2ax + b - b}{ax^2 + bx + c}\, dx$$

$$= \frac{A}{2a} \int \frac{2ax + b}{ax^2 + bx + c}\, dx - \frac{Ab}{2a} \int \frac{dx}{ax^2 + bx + c}$$

$$= \frac{A}{2a} \ln|ax^2 + bx + c| - \frac{Ab}{2a} \int \frac{dx}{ax^2 + bx + c}$$

Així doncs,

- $$\int \frac{Ax + B}{ax^2 + bx + c}\, dx = \frac{A}{2a} \ln|ax^2 + bx + c| + \left(B - \frac{Ab}{2a}\right) \int \frac{dx}{ax^2 + bx + c}$$

$$= \frac{A}{2a} \ln|ax^2 + bx + c| + \left(B - \frac{Ab}{2a}\right) \frac{1}{aN} \operatorname{arctg}\left(\frac{x - M}{N}\right) + C.$$

b) **Generals.** Distingim dos casos segons siguin els graus de P i de Q.

- Si grau $P(x) \geq$ grau $Q(x)$, aleshores dividim els polinomis i escrivim

$$\frac{P(x)}{Q(x)} = \frac{Q(x)\,C(x) + R(x)}{Q(x)} = C(x) + \frac{R(x)}{Q(x)},$$

on, ara, grau $R(x) <$ grau $Q(x)$ i, per tant, podem considerar el cas següent.

- Si grau $P(x) <$ grau $Q(x)$, llavors determinem les arrels (reals i complexes) de l'equació $Q(x) = 0$.

Podem obtenir-ne:

1. Arrels reals simples.
2. Arrels reals múltiples.
3. Arrels complexes simples.
4. Arrels complexes múltiples.

Cas 1. **Arrels reals simples.** La descomposició en factors irreductibles del denominador té la forma

$$Q(x) = a_0(x - \alpha_1)(x - \alpha_2) \cdots (x - \alpha_n).$$

Llavors, descomponem el quocient en fraccions simples

$$\frac{P(x)}{Q(x)} = \frac{1}{a_0} \left(\frac{A_1}{x - \alpha_1} + \frac{A_2}{x - \alpha_2} + \cdots + \frac{A_n}{x - \alpha_n} \right),$$

on $A_1, A_2, \cdots, A_n$ són constants per determinar (cada arrel simple hi contribueix amb una fracció simple). Per tant,

$$\int \frac{P(x)}{Q(x)} \, dx = \frac{1}{a_0} \left(\int \frac{A_1}{x - \alpha_1} \, dx \cdots + \int \frac{A_n}{x - \alpha_n} \, dx \right)$$

$$= \frac{1}{a_0} \left(A_1 \ln|x - \alpha_1| + A_2 \ln|x - \alpha_2| + \cdots + A_n \ln|x - \alpha_n| \right) + C.$$

Cas 2. **Arrels reals múltiples.** La descomposició en factors irreductibles de $Q(x)$ és de la forma

$$Q(x) = a_0(x - \alpha_1)^{r_1}(x - \alpha_2)^{r_2} \cdots (x - \alpha_n)^{r_n}.$$

Cada arrel amb multiplicitat k contribueix amb k fraccions simples. Llavors, posem

$$\frac{P(x)}{Q(x)} = \frac{1}{a_0} \left(\frac{A_1}{x - \alpha_1} + \frac{A_2}{(x - \alpha_1)^2} + \frac{A_3}{(x - \alpha_1)^3} + \cdots + \frac{A_{r_1}}{(x - \alpha_1)^{r_1}} + \cdots \right.$$

$$\left. \cdots + \frac{S_1}{x - \alpha_n} + \frac{S_2}{(x - \alpha_n)^2} + \cdots + \frac{S_{r_n}}{(x - \alpha_n)^{r_n}} \right).$$

Aleshores, s'integra fàcilment:

$$\int \frac{P(x)}{Q(x)} = \frac{1}{a_0} \left(A_1 \ln|x - \alpha_1| + \frac{A_2(x - \alpha_1)^{-1}}{-1} + \cdots + \frac{A_{r_1}(x - \alpha_1)^{-r_1 + 1}}{-r_1 + 1} + \cdots \right.$$

$$\left. \cdots + S_1 \ln|x - \alpha_n| + \frac{S_2(x - \alpha_n)^{-1}}{-1} + \cdots + \frac{S_{r_n}(x - \alpha_n)^{-r_n + 1}}{-r_n + 1} \right) + C.$$

Cas 3. **Arrels complexes simples.** El polinomi del denominador té l'aspecte següent:

$$Q(x) = a_0 \big(x - (a_1 + b_1 i) \big) \big(x - (a_1 - b_1 i) \big) \cdots \big(x - (a_n + b_n i) \big) \big(x - (a_n - b_n i) \big)$$

i, aparellant les arrels conjugades, queda

$$Q(x) = a_0 \left((x - a_1)^2 + b_1^2 \right) \cdots \left((x - a_n)^2 + b_n^2 \right).$$

Llavors,

$$\frac{P(x)}{Q(x)} = \frac{P(x)}{a_0 \left((x - a_1)^2 + b_1^2 \right) \cdots \left((x - a_n)^2 + b_n^2 \right)} =$$

$$= \frac{1}{a_0} \left(\frac{A_1 x + B_1}{(x - a_1)^2 + b_1^2} + \cdots + \frac{A_n x + B_n}{(x - a_n)^2 + b_n^2} \right).$$

Finalment,

$$\int \frac{P(x)}{Q(x)} \, dx = \frac{1}{a_0} \left(\int \frac{A_1 x + B_1}{(x - a_1)^2 + b_1^2} \, dx + \cdots + \int \frac{A_n x + B_n}{(x - a_n)^2 + b_n^2} \, dx \right),$$

on aquestes integrals són dels tipus estudiats anteriorment.

Cas 4. **Arrels complexes múltiples.** Aquí és usual aplicar el mètode d'Hermite (o d'Ostrogradsky–Gauss), però nosaltres no el tractarem.

Exemples 5.27

a) $\int \dfrac{x^3 - 3x - 2}{x^3 - x^2} \, dx.$

Dividint els dos polinomis, obtenim: $\dfrac{x^3 - 3x - 2}{x^3 - x^2} = 1 + \dfrac{x^2 - 3x - 2}{x^3 - x^2}.$

Descomponem en *fraccions simples*:

$$\frac{x^2 - 3x - 2}{x^3 - x^2} = \frac{x^2 - 3x - 2}{x^2(x - 1)} = \frac{A}{x} + \frac{B}{x^2} + \frac{C}{x - 1} = \frac{Ax(x - 1) + B(x - 1) + Cx^2}{x^2(x - 1)}$$

per tant, igualant i donant valors a la x, obtenim

$$x^2 - 3x - 2 = Ax(x - 1) + B(x - 1) + Cx^2 \quad \cdots \Longrightarrow \cdots A = 5, B = 2, C = -4.$$

Finalment,

$$\int \frac{x^3 - 3x - 2}{x^3 - x^2} dx = \int 1 \, dx + 5 \int \frac{1}{x} \, dx + 2 \int \frac{1}{x^2} \, dx - 4 \int \frac{1}{x - 1} \, dx$$

$$= x - \frac{2}{x} + 5 \ln |x| - 4 \ln |x - 1| + C.$$

b) $I = \int \dfrac{3x - 2}{x^2 + x + 1} \, dx.$

Com que $x^2 + x + 1$ no té arrels reals, completant quadrats obtenim

$$x^2 + x + 1 = \left(x + \frac{1}{2}\right)^2 + \frac{3}{4} = \frac{(2x+1)^2 + 3}{4}.$$

També podem arribar a l'expressió anterior tenint en compte que les arrels del denominador són $x_1 = -\frac{1}{2} + \frac{\sqrt{3}}{2}i$ i $x_2 = -\frac{1}{2} - \frac{\sqrt{3}}{2}i$; per tant,

$$x^2 + x + 1 = (x - x_1)(x - x_2) = \left(x + \frac{1}{2}\right)^2 + \frac{3}{4} = \frac{(2x+1)^2 + 3}{4}.$$

Llavors,

$$I = \int \frac{3x - 2}{x^2 + x + 1} = 3\int \frac{x}{x^2 + x + 1}\,dx - 2\int \frac{dx}{x^2 + x + 1}\,dx \underset{(x^2+x+1)'=2x+1}{=}$$

$$= \frac{3}{2}\int \frac{2x + 1 - 1}{x^2 + x + 1}\,dx - 2\int \frac{dx}{x^2 + x + 1}\,dx =$$

$$= \frac{3}{2}\int \frac{2x + 1}{x^2 + x + 1}\,dx - 14\int \frac{dx}{(2x+1)^2 + 3}\,dx =$$

$$= \frac{3}{2}\ln|x^2 + x + 1| - \frac{7}{\sqrt{3}}\text{arctg}\left(\frac{2x+1}{\sqrt{3}}\right) + C.$$

c) $I = \displaystyle\int \frac{x^2 + 2}{(x - 2)(x + 1)^3}\,dx.$

Descomponem la fracció de l'integrand i reduïm a denominador comú:

$$\frac{x^2 + 2}{(x - 2)(x + 1)^3} = \frac{A}{x - 2} + \frac{B}{x + 1} + \frac{C}{(x + 1)^2} + \frac{D}{(x + 1)^3} =$$

$$= \frac{A(x + 1)^3 + B(x - 2)(x + 1)^2 + C(x - 2)(x + 1) + D(x - 2)}{(x - 2)(x + 1)^3}.$$

Igualem els numeradors:

$$x^2 + 2 = A(x + 1)^3 + B(x - 2)(x + 1)^2 + C(x - 2)(x + 1) + D(x - 2), \quad \forall x \in \mathbb{R}.$$

En particular, podem substituir la x per 2, -1, 1 i 0, i obtenim

$$A = \frac{2}{9},\, B = -\frac{2}{9},\, C = \frac{1}{3} \quad \text{i} \quad D = -1.$$

Llavors,

$$I = \frac{2}{9}\int \frac{dx}{x - 2} - \frac{2}{9}\int \frac{dx}{x + 1} + \frac{1}{3}\int (x + 1)^{-2}\,dx - \int (x + 1)^{-3}\,dx$$

$$= \frac{2}{9}\ln|x - 2| - \frac{2}{9}\ln|x + 1| - \frac{1}{3}\frac{1}{x + 1} + \frac{1}{2}\frac{1}{(x + 1)^2} + C.$$

d) $I = \displaystyle\int \dfrac{8x^2 + 6x + 6}{x^3 - 3x^2 + 7x - 5}\,dx.$

Les arrels del denominador són $x_1 = 1$, $x_2 = 1 + 2i$ i $x_3 = 1 - 2i$. En conseqüència,

$$x^3 - 3x^2 + 7x - 5 = (x-1)\big(x-(1+2i)\big)\big(x-(1-2i)\big) = (x-1)\big((x-1)^2 + 4\big)$$

i podem descompondre la fracció de la manera següent:

$$\dfrac{8x^2 + 6x + 6}{x^3 - 3x^2 + 7x - 5} = \dfrac{A}{x-1} + \dfrac{Bx + C}{(x-1)^2 + 4}$$

$$= \dfrac{A(x-1)^2 + 4A + (Bx+C)(x-1)}{(x-1)\big((x-1)^2 + 4\big)}.$$

Igualant els numeradors

$$8x^2 + 6x + 6 = A(x-1)^2 + 4A + (Bx+C)(x-1), \quad \forall x \in \mathbb{R}.$$

En particular, la igualtat anterior és certa per als valors de x 1, 0 i -1. Així, obtenim

$$A = 5, \, C = 19 \quad \text{i} \quad B = 3.$$

Integrant la fracció descomposta, es té

$$\int \dfrac{8x^2 + 6x + 6}{x^3 - 3x^2 + 7x - 5}\,dx = 5\int \dfrac{dx}{x-1} + \int \dfrac{3x + 19}{(x-1)^2 + 4}\,dx$$

$$= 5\ln|x-1| + \dfrac{3}{2}\ln\left(x^2 - 2x + 5\right) + 11\,\mathrm{arctg}\,\dfrac{x-1}{2} + C.$$

Integració de funcions trigonomètriques i hiperbòliques

Estudiem els casos següents:

a) $\displaystyle\int \sin^m x \cdot \cos^n x\,dx.$

b) $\displaystyle\int \sin(ax) \cdot \cos(bx)\,dx$, i semblants.

c) $\displaystyle\int \mathscr{R}(\sin x, \cos x)\,dx$, on $\mathscr{R}$ és una funció racional en $\sin x$ i $\cos x$.

Comencem-ne pel primer tipus.

a) $\displaystyle\int \sin^m x \cdot \cos^n x\,dx.$

    i) Suposem primer que m o n és senar. Per exemple, si m és senar, escrivim:

$$\sin^m x = \sin x \cdot \sin^{m-1} x, \quad \text{on} \quad m - 1 \text{ és parell.}$$

Utilitzant la igualtat $\sin^2 x + \cos^2 x = 1$, tenim $\sin^m x = \sin x (1 - \cos^2 x)^{\frac{m-1}{2}}$ i, tot seguit, fem el canvi de variable $\cos x = t$.

ii) Considerem ara que m i n són parells. De les igualtats

$$\begin{cases} \cos^2 x + \sin^2 x = 1 \\ \cos^2 x - \sin^2 x = \cos(2x) \end{cases}$$

sumant i restant les equacions en traiem

$$\begin{cases} \sin^2 x = \dfrac{1 - \cos(2x)}{2} \\ \cos^2 x = \dfrac{1 + \cos(2x)}{2} \end{cases}$$

Finalment, substituïm l'integrand i l'integrem.

b) $\displaystyle\int \sin(ax) \cdot \cos(bx)\, dx$, i semblants.

Utilitzem les fórmules

$$\sin A \cos B = \frac{1}{2}[\sin(A+B) + \sin(A-B)]$$

$$\cos A \cos B = \frac{1}{2}[\cos(A+B) + \cos(A-B)]$$

$$\sin A \sin B = \frac{-1}{2}[\cos(A+B) - \cos(A-B)]$$

que ens transformen la integral de partida en suma o diferència d'integrals quasi immediates.

c) $\displaystyle\int \mathscr{R}(\sin x, \cos x)\, dx$, on $\mathscr{R}$ és una funció racional en $\sin x$ i $\cos x$.

i) En general, fem el canvi de variable $\operatorname{tg} \frac{x}{2} = t$ i aleshores

$$\sin x = \frac{2t}{1+t^2}, \quad \cos x = \frac{1-t^2}{1+t^2}, \quad dx = \frac{2\, dt}{1+t^2}.$$

Per recordar el canvi, ens podem ajudar del primer triangle rectangle de la figura 5.11. Estudiem també diversos casos particulars.

ii) Si $\mathscr{R}$ és imparell en $\sin x$ (és a dir, si $\mathscr{R}(-\sin x, \cos x) = -\mathscr{R}(\sin x, \cos x)$), fem el canvi $\cos x = t$.

iii) Si $\mathscr{R}$ és imparell en $\cos x$, fem el canvi $\sin x = t$.

iv) Si $\mathscr{R}$ és parell en $\sin x$ i $\cos x$, fem el canvi $\operatorname{tg} x = t$ i, aleshores,

$$\cos x = \frac{1}{\sqrt{1+t^2}}, \quad \sin x = \frac{t}{\sqrt{1+t^2}}, \quad dx = \frac{dt}{1+t^2}.$$

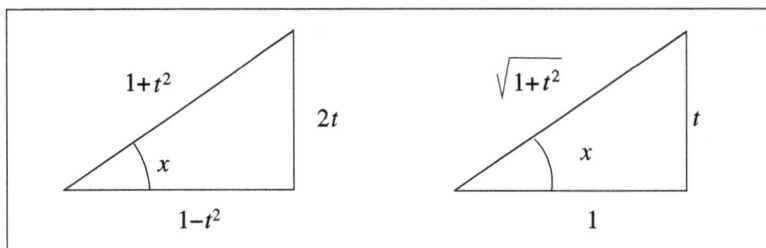

Fig. 5.11 Triangles per a canvis de variable trigonomètrics

Per aquest últim cas, podem utilitzar el segon triangle rectangle de la figura 5.11.

Observació 5.28 *La integració de funcions hiperbòliques segueix un plantejament anàleg a l'esmentat per a les funcions trigonomètriques i, per tant, no el desenvolupem.*

Exemples 5.29

a) $I = \int \cos^3 x \, dx$. Aquí $n = 3$, senar.

$$I = \int \cos x \cdot \cos^2 x \, dx = \int \cos x \cdot (1 - \sin^2 x) \, dx =$$

$$= \int (\cos x - \cos x \cdot \sin^2 x) \, dx =$$

$$= \sin x - \frac{\sin^3 x}{3} + C.$$

b) $I = \int \cos^4 x \, dx$. Tenim $n = 4$ parella. Aleshores,

$$I = \int \left(\frac{1 + \cos(2x)}{2} \right)^2 dx = \frac{1}{4} \int \left(1 + 2\cos(2x) + \cos^2(2x) \right) dx$$

i, posant $\cos^2(2x) = \dfrac{1 + \cos(4x)}{2}$, obtenim

$$I = \frac{1}{4} \int \left(1 + 2\cos(2x) + \frac{1}{2} + \frac{\cos(4x)}{2} \right) dx = \frac{3}{8} x + \frac{\sin(2x)}{4} + \frac{\sin(4x)}{32} + C.$$

c) $I = \int \sin^3 x \cos^4 x \, dx$. Posem

$$I = \int \sin x \underbrace{(1 - \cos^2 x)}_{\sin^2 x} \cos^4 x \, dx$$

i obtenim la suma de dues integrals immediates:

$$I = \int \sin x \cos^4 x \, dx - \int \sin x \cos^6 x \, dx = -\frac{\cos^5 x}{5} + \frac{\cos^7 x}{7} + C.$$

d) $I = \int \sin(3x)\cos(5x)\,dx$. Escrivim la integral com

$$I = \frac{1}{2}\int \big(\sin(8x) + \sin(-2x)\big)\,dx.$$

Tenint en compte que la funció sinus és senar: $\sin(-2x) = -\sin(2x)$, queda

$$I = -\frac{1}{16}\cos(8x) + \frac{1}{4}\cos(2x) + C.$$

e) $I = \int \operatorname{tg}^4 x\,dx$. Fixem-nos que podem escriure $\operatorname{tg}^4 x = \frac{\sin^4 x}{\cos^4 x} = \frac{(-\sin x)^4}{(-\cos x)^4}$ i, per tant, $\operatorname{tg}^4 x$ és una funció parella en $\sin x$ i $\cos x$. Així, apliquem el canvi

$$\operatorname{tg} x = t, \quad x = \operatorname{arctg} t, \quad dx = \frac{dt}{1+t^2}$$

i tenim

$$I = \int \frac{t^4}{1+t^2}\,dt \underset{\text{dividint}}{=} \int \left(t^2 - 1 + \frac{1}{t^2+1}\right)dt =$$

$$= \frac{t^3}{3} - t + \operatorname{arctg} t + C \underset{\text{desfent el canvi}}{=} \frac{\operatorname{tg}^3 x}{3} - \operatorname{tg} x + x + C.$$

f) $I = \int \frac{\sin^3 x}{\cos^2 x}\,dx$. Atès que $\frac{(-\sin x)^3}{\cos^2 x} = -\frac{\sin^3 x}{\cos^2 x}$, l'integrand és una funció senar en $\sin x$.

Apliquem el canvi

$$\cos x = t, \quad -\sin x\,dx = dt, \quad \sin^2 x = 1 - t^2$$

i surt

$$I = -\int \frac{1-t^2}{t^2}\,dt = -\int \frac{1}{t^2}\,dt + \int dt = \frac{1}{t} + t + C =$$

$$= \frac{1}{\cos x} + \cos x + C = \frac{1 + \cos^2 x}{\cos x} + C.$$

g) $I = \int_0^{\frac{\pi}{3}} \frac{dx}{\sqrt{\cos x + \cos^2 x}}$. Notem que la funció integrand no és parella ni senar, ni en $\cos x$ ni en $\sin x$.

Aleshores, fem el canvi general

$$\operatorname{tg}\frac{x}{2} = t \implies \frac{x}{2} = \operatorname{arctg} t,\ x = 2\operatorname{arctg} t,\ dx = \frac{2dt}{1+t^2},\ \cos x = \frac{1-t^2}{1+t^2}.$$

Els nous límits d'integració queden

$$x = 0 \hookrightarrow t = \operatorname{tg} 0 = 0, \qquad x = \frac{\pi}{3} \hookrightarrow t = \operatorname{tg}\frac{\pi}{6} = \frac{1}{\sqrt{3}}.$$

Per tant,

$$I = 2 \int_0^{\frac{1}{\sqrt{3}}} \frac{\frac{dt}{1+t^2}}{\sqrt{\frac{1-t^2}{1+t^2} + \left(\frac{1-t^2}{1+t^2}\right)^2}} = 2 \int_0^{\frac{1}{\sqrt{3}}} \frac{dt}{\sqrt{-2t^2 + 2}} = \frac{2}{\sqrt{2}} \int_0^{\frac{1}{\sqrt{3}}} \frac{dt}{\sqrt{1-t^2}}$$

$$= \sqrt{2} \left[\arcsin t\right]_0^{\frac{1}{\sqrt{3}}} = \sqrt{2} \left[\arcsin \frac{1}{\sqrt{3}} - \arcsin 0\right] = \sqrt{2} \arcsin \frac{1}{\sqrt{3}}.$$

Integrals irracionals senzilles

Estudiem integrals de la forma $\int \sqrt{ax^2 + c}\, dx$.

Considerem els casos següents:

- $\int \sqrt{c - ax^2}\, dx$, on $a, c > 0$; es fa el canvi $x = \sqrt{\frac{c}{a}} \sin t$.

- $\int \sqrt{ax^2 + c}\, dx$, on $a, c > 0$; es fa el canvi $x = \sqrt{\frac{c}{a}} \sinh t$ o bé $x = \sqrt{\frac{c}{a}} \operatorname{tg} t$.

- $\int \sqrt{ax^2 - c}\, dx$, on $a, c > 0$; es fa el canvi $x = \sqrt{\frac{c}{a}} \cosh t$.

Exemples 5.30

a) $I = \int \sqrt{x^2 - 4}\, dx$. En aquest cas, tenim

$$x = 2\cosh t, \implies dx = 2\sinh t\, dt, \quad t = \operatorname{arg cosh} \frac{x}{2}.$$

I, d'aquí,

$$I = \int 2\sinh t \cdot \sqrt{4\cosh^2 t - 4}\, dt = 4\int \frac{\cosh 2t - 1}{2}\, dt =$$

$$= 4\left(\frac{\sinh 2t}{4} - \frac{t}{2}\right) + C = \sinh 2t - 2t + C \underset{(\operatorname{arg cosh} u = \ln(u + \sqrt{u^2 - 1}))}{=}$$

$$= \frac{1}{2}x\sqrt{x^2 - 4} - 2\ln\left(\frac{x}{2} + \frac{1}{2}\sqrt{x^2 - 4}\right) + C.$$

(Hem tingut en compte que $\sinh 2t = 2\sinh t \cdot \cosh t$; a partir de $x = 2\cosh t$ i de la igualtat $\cosh^2 t - \sinh^2 t = 1$, deduïm que $\sinh 2t = x\sqrt{\frac{x^2}{4} - 1} = \frac{1}{2}x\sqrt{x^2 - 4}$).

b) $I = \int \frac{dx}{\sqrt{(9 - x^2)^3}}$. Fem el canvi

$$x = 3\sin t, \implies dx = 3\cos t\, dt, \quad t = \arcsin \frac{x}{3}$$

i obtenim

$$I = \int \frac{3\cos t \, dt}{\sqrt{(9 - 9\sin^2 t)^3}} = \frac{1}{9} \int \frac{dt}{\cos^2 t} = \frac{1}{9}\operatorname{tg} t + C =$$

$$= \frac{1}{9}\operatorname{tg}\left(\arcsin\frac{x}{3}\right) + C = \frac{1}{9}\frac{\sin\left(\arcsin\frac{x}{3}\right)}{\cos\left(\arcsin\frac{x}{3}\right)} + C = \frac{1}{9}\frac{x}{\sqrt{9 - x^2}} + C.$$

Hem utilitzat que $\sin\left(\arcsin\frac{x}{3}\right) = \frac{x}{3}$ i $\cos\left(\arcsin\frac{x}{3}\right) = \frac{\sqrt{9 - x^2}}{3}$. La primera igualtat és clara; vegem-ne la segona

$$\cos\left(\arcsin\frac{x}{3}\right) = \sqrt{1 - \sin^2\left(\arcsin\frac{x}{3}\right)} = \sqrt{1 - \left(\frac{x}{3}\right)^2} = \frac{\sqrt{9 - x^2}}{3}.$$

5.4 Integrals impròpies

Fins ara, en les integrals definides hem considerat:

- funcions fitades,
- domini d'integració un interval tancat.

Quan deixa de complir-se alguna d'aquestes condicions no podem aplicar la teoria d'integració anterior sense fer-ne alguns canvis. A continuació, intentarem ampliar la noció d'integral a

- funcions no fitades,
- funcions definides en intervals no tancats o semirectes (figura 5.12).

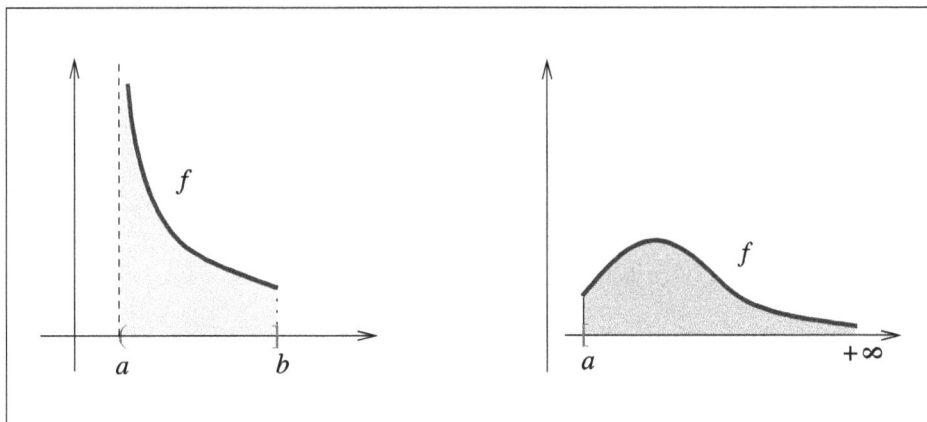

Fig. 5.12 Funció no fitada i funció definida en una semirecta

El punt clau és treballar amb una integral ordinària més un procés de pas al límit, com es mostra a la figura 5.13.

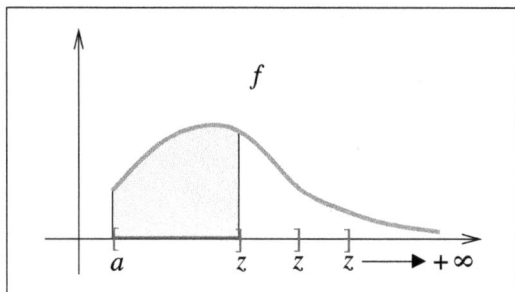

Fig. 5.13 Procés de càlcul d'una integral impròpia

Per exemple, en el cas de funcions definides en una semirecta, com ara $[a, +\infty)$, es tracta de considerar la integral definida $\displaystyle\int_a^z f(x)\,dx$ i després fer tendir $z \to +\infty$. Així, és natural definir la integral com

$$\int_a^\infty f(x)\,dx = \lim_{z \to +\infty} \int_a^z f(x)\,dx.$$

Formalitzem aquestes idees.

Definició 5.31 Diem que *una integral és impròpia* si el domini d'integració no és un interval tancat, o bé la funció integrand no és fitada.

Considerem dos tipus d'integrals impròpies.

a) L'interval d'integració és infinit. En aquest cas, la integral —també anomenada *de primera espècie*— és de la forma

$$\int_a^{+\infty} f(x)\,dx \quad \text{o} \quad \int_{-\infty}^b f(x)\,dx \quad \text{o} \quad \int_{-\infty}^{+\infty} f(x)\,dx.$$

Pel fet que

$$\int_{-\infty}^{+\infty} f(x)\,dx = \int_{-\infty}^d f(x)\,dx + \int_d^{+\infty} f(x)\,dx,$$

ens limitem a estudiar

$$\int_a^{+\infty} f(x) = \lim_{z \to +\infty} \int_a^z f(x)\,dx \quad \text{i} \quad \int_{-\infty}^b f(x) = \lim_{z \to -\infty} \int_z^b f(x)\,dx$$

i diem que la integral impròpia és

- *convergent*, si el límit existeix i és finit;
- *divergent*, en cas contrari.

b) La funció f no és fitada en $[a, b)$. Ara la integral —també anomenada *impròpia de segona espècie*— s'escriu

$$\int_a^b f(x)\,dx = \lim_{z \to b^-} \int_a^z f(x)\,dx.$$

Diem que la integral impròpia és

- *convergent*, si el límit existeix i és finit;
- *divergent*, en cas contrari.

Exemples 5.32

Analitzem la convergència o divergència de les integrals donades.

a) $I = \int_1^\infty \frac{1}{x^3}\,dx$. És una integral impròpia perquè l'interval d'integració és una semirecta.

$$I = \lim_{z \to +\infty} \int_1^z \frac{1}{x^3}\,dx = \lim_{z \to +\infty} \left[-\frac{1}{2x^2} \right]_1^z = \lim_{z \to +\infty} \left[\frac{-1}{2z^2} + \frac{1}{2} \right] = \frac{1}{2}.$$

Per tant, la integral impròpia és convergent. L'àrea sota la gràfica és finita i val $\frac{1}{2}$.

b) $I = \int_1^\infty \frac{1}{x}\,dx$. Ara també integrem sobre una semirecta.

$$I = \lim_{z \to +\infty} \int_1^z \frac{1}{x}\,dx = \lim_{z \to +\infty} \left[\ln x \right]_1^z = \lim_{z \to +\infty} \ln z = +\infty.$$

La integral impròpia és infinita (divergent cap a $+\infty$) i, per tant, l'àrea sota la gràfica també val infinit. En tenim un esbós a la primera gràfica de la figura 5.14.

c) $I = \int_{\pi/2}^{+\infty} \sin x\,dx$. L'interval d'integració és una semirecta.

$$I = \lim_{z \to +\infty} \int_{\pi/2}^z \sin x\,dx = \lim_{z \to +\infty} \left[-\cos x \right]_{\pi/2}^z = \lim_{z \to +\infty} \left(-\cos z + 0 \right).$$

Aquest límit no existeix, ja que va oscil·lant entre -1 i 1. Així doncs, la integral impròpia és divergent (segona gràfica de la figura 5.14).

d) $I = \int_1^\infty \frac{1}{x^p}\,dx$ amb $p \in \mathbb{R}$. Hem de distingir la primitiva segons si $p = 1$ o $p \neq 1$.

$$\bullet \text{ Si } p \neq 1 \to \int_1^\infty \frac{1}{x^p}\,dx = \lim_{z \to +\infty} \int_1^z \frac{1}{x^p}\,dx = \lim_{z \to +\infty} \left[\frac{x^{-p+1}}{-p+1} \right]_1^z$$

$$= \lim_{z \to +\infty} \left[\frac{z^{-p+1}}{-p+1} - \frac{1}{-p+1} \right]$$

$$= \begin{cases} \dfrac{1}{p-1} & \text{si } p > 1 \\ +\infty & \text{si } p < 1. \end{cases}$$

$$\bullet \text{ Si } p = 1 \to \int_1^\infty \frac{1}{x^p}\,dx = \lim_{z \to +\infty} \left[\ln x \right]_1^z = +\infty.$$

Finalment, doncs, $\int_1^\infty \frac{1}{x^p}\,dx$ és convergent si $p > 1$ i divergent si $p \leq 1$.

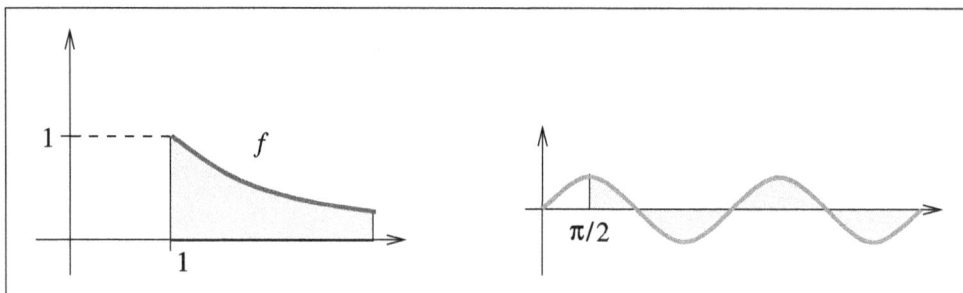

Fig. 5.14 Esquema de les integrals impròpies $\int_1^\infty \frac{1}{x} dx$ i $\int_{\pi/2}^{+\infty} \sin x \, dx$

e) $I = \int_0^4 \frac{1}{\sqrt{x}} dx$. La funció $\frac{1}{\sqrt{x}}$ no està definida en $x = 0$. Es compleix $\lim\limits_{x \to 0} f(x) = +\infty$. Es tracta, doncs, d'una funció no fitada en $(0, 4]$. Tenim que

$$I = \lim_{a \to 0^+} \int_a^4 \frac{1}{\sqrt{x}} dx = \lim_{a \to 0^+} \left[2\sqrt{x}\right]_a^4 = \lim_{a \to 0^+} \left[4 - 2\sqrt{a}\right] = 4.$$

Per tant, la integral és convergent i l'àrea sota la gràfica val 4 (primer dibuix de la figura 5.15).

f) $I = \int_0^1 \ln x \, dx$. Tenim un altre cas de funció no fitada quan $x \to 0$.

$$I = \lim_{a \to 0^+} \int_a^1 \ln x \, dx \underset{\text{(per parts)}}{=} \lim_{a \to 0^+} \left[x \ln x - x\right]_a^1$$

$$= -1 - \lim_{a \to 0^+} \left(a \ln a\right) \quad \text{(indeterminació } 0 \cdot \infty)$$

$$= -1 - \lim_{a \to 0^+} \frac{\ln a}{\frac{1}{a}} \quad \text{(aplicació de la regla de L'Hôpital)}$$

$$= -1 + \lim_{a \to 0^+} a = -1.$$

Per tant, la integral és convergent cap a -1 i l'àrea sota la gràfica val $|-1| = 1$ (segon dibuix de la figura 5.15).

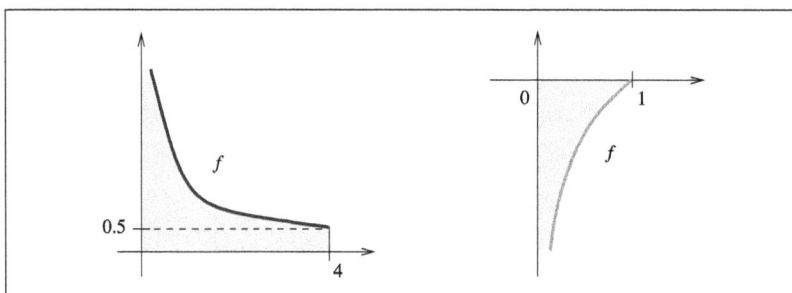

Fig. 5.15 Esquema de les integrals impròpies $\int_0^4 \frac{1}{\sqrt{x}} dx$ i $\int_0^1 \ln x \, dx$

g) $I = \int_0^4 \frac{1}{x} dx$. La funció no és fitada quan $x \to 0$.

$$\int_0^4 \frac{1}{x} dx = \lim_{a \to 0^+} \int_a^4 \frac{1}{x} dx = \lim_{a \to 0^+} \left[\ln x \right]_a^4 = \lim_{a \to 0^+} (\ln 4 - \ln a) = +\infty.$$

Així, doncs, la integral és divergent cap a infinit i l'àrea sota la gràfica és infinita.

5.5 Aplicacions de la integral definida

Aquesta secció està totalment dedicada a les aplicacions de la integral definida. Hi calculem àrees de regions contingudes en el pla donades en coordenades cartesianes i polars. També hi calculem volums de cossos sòlids, els de revolució i els de seccions conegudes.

Àrees planes

Aquí estudiem àrees de regions al pla limitades per funcions o corbes donades en coordenades cartesianes i en coordenades polars.

Àrees planes en coordenades cartesianes

En primer lloc, considerem les àrees en coordenades cartesianes.

Definició 5.33 Sigui $f(x)$ una funció contínua en $[a,b]$. *L'àrea determinada per la gràfica de $y = f(x)$, l'eix d'abscisses i les rectes verticals $x = a$ i $x = b$ és*

$$A = \int_a^b |f(x)| dx.$$

Com a casos particulars, tenim

- Si $f(x) \geq 0$ en $[a,b]$, l'àrea és $A = \int_a^b f(x) dx$ (primer dibuix de la figura 5.16).

- Si $f(x) \leq 0$ en $[a,b]$, l'àrea correspon a $A = -\int_a^b f(x) dx$ (segon dibuix de la figura 5.16).

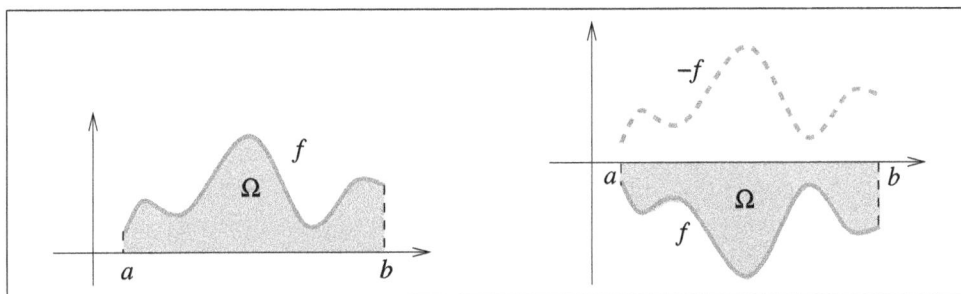

Fig. 5.16 Integrals de funcions positives i de funcions negatives

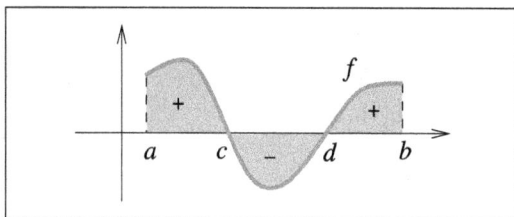

Fig. 5.17 La funció f canvia de signe

- Si $f(x)$ canvia de signe en $[a,b]$, les integrals també canvien de signe i l'àrea ve donada a trossos —per l'additivitat sobre l'interval— segons els signes. Per a la funció de la figura 5.17, seria

$$A = \int_a^c f(x)\,dx - \int_c^d f(x)\,dx + \int_d^b f(x)\,dx$$

- Si l'àrea està limitada per dues corbes, $y = f(x)$ i $y = g(x)$ entre $x = a$ i $x = b$, aleshores l'àrea corresponent és

$$A = \int_a^b |f(x) - g(x)|\,dx.$$

Vegem la figura 5.18.

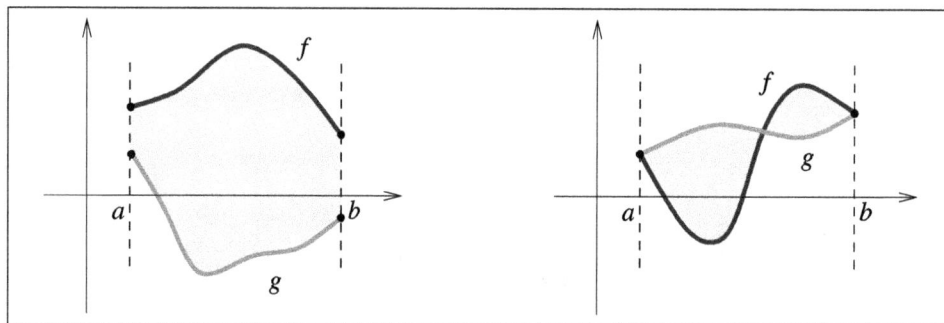

Fig. 5.18 Àrea encabida entre dues corbes

Exemple 5.34

Calculem l'àrea determinada per $y = \sin x$ entre $x = 0$ i $x = 2\pi$.

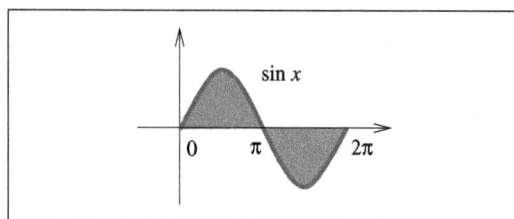

Fig. 5.19 Àrea de $f(x) = \sin x$

L'àrea és

$$A = \int_0^{2\pi} |\sin x|\,dx.$$

Per simetria i signes (figura 5.19),

$$A = 2\int_0^\pi \sin x\,dx = 2\big[-\cos x\big]_0^\pi$$

$$= 2(-\cos\pi + \cos 0) = 2(+1+1) = 4.$$

Notem, però, que la integral de $y = \sin x$ entre $x = 0$ i $x = 2\pi$ val 0.

Observació 5.35 *Si la corba ve donada en la forma $x = f(y)$, s'intercanvien els papers de la x i de la y, tal com veiem a l'exemple següent.*

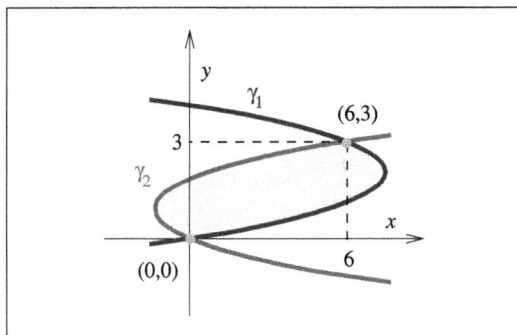

Fig. 5.20 Àrea encabida entre dues paràboles

Exemple 5.36

Intercanvi del paper de la x i la y. Calculem l'àrea encabida entre les paràboles

$$\gamma_1 : x = 5y - y^2 \quad \text{i} \quad \gamma_2 : x = y^2 - y.$$

Veiem que són paràboles d'eix horitzontal. Així doncs, convé intercanviar els papers de la x i la y. Mirem la figura 5.20. És fàcil comprovar que les corbes es tallen als punts $(0,0)$ i $(6,3)$. Aleshores, integrem respecte de y entre 0 i 3.

L'àrea serà

$$A = \int_0^3 [5y - y^2 - (y^2 - y)]\, dy = \int_0^3 (-2y^2 + 6y)\, dy = \left[-\frac{2}{3}y^3 + 3y^2 \right]_0^3 = 9.$$

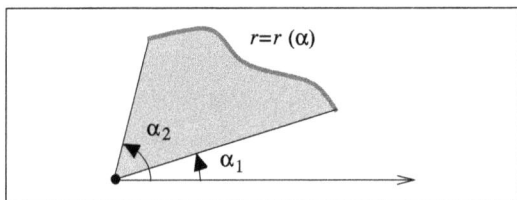

Fig. 5.21 Àrea d'una regió en coordenades polars

Àrees planes en coordenades polars

Ara estudiem les regions planes en coordenades polars. Vegem l'esquema de la figura 5.21.

Definició 5.37 Sigui $r(\alpha)$ una funció contínua en $[\alpha_1, \alpha_2]$. *L'àrea determinada per la corba en coordenades polars* $r = r(\alpha)$ *entre els raigs* $\alpha = \alpha_1$ *i* $\alpha = \alpha_2$ *és*

$$A = \frac{1}{2} \int_{\alpha_1}^{\alpha_2} r^2(\alpha)\, d\alpha.$$

Observació 5.38 *L'expressió de l'àrea és conseqüència de l'àrea d'un sector circular de radi* r *i angle* α

$$\text{àrea per a } \alpha \text{ rad} = \alpha \text{ rad} \frac{\pi r^2}{2\pi \text{ rad}} = \frac{1}{2} r^2\, \alpha.$$

Exemple 5.39

Àrea de la cardioide. Calculem l'àrea limitada per la cardioide d'equació $r = a(1 + \cos\alpha)$.

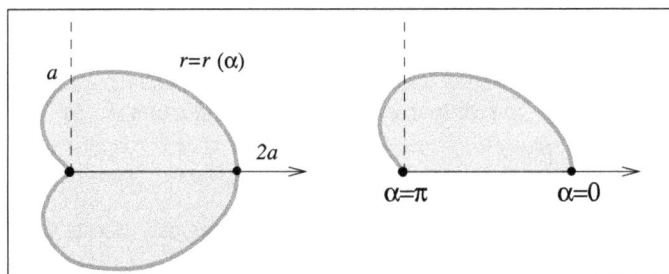

Fig. 5.22 La cardioide $r = a(1 + \cos\alpha)$

Obtenim la cardioide quan α varia entre 0 i 2π. Per simetria —en tenim l'esquema a la figura 5.22—, l'àrea és el doble que la determinada entre $\alpha = 0$ i $\alpha = \pi$. Així,

$$A = 2\,\frac{1}{2}\int_0^\pi r^2(\alpha)\,d\alpha = \int_0^\pi a^2(1+\cos\alpha)^2\,d\alpha = a^2\int_0^\pi (1+2\cos\alpha+\cos^2\alpha)\,d\alpha$$

$$= a^2\int_0^\pi \left(1+2\cos\alpha+\frac{1+\cos(2\alpha)}{2}\right)\,d\alpha = a^2\left[\frac{3}{2}\alpha+2\sin\alpha+\frac{\sin(2\alpha)}{4}\right]_0^\pi = \frac{3}{2}\pi a^2.$$

Volums de revolució

Dediquem aquesta secció al càlcul de volums de cossos que s'obtenen en fer girar una regió plana al voltant d'un eix. Només en considerem coordenades cartesianes.

Definició 5.40 Si girem una regió del pla entorn d'una recta, el sòlid resultant s'anomena *sòlid de revolució* i la recta, *eix de revolució*.

Presentem dos mètodes de càlcul dels volums de revolució: el mètode dels discos i el mètode de les capes o tubs.

Mètode dels discos

Sigui Ω la regió limitada per la corba $y = f(x)$ i l'eix OX entre $x = a$ i $x = b$. El *volum de revolució obtingut en girar la regió Ω al voltant de l'eix OX* (figura 5.23) és

$$V = \pi\int_a^b f^2(x)\,dx.$$

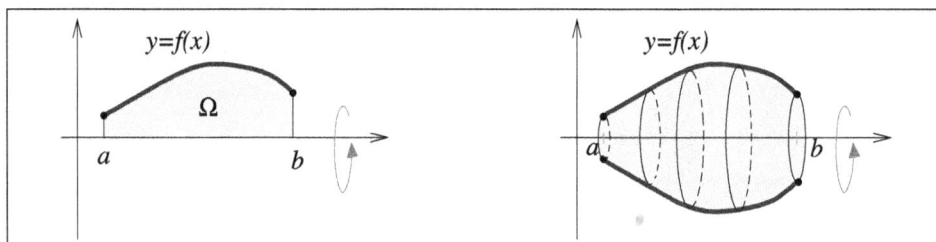

Fig. 5.23 Volum de revolució entorn de l'eix OX

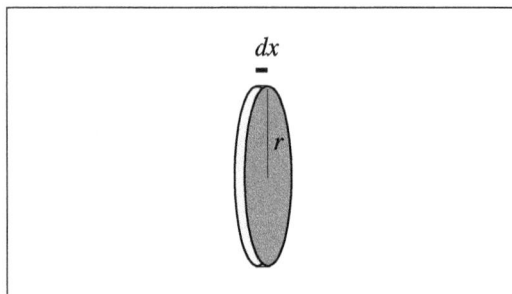

Fig. 5.24 Disc de gruix dx

El punt clau és el següent.

Tallem el sòlid en *llesques* o discos de gruix dx, com el de la figura 5.24. El volum de cada un d'aquests discos (pensat com un cilindre d'altura dx) és

$$V_{disc} = \pi f^2(x)\,dx.$$

Sumem els volums de tots els discos. Aquesta suma es correspon amb la integral.

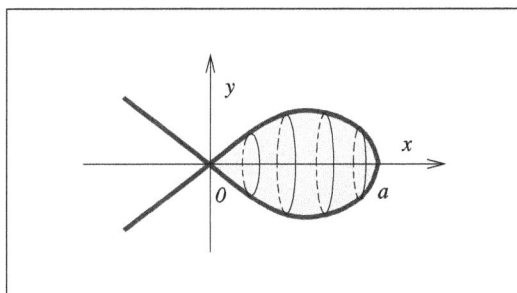

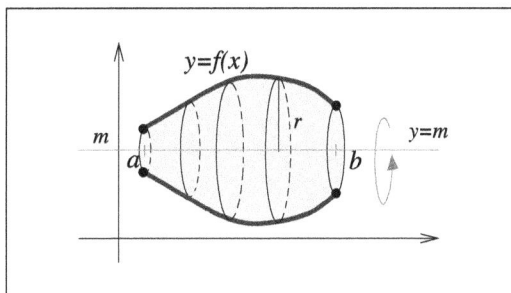

Fig. 5.25 Volum de revolució generat per $ay^2 = x^2(a-x), a > 0$.

Fig. 5.26 Volum de revolució entorn de l'eix $y = m$

Exemple 5.41

Volum engendrat per un llaç. Determineu el volum generat pel llaç de la corba

$$ay^2 = x^2(a-x), a > 0$$

en girar al voltant de l'eix OX.

Intentem escriure y en funció de x a partir de l'expressió $y^2 = \dfrac{x^2(a-x)}{a}$ i n'obtenim dues funcions

$$y = \sqrt{\frac{x^2(a-x)}{a}} \quad \text{i} \quad y = -\sqrt{\frac{x^2(a-x)}{a}},$$

ambdues amb domini $D = (-\infty, a]$. N'obtenim una corba simètrica respecte de l'eix OX figura 5.25). El llaç de la corba (tros tancat) correspon a l'interval $[0, a]$.

$$V = \pi \int_0^a f^2(x)\, dx = \pi \int_0^a \frac{x^2(a-x)}{a}\, dx = \frac{\pi}{a}\left[a\frac{x^3}{3} - \frac{x^4}{4} \right]_0^a = \frac{\pi a^3}{12}.$$

Sigui Ω la regió limitada per la corba $y = f(x)$ i l'eix OX entre $x = a$ i $x = b$. El *volum de revolució obtingut en girar la regió Ω al voltant d'un eix horitzontal $y = m$* (figura 5.26) és

$$V = \pi \int_a^b (f(x) - m)^2\, dx.$$

La idea que cal tenir en compte ara és que cada disc de gruix dx (figura 5.24) té radi $r = f(x) - m$. Per tant, el seu volum és

$$V_{\text{disc}} = \pi(f(x) - m)^2\, dx.$$

La integral correspon a la suma de tots ells.

Intercanvi del paper de la x i la y

Sigui Ω la regió limitada per la corba $x = f(y)$ i l'eix OY entre $y = c$ i $y = d$. El *volum de revolució obtingut en girar la regió Ω al voltant de l'eix OY* (figura 5.27) és

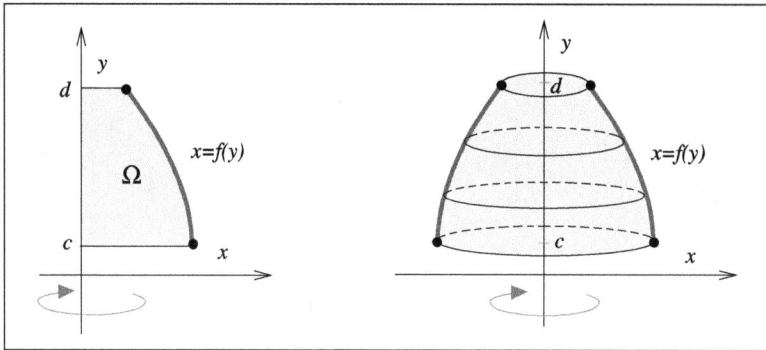

Fig. 5.27 Volum de revolució entorn de l'eix OY per discos

$$V = \pi \int_c^d f^2(y)\, dy\,.$$

Mètode de les capes o tubs

Sigui Ω la regió limitada per la corba $y = f(x)$ i l'eix OX entre $x = a$ i $x = b$. El *volum de revolució obtingut en girar la regió Ω al voltant de l'eix OY* (figura 5.28) és

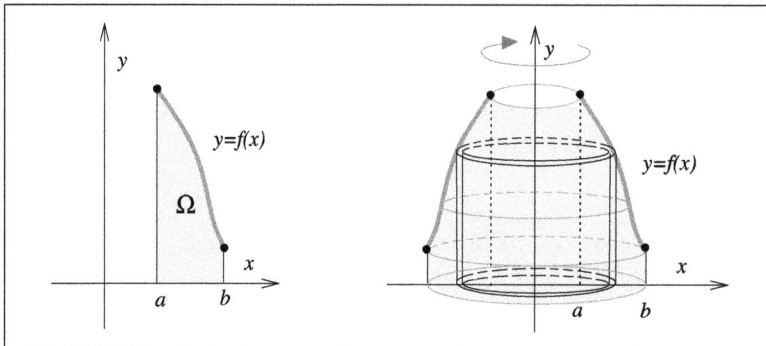

Fig. 5.28 Volum de revolució al voltant de l'eix OY per capes

$$V = 2\pi \int_a^b x f(x)\, dx\,.$$

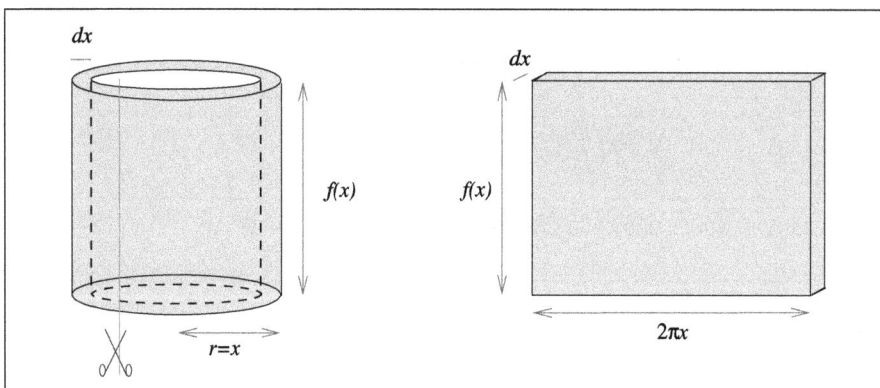

Fig. 5.29 Capa cilíndrica de gruix dx i el seu volum

La idea clau és considerar un tub o capa cilíndrica de gruix dx. El volum de cada capa és $V = 2\pi x f(x) dx$. És molt fàcil calcular-lo si despleguem la capa; en tenim l'esquema a la figura 5.29. La suma de totes les capes correspon al volum del cos de revolució, que es calcula mitjançant una integral.

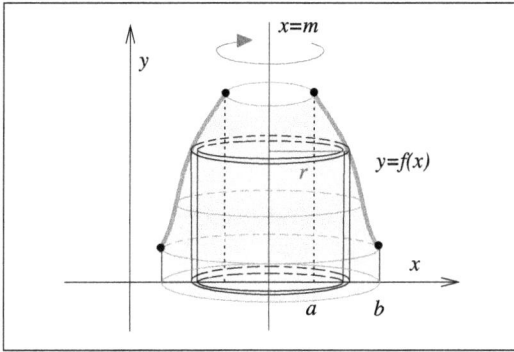

Fig. 5.30 Volum de revolució entorn de l'eix $x = m$

Sigui Ω la regió limitada per la corba $y = f(x)$ i l'eix OX entre $x = a$ i $x = b$. El *volum de revolució en girar la regió Ω al voltant d'un eix vertical $x = m$* és

$$V = 2\pi \int_a^b (x - m) f(x)\, dx.$$

Ara només cal tenir en compte que el tub té radi $x - m$, com il·lustra la figura 5.30.

Intercanvi del paper de la x i la y

Sigui Ω la regió limitada per la corba $x = f(y)$ i l'eix OY entre $y = c$ i $y = d$. El *volum de revolució obtingut en girar la regió Ω al voltant de l'eix OX* (figura 5.31) és

$$V = 2\pi \int_c^d y f(y)\, dy.$$

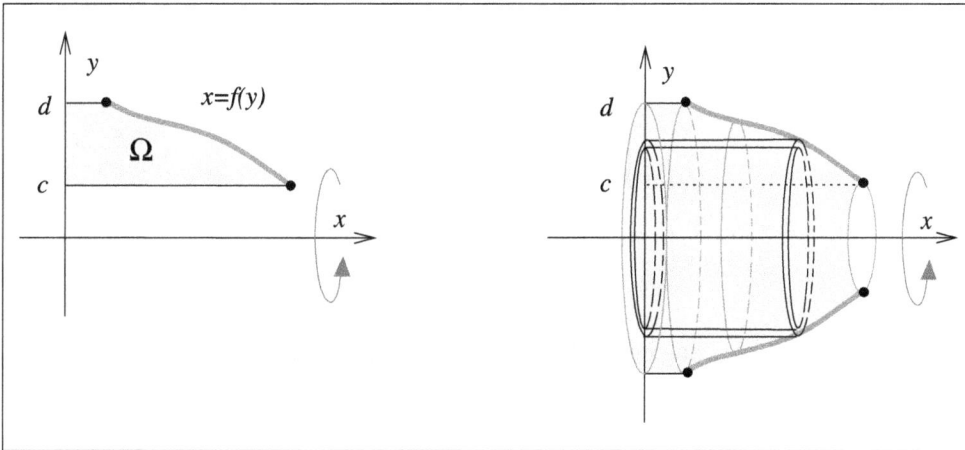

Fig. 5.31 Volum de revolució al voltant de l'eix OX per tubs

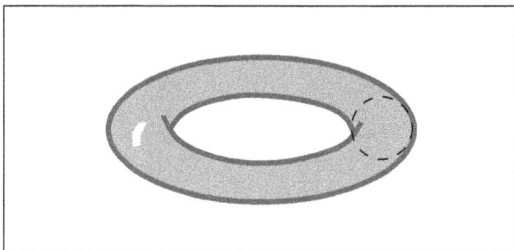

Fig. 5.32 Un tor

Exemple 5.42

Un tor és la superfície generada per una circumferència en girar a l'espai al voltant d'un eix del seu pla que no la talla (figura 5.32).

Ara determinem el volum del tor generat per la circumferència $(x - 2)^2 + y^2 = 1$ quan gira al voltant de l'eix OY. De l'equació de la circumferència $(x - 2)^2 + y^2 = 1$, n'obtenim dues funcions

$$y = \sqrt{1 - (x - 2)^2} \quad \text{i} \quad y = -\sqrt{1 - (x - 2)^2}.$$

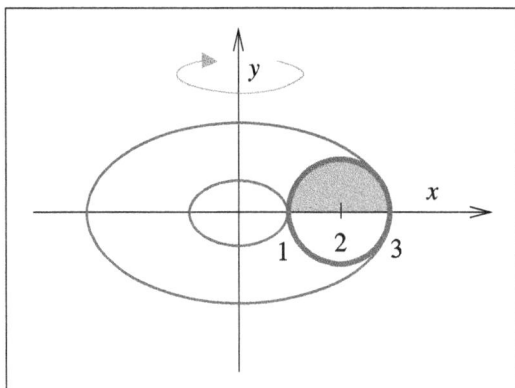

Fig. 5.33 Tor generat per la circumferència $(x-2)^2 + y^2 = 1$

El volum del tor és dues vegades el que genera la semicircumferència superior (figura 5.33).

$$V = 2 \cdot 2\pi \int_1^3 x \sqrt{1-(x-2)^2}\, dx.$$

Fem el canvi de variable $x-2 = \sin t$, d'on $x = 2 + \sin t$ i $dx = \cos t\, dt$. Els nous límits d'integració són

$$x = 1 \quad \to \quad 1-2 = \sin t \quad \longrightarrow \quad t = -\pi/2$$
$$x = 3 \quad \to \quad 3-2 = \sin t \quad \longrightarrow \quad t = \pi/2,$$

d'on

$$V = 4\pi \int_{-\frac{\pi}{2}}^{\frac{\pi}{2}} (2+\sin t)\sqrt{1-\sin^2 t}\, \cos t\, dt$$

$$= 4\pi \int_{-\frac{\pi}{2}}^{\frac{\pi}{2}} (2+\sin t)\sqrt{\cos^2 t}\, \cos t\, dt$$

$$\underset{(*)}{=} 4\pi \int_{-\frac{\pi}{2}}^{\frac{\pi}{2}} (2\cos^2 t + \sin t \cos^2 t)\, dt$$

$$= 4\pi \int_{-\frac{\pi}{2}}^{\frac{\pi}{2}} \left(2\frac{1+\cos 2t}{2} + \sin t \cos^2 t \right) dt$$

$$= 4\pi \left[t + \frac{\sin 2t}{2} - \frac{\cos^3 t}{3} \right]_{-\frac{\pi}{2}}^{\frac{\pi}{2}} = \ldots = 4\pi^2.$$

$(*)$ Notem que, si $t \in \left[\frac{-\pi}{2}, \frac{\pi}{2}\right]$, aleshores $\cos t \geq 0$ i, per tant, $\sqrt{\cos^2 t} = \cos t$.

Volums de secció donada

Considerem un sòlid del qual coneixem l'àrea de les seccions transversals perpendiculars a un eix determinat. Per comoditat, suposem que el sòlid l'esmentat té $S(x)$ com a àrea de la secció paral·lela al pla $x = 0$ i està comprès entre $x = a$ i $x = b$. Aleshores, el seu volum és

$$V = \int_a^b S(x)\, dx.$$

Exemple 5.43

Calculem el volum del con $x^2 = 8y^2 + 2z^2$ per a $x \in [-2,4]$.

En aquest cas, ens convé estudiar els talls del sòlid pels plans $x = $ constant. Les seccions corresponents són les el·lipses

$$8y^2 + 2z^2 = c^2.$$

Per esbrinar-ne els semieixos, les escrivim de manera adequada

$$\frac{y^2}{\frac{c^2}{8}} + \frac{z^2}{\frac{c^2}{2}} = 1.$$

Així, els semieixos són $\frac{c}{\sqrt{8}}$ i $\frac{c}{\sqrt{2}}$. Aleshores, l'àrea de cada secció val $\pi \frac{c}{\sqrt{8}} \frac{c}{\sqrt{2}} = \frac{\pi}{4} c^2$. És a dir, per a cada x fixa,

$$S(x) = \frac{\pi}{4} x^2.$$

Per tant, el volum encabit entre $x = -2$ i $x = 4$ és

$$V = \int_{-2}^{4} \frac{\pi}{4} x^2 \, dx = \frac{\pi}{12} x^3 \Big|_{-2}^{4} = 6\pi.$$

Problemes resolts

Problema 1

Sigui la funció $f(x) = \displaystyle\int_{0}^{x^4 + x^2} \frac{1}{1 + \sin^2 t} dt, \ x \in [-1, 1]$.

a) Comproveu que $f(x)$ és una funció parella, és a dir, $f(x) = f(-x)$ per a $x \in [-1, 1]$.

b) Trobeu els extrems absoluts de $f(x)$ en $[-1, 1]$.

[Solució]

a) Observem que

$$f(-x) = \int_{0}^{(-x)^4 + (-x)^2} \frac{1}{1 + \sin^2 t} \, dt = \int_{0}^{x^4 + x^2} \frac{1}{1 + \sin^2 t} \, dt = f(x),$$

és a dir, $f(x)$ és una funció parella.

b) La funció $f(x)$ és contínua en $[-1, 1]$ perquè està definida mitjançant una integral i l'integrand és una funció integrable. El teorema de Weierstrass ens assegura que $f(x)$ té màxim i mínim absoluts en $[-1, 1]$. Els punts on $f(x)$ pot prendre els extrems absoluts són:

- els punts on s'anul·la la derivada,
- els punts on no existeix la derivada i
- els extrems de l'interval $[-1, 1]$.

El teorema fonamental del càlcul ens permet afirmar que $f(x)$ és derivable a tot l'interval $[-1, 1]$, ja que $\frac{1}{1 + \sin^2 t}$ és una funció contínua per a tot t, i $x^4 + x^2$ és una funció derivable per a tot x. A més a més,

$$f'(x) = \frac{4x^3 + 2x}{1 + \sin^2(x^4 + x^2)}.$$

Busquem-ne els punts crítics:

$$f'(x) = 0 \quad \Leftrightarrow \quad 4x^3 + 2x = 0 \quad \Leftrightarrow \quad x(2x^2 + 1) = 0,$$

i n'obtenim $x = 0$ o bé $2x^2 + 1 = 0$, equació que no té arrels reals.

Per tant, els extrems absoluts poden assolir-se en $x = -1$, $x = 0$ o $x = 1$. Comparem els valors de la funció en aquests tres punts. De moment, com que f és parella, sabem que $f(1) = f(-1)$. Tenim

$$f(0) = \int_0^0 \frac{1}{1 + \sin^2 t}\, dt = 0,$$

$$f(-1) = f(1) = \int_0^2 \frac{1}{1 + \sin^2 t}\, dt > 0 \quad \text{(ja que l'integrand és positiu)}.$$

Finalment, 0 n'és el mínim absolut i $f(-1) = f(1)$ el màxim absolut.

Problema 2

Trobeu la paràbola que aproxima millor la funció

$$f(x) = e^x + \int_0^{x^2} \frac{t + 1}{\sqrt{t^4 + 1}}\, dt$$

en un entorn del punt $a = 0$.

[Solució]

La paràbola que aproxima millor una funció en un punt és el seu polinomi de Taylor de grau 2 en aquell punt. En el cas que ens ocupa,

$$P_{2,0}f(x) = f(0) + f'(0) + f''(0)\frac{x^2}{2}.$$

Per trobar-lo, necessitem $f(0)$, $f'(0)$ i $f''(0)$. Substituint x per 0 a la funció veiem que $f(0) = 1$.

Per calcular la primera derivada, hem d'aplicar el teorema fonamental del càlcul. Podem fer-ho ja que la funció $\frac{t + 1}{\sqrt{t^4 + 1}}$ és contínua per a tot t, i la funció x^2 és derivable per a tot x. Així,

$$f'(x) = e^x + \frac{x^2 + 1}{\sqrt{x^8 + 1}}\, 2x.$$

Per tant, $f'(0) = 1$. La segona derivada la calculem a partir de $f'(x)$. Sense simplificar, tenim

$$f''(x) = e^x + \frac{(6x^2 + 2)\sqrt{x^8 + 1} - (2x^3 + 2x)\dfrac{8x^7}{2\sqrt{x^8 + 1}}}{x^8 + 1}.$$

Fent $x = 0$, s'obté $f''(0) = 3$.

Finalment, el polinomi de Taylor de grau 2 queda

$$P_{2,0}f(x) = 1 + x + \frac{3}{2}x^2.$$

Problema 3

Dibuixeu les corbes següents i calculeu l'àrea comuna que contenen:

$$r = 2\left|\sin\alpha\right|, \quad r = \sqrt{2}, \text{ per a } 0 \leq \alpha \leq 2\pi.$$

[Solució]

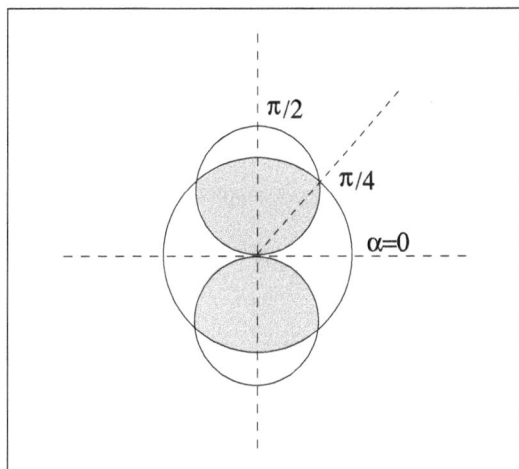

Fig. 5.34 Àrea comuna de $r = 2\left|\sin\alpha\right|$ i $r = \sqrt{2}$ per a $0 \leq \alpha \leq 2\pi$

La corba $r = \sqrt{2}$ és la circumferència de centre l'origen i radi $\sqrt{2}$. La corba $r = 2\left|\sin\alpha\right|$ està formada per dues circumferències: una és $r = 2\sin\alpha$ per a $\alpha \in [0, \pi]$, i l'altra és $r = -2\sin\alpha$ per a $\alpha \in [\pi, 2\pi]$. A la figura 5.34 tenim les gràfiques d'aquestes corbes dibuixades conjuntament.

Per calcular l'àrea, aprofitem la simetria de la figura. L'àrea total serà quatre vegades la que comparteixen al primer quadrant. En aquest quadrant, el sinus és positiu i, en conseqüència, en podem treure el valor absolut.

És clar que es tallen per a $\alpha = 0$ i en un altre punt que trobarem igualant les dues equacions

$$2\sin\alpha = \sqrt{2}.$$

La solució d'aquesta equació –al primer quadrant– és

$$\alpha = \frac{\pi}{4}.$$

Tenim, doncs,

$$A_{\text{Total}} = 4\left(\frac{1}{2}\int_0^{\frac{\pi}{4}} (2\sin\alpha)^2 \, d\alpha + \frac{1}{2}\int_{\frac{\pi}{4}}^{\frac{\pi}{2}} (\sqrt{2})^2 \, d\alpha\right).$$

Recordant que $\sin^2\alpha = \dfrac{1 - \cos 2\alpha}{2}$ i operant, obtenim

$$A_{\text{Total}} = \int_0^{\frac{\pi}{4}} 4(1 - \cos 2\alpha) \, d\alpha + 4\int_{\frac{\pi}{4}}^{\frac{\pi}{2}} d\alpha = 4\left[\alpha - \frac{\sin 2\alpha}{2}\right]_0^{\frac{\pi}{4}} + 4\left(\frac{\pi}{2} - \frac{\pi}{4}\right) = 2(\pi - 1).$$

Problema 4

Determineu el volum del sòlid de revolució generat en girar al voltant de l'eix OX la corba $y = \sqrt{\dfrac{x-1}{x^3 + x}}$ per a $x \geq 1$.

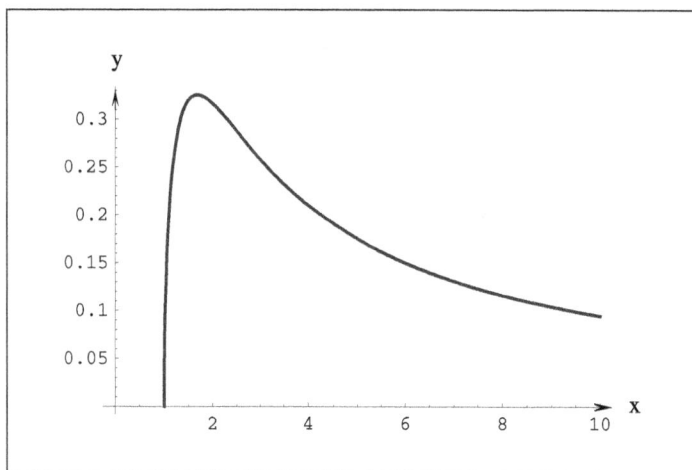

Fig. 5.35 La corba $y = \sqrt{\frac{x-1}{x^3+x}}$ gira al voltant de l'eix OX

En tenim l'esquema a la figura 5.35. El volum demanat s'expressa mitjançant la integral impròpia

$$V_{OX} = \pi \int_1^{+\infty} \left(\sqrt{\frac{x-1}{x^3+x}} \right)^2 dx = \pi \int_1^{+\infty} \frac{x-1}{x(x^2+1)} \, dx.$$

Es tracta d'una integral racional. Per calcular–la, descomponem la fracció en suma de fraccions simples:

$$\frac{x-1}{x(x^2+1)} = \frac{A}{x} + \frac{Mx+N}{x^2+1} = \frac{A(x^2+1)+x(Mx+N)}{x(x^2+1)}.$$

Fent $x = 0$, s'obté $A = -1$. Fent primer $x = 1$ i després $x = -1$, obtenim el sistema d'equacions

$$\begin{cases} M+N = 2 \\ M-N = 0, \end{cases}$$

amb solució $M = N = 1$. Per tant,

$$\int \frac{x-1}{x(x^2+1)} \, dx = \int \frac{-1}{x} \, dx + \int \frac{x+1}{x^2+1} \, dx.$$

La primera integral és immediata:

$$\int \frac{-1}{x} \, dx = -\ln x + C,$$

i la segona es pot escriure com

$$\int \frac{x+1}{x^2+1} \, dx = \frac{1}{2} \int \frac{2x+2}{x^2+1} \, dx = \frac{1}{2} \int \frac{2x}{x^2+1} \, dx + \int \frac{1}{x^2+1} \, dx$$

$$= \frac{1}{2} \ln(x^2+1) + \operatorname{arctg} x + C.$$

Finalment,

$$V_{OX} = \lim_{b \to +\infty} \pi \left[-\ln x + \frac{1}{2} \ln(x^2 + 1) + \operatorname{arctg} x \right]_1^b$$

$$= \lim_{b \to +\infty} \pi \left[\ln \frac{\sqrt{x^2 + 1}}{x} + \operatorname{arctg} x \right]_1^b$$

$$= \lim_{b \to +\infty} \pi \left[\ln \frac{\sqrt{b^2 + 1}}{b} + \operatorname{arctg} b - \ln \sqrt{2} - \frac{\pi}{4} \right]$$

$$= \pi \left(\frac{\pi}{2} - \ln \sqrt{2} - \frac{\pi}{4} \right) = \pi \left(\frac{\pi}{4} - \ln \sqrt{2} \right).$$

Problema 5

Considereu la funció $f(x) = \dfrac{\ln x}{x}$.

a) Calculeu l'àrea sota la gràfica de $f(x)$ per a $x \geq 1$.

b) Deduïu el volum que s'obté en girar la regió anterior al voltant de l'eix d'abscisses.

[Solució]

a) L'àrea encabida entre la gràfica i l'eix d'abscisses ve donada per la integral impròpia següent:

$$A = \int_1^{+\infty} \frac{\ln x}{x} \, dx = \lim_{b \to +\infty} \left[\frac{1}{2} \ln^2 x \right]_1^b = +\infty.$$

Per tant, l'àrea demanada és infinita.

b) El volum generat és

$$V_{OX} = \pi \int_1^{+\infty} \frac{\ln^2 x}{x^2} \, dx.$$

Aquesta integral es pot calcular aplicant el mètode d'integració per parts. Siguin $u = \ln^2 x$ i $dv = \frac{1}{x^2}dx$. Aleshores,

$$V_{OX} = \pi \int_1^{+\infty} \frac{\ln^2 x}{x^2} \, dx = \pi \left(\lim_{b \to +\infty} \left[-\frac{\ln^2 x}{x} \right]_1^b + \int_1^{+\infty} \frac{2 \ln x}{x^2} \, dx \right).$$

El primer sumand és 0 ja que $\lim\limits_{b \to +\infty} \dfrac{\ln^2 b}{b} = 0$ (és fàcil veure-ho aplicant dues vegades la regla de L'Hôpital) i, en substituir x per 1, també surt 0. Tornem a aplicar el mètode d'integració per parts per calcular la integral que queda. En aquest cas, $u = \ln x$ i $dv = \frac{1}{x^2}dx$.

$$V_{OX} = 2\pi \left(\lim_{b \to +\infty} \left[-\frac{\ln x}{x} \right]_1^b + \int_1^{+\infty} \frac{1}{x^2} \, dx \right) = 2\pi \lim_{b \to +\infty} \left[-\frac{1}{x} \right]_1^b = 2\pi.$$

Hem utilitzat que $\lim\limits_{x\to+\infty} \dfrac{\ln x}{x} = 0$.

Curiosament, l'àrea sota la gràfica d'aquesta funció és infinita i, tanmateix, el volum de revolució és finit i val 2π.

Problema 6

Calculeu el límit següent:

$$\lim_{x\to 1} \frac{\displaystyle\int_0^{x^2-1} \sin(t+1)^3}{x^2-1}\, dt.$$

[Solució]

Es tracta d'una indeterminació del tipus $\frac{0}{0}$. Apliquem la regla de L'Hôpital i tenim en compte que, per derivar el numerador, s'ha de fer servir el teorema fonamental del càlcul. La funció $\sin(t+1)^3$ és contínua per a tot t i x^2-1 és derivable per a tot x. Aleshores, $\int_0^{x^2-1} \sin(t+1)^3 dt$ és derivable i la seva derivada val $2x\sin(x^6)$. Així,

$$\lim_{x\to 1} \frac{\int_0^{x^2-1} \sin(t+1)^3 dt}{x^2-1} = \lim_{x\to 1} \frac{2x\sin(x^6)}{2x} = \lim_{x\to 1} \frac{\sin(x^6)}{1} = \sin 1.$$

Problemes proposats

Problema 1

Trobeu les integrals següents pel mètode d'integració per parts:

1) $\int x \cdot e^x\, dx$ 2) $\int \ln x\, dx$ 3) $\int x\cos x\, dx$ 4) $\int \operatorname{arctg} x\, dx$
5) $\int \sin(\ln x)\, dx$ 6) $\int x^2 \ln x\, dx$ 7) $\int e^x \cos 2x\, dx$ 8) $\int e^{2x} \sin x\, dx$

Problema 2

Calculeu les integrals següents:

a) $\displaystyle\int v\sqrt[9]{v^2+9}\, dv$

b) $\displaystyle\int \frac{t}{\sqrt{t^2-1}}\, dt$

c) $\displaystyle\int e^x \sqrt[3]{1+e^x}\, dx$

d) $\displaystyle\int \frac{\ln x}{x}\, dx$

e) $\displaystyle\int_1^5 \frac{x}{1+x^2}\, dx$

Problema 3

Una partícula es mou a una velocitat $v = 2t + 4$ cm/s. Trobeu la distància que recorre la partícula els primers 10 segons.

Problema 4

A la caiguda lliure, la velocitat v és igual a gt. Determineu la distància recorreguda els primers 5 segons de caiguda.

Problema 5

Representeu gràficament les funcions següents i calculeu l'àrea del recinte limitat per l'eix OX, la corba i les rectes que s'indiquen.

a) $y = x^2, \quad x = 2, \quad x = 3$

b) $y = 2e^x, \quad x = -1, \quad x = 1$

Problema 6

Determineu el valor de k tal que

$$\lim_{x \to +\infty} \frac{4 \int_0^x (\text{arctg } t)^2 dt}{k \sqrt{x^2 + 1}} = 2.002.$$

Problema 7

Siguin $f(x)$ una funció derivable i $y = -2x$ la recta tangent a la gràfica de $f(x)$ en el punt d'abscissa $x = 0$. Calculeu el polinomi de Taylor de grau 1 en $a = 0$ de la funció

$$G(x) = 2 + \int_x^{f(x)} e^{-t^2} dt.$$

Problema 8

Calculeu la integral impròpia

$$\int_{-1}^3 \frac{1}{\sqrt{3 + 2x - x^2}} \, dx.$$

Problema 9

Calculeu

$$\int_0^\infty \frac{1}{(x+1)^2(x+2)} \, dx.$$

Problema 10

Esbrineu l'àrea de la regió del pla limitada per les corbes $x^2 + y^2 - 2x = 0$ i $x - 2y^2 = 0$, que conté el punt $(1/2, 0)$.

Problema 11

Determineu l'àrea de la regió plana exterior a la corba $r = 2 - 2\cos\alpha$ i interior a la corba $r = -2\sin\alpha$.

Problema 12

Doneu l'àrea de la *mitja lluna* exterior a la cardioide $r = 1 - \sin\alpha$ i interior a la circumferència $r = \cos\alpha$.

Problema 13

Calculeu el volum del cos de revolució generat per l'el·lipse $\dfrac{(x-3)^2}{4} + y^2 = 1$ quan gira

a) al voltant de l'eix OX.

b) al voltant de l'eix OY.

Problema 14

Sigui la funció $f(x) = (a^2 - x^2)^{-1/4}$ amb $a > 0$. Considereu la regió plana del primer quadrant limitada superiorment per la gràfica de $f(x)$, la seva asímptota vertical i l'eix d'abscisses. Per a quin valor de a el volum que s'obté en fer girar aquesta regió al voltant de l'eix OX és igual al volum generat en fer-la girar al voltant de l'eix OY?

Problema 15

Feu un esbós de la gràfica de la funció $f(x) = \dfrac{1}{x^4 + 1}$. Calculeu el volum de revolució generat en girar la regió plana limitada per la gràfica de $f(x)$ i $y = 0$ per a $x \geq 0$ entorn de l'eix d'ordenades.

Problema 16

Calculeu el volum de l'esfera centrada a l'origen de radi R, a partir de les seccions paral·leles a l'equador.

6 Successions i sèries

6.1 Principi d'inducció matemàtica

En aquesta primera part, exposem un mètode per demostrar propietats que es presenten en termes dels nombres naturals; és el *principi d'inducció matemàtica*.

El problema consisteix a demostrar una determinada propietat $P(n)$ —que depèn dels nombres naturals— per a tot $n \in \mathbb{N}$. Per exemple,

- $1 + 2 + 3 + \cdots + n = \dfrac{n(n+1)}{2}$, $\forall n \in \mathbb{N}$.

- $n^3 + (n+1)^3 + (n+2)^3$ és múltiple de 9 per a tot $n \in \mathbb{N}$.

- El binomi de Newton, $(a+b)^n = \displaystyle\sum_{j=0}^{n} \binom{n}{j} a^{n-j} b^j$.

- $\displaystyle\int_0^1 (1-x^2)^n \, dx = \dfrac{(2n)!!}{(2n+1)!!}$, $\forall n \in \mathbb{N}$, on $(2n)!! = 2n(2n-2) \cdots 2$ i
  $(2n+1)!! = (2n+1)(2n-1) \cdots 3 \cdot 1$.

La idea clau és una propietat del conjunt $\mathbb{N} = \{1, 2, 3, \cdots, n, n+1, \cdots\}$: partint de l'1, podem arribar a qualsevol natural amb un nombre finit de passos, passant de n a $n+1$. Aquesta és la base de les demostracions per inducció. Vegem, doncs, com funciona.

> **Principi d'inducció.** Sigui $P(n)$ una proposició sobre n, per a cada $n \in \mathbb{N}$. Suposem que
>
> a) $P(1)$ és certa.
>
> b) $P(n)$ certa $\implies P(n+1)$ certa.
> Aleshores, $P(n)$ és vertadera per a tot $n \in \mathbb{N}$.

En efecte, si es compleix a), ja tenim el resultat per a $n = 1$. Ara, per b), com que $P(1)$ és vertadera, també ho és $P(2)$. Novament, aplicant la hipòtesi d'inducció, seran certes $P(3)$, $P(4)$, $\cdots$ i, així successivament, i se satisfà $P(n)$ per a tots els naturals.

A l'apartat b), la hipòtesi "$P(n)$ és certa" s'anomena *hipòtesi d'inducció*.

Com a mostra, provem per inducció una igualtat i una desigualtat.

Exemple 6.1

Progressió geomètrica. Demostrem per inducció la fórmula següent per a $r \neq 1$:

$$1 + r + r^2 + r^3 + \cdots r^n = \frac{1 - r^{n+1}}{1 - r}, \; \forall n \in \mathbb{N}.$$

Es tracta de la suma dels $n + 1$ primers termes d'una progressió geomètrica de primer element 1 i *raó* r. En comprovem les dues condicions.

a) $n = 1$. Vegem si la propietat és certa per a $n = 1$: $1 + r \overset{?}{=} \dfrac{1 - r^2}{1 - r}$. En efecte,

$$\frac{1 - r^2}{1 - r} = \frac{(1 + r)(1 - r)}{1 - r} = 1 + r.$$

b) $P(n) \Rightarrow P(n+1)$. Suposem que la fórmula és vàlida per a n i veiem que també se satisfà per a $n+1$. La nostra hipòtesi d'inducció és, doncs, $1 + r + r^2 + r^3 + \cdots r^n = \frac{1 - r^{n+1}}{1 - r}$ i volem demostrar que, llavors, $1 + r + r^2 + r^3 + \cdots + r^{n+1} = \frac{1 - r^{n+2}}{1 - r}$. Tenim, per hipòtesi d'inducció,

$$1 + r + r^2 + r^3 + \cdots r^n + r^{n+1} = \frac{1 - r^{n+1}}{1 - r} + r^{n+1} \quad \text{(i fent els càlculs)}$$

$$= \frac{1 - r^{n+1} + r^{n+1} - r^{n+2}}{1 - r} = \frac{1 - r^{n+2}}{1 - r}$$

com volíem veure.

Suposem que tenim la progressió geomètrica

$$a + ar + ar^2 + ar^3 \cdots + ar^n$$

de primer terme a i raó r, en comptes de l'anterior. Per calcular-ne la suma, només cal treure factor comú la a i aplicar-hi el resultat anterior:

$$a \left(1 + r + r^2 + r^3 + \cdots + r^n\right) = a \frac{1 - r^{n+1}}{1 - r}$$

Exemple 6.2

Una desigualtat. Demostrem que se satisfà $2^{n-1} \leq n!$ per a tot $n \in \mathbb{N}$.

a) $n = 1$. La desigualtat és certa per als primers naturals:

$$
\begin{aligned}
n &= 1 &\rightarrow& \quad 0 \leq 1, \\
n &= 2 &\rightarrow& \quad 2 \leq 2, \\
n &= 3 &\rightarrow& \quad 4 \leq 12 \cdots
\end{aligned}
$$

b) $P(n) \Rightarrow P(n+1)$. Suposem que es compleix $2^{n-1} \leq n!$ (hipòtesi d'inducció) i veurem que $2^n \leq (n+1)!$ també és cert. Multipliquem la hipòtesi d'inducció per 2 a cada banda de la desigualtat i el signe $\leq$ no varia (perquè 2 és positiu). Si tenim en compte que $2 \leq n+1$ per a cada $n \in \mathbb{N}$, resulta

$$2^{n-1} \leq n! \implies 2^n \leq 2n! \implies (n+1)n! \implies 2^n \leq (n+1)!$$

com volíem provar.

Eventualment, podem trobar-nos amb una propietat per demostrar, però no per a tot $n \in \mathbb{N}$, sinó per a $n \geq n_0$, amb un determinat $n_0 \in \mathbb{N}$. Per exemple, per a $n \geq 4$ —en aquest cas, no ens interessa o no és certa la propietat per a $n = 1, 2, 3$. Tanmateix, el principi d'inducció funciona com abans, llevat de l'apartat a). En aquest cas, es tracta de comprovar

a) $P(n_0)$ és certa i
b) $P(n)$ certa $\implies P(n+1)$ certa.

6.2 Successions de nombres reals

En aquesta secció, estudiem les col·leccions infinites i ordenades de nombres, és a dir, les successions.

Definició 6.3 Una *successió de nombres reals* és una aplicació del conjunt dels nombres naturals en $\mathbb{R}$, és a dir,

$$\varphi : \mathbb{N} \longrightarrow \mathbb{R}$$
$$n \longmapsto \varphi(n) = x_n$$

Intuïtivament, una successió en $\mathbb{R}$ correspon a una col·lecció infinita de cel·les numerades (amb les etiquetes ordenades $n = 1, 2, 3, \ldots$) i, en cada una d'elles hi col·loquem un nombre real. En tenim l'esbós a la figura 6.1.

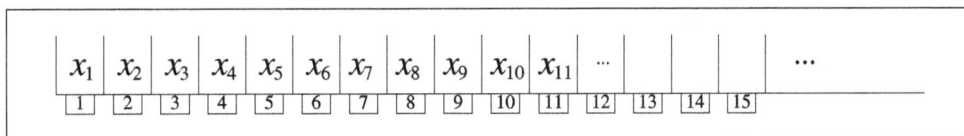

Fig. 6.1 Elements d'una successió

$$\varphi : \mathbb{N} \longrightarrow \mathbb{R}$$
$$1 \longmapsto \varphi(1) = x_1 \quad \text{(a la primera casella, hi ha un número } x_1\text{)}$$
$$2 \longmapsto \varphi(2) = x_2 \quad \text{(a la segona casella, hi ha un número } x_2\text{)}$$
$$\vdots$$
$$n \longmapsto \varphi(n) = x_n \quad \text{(a l'enèsima casella, hi ha un número } x_n\text{)}$$
$$\vdots$$

Designem la nostra successió per (x_n), $(x_n : n \in \mathbb{N})$, $(x_n)_{n \geq 1}$ i, evidentment, amb altres lletres: (y_n), (z_n), (a_n), (b_n), etc.

Els nombres x_1, x_2, $x_3, \ldots, x_n, \ldots$ s'anomenen els elements o termes de la successió i (x_n) en representa el terme general. Cal remarcar que hem de distingir entre la successió —els seus elements— i la imatge —recorregut o rang— de l'aplicació. Per exemple, la successió $0, 2, 0, 2, 0, 2, 0, 2, \ldots$ seria $\left(1 + (-1)^n : n \in \mathbb{N} \right)$, mentre que la imatge de l'aplicació que genera la successió és $\{0, 2\}$.

Exemples 6.4

Vegem diferents exemples de successions i maneres de donar-les.

a) Successió dels nombres parells. Podem escriure la llista d'uns quants elements:

$$2, 4, 6, 8, 10, 12, 14, 16, \ldots$$

També podem considerar el terme general de la successió

$$x_n = 2n, \ n \in \mathbb{N}.$$

b) *Successió de Fibonacci.*

$$x_1 = 1, \ x_2 = 1, \ x_{n+1} = x_n + x_{n-1}, \ n \geq 2.$$

Aquesta successió ve definida mitjançant una llei de recurrència, és a dir, cada terme —excepte els primers— s'obté a partir dels anteriors. Així, queda

$$1, 1, 2, 3, 5, 8, 13, 21, 34, 55, 89, \ldots$$

Operacions amb successions

Amb les successions, es poden realitzar les operacions algebraiques elementals. La suma, la diferència, el producte i el quocient de dues successions es fan terme a terme.

Definició 6.5 Siguin (x_n) i (y_n) dues successions en $\mathbb{R}$. Definim les operacions següents.

- *Suma:* $(x_n) + (y_n) = (x_n + y_n)$.
- *Diferència:* $(x_n) - (y_n) = (x_n - y_n)$.
- *Producte:* $(x_n) \cdot (y_n) = (x_n \cdot y_n)$.
- *Producte per un escalar:* $\lambda \cdot (x_n) = (\lambda x_n)$, $\forall \lambda \in \mathbb{R}$.
- *Quocient:* $\dfrac{(x_n)}{(y_n)} = \left(\dfrac{x_n}{y_n} \right)$, si $y_n \neq 0$, $\forall n \in \mathbb{R}$.

Exemples 6.6

Un parell d'operacions.

a) Siguin $\begin{aligned} (x_n) &= 2, 4, 6, 8, 10, 12, 14, 16, 18, \ldots \\ (y_n) &= 1, 1, 2, 3, 5, 8, 13, 21, 34, \ldots \end{aligned}$

Aleshores,

$$(x_n) + (y_n) = 3, 5, 8, 11, 15, 20, 27, 37, 52, \ldots$$

b) Siguin les successions $x_n = 1 + (-1)^n$, $n \in \mathbb{N}$ i $y_n = n$, $n \in \mathbb{N}$. Llavors,

$$\frac{(x_n)}{(y_n)} = 0, 1, 0, \frac{1}{2}, 0, \frac{1}{3}, 0, \frac{1}{4}, 0, \frac{1}{5}, \ldots$$

Límit d'una successió

Ens interessa conèixer el comportament de les successions quan n es fa gran. Per això, tindrem en compte un nou concepte, el de límit.

Definició 6.7 Sigui (x_n) una successió de nombres reals. Diem que (x_n) té *límit* $x \in \mathbb{R}$ si, per a cada $\varepsilon > 0$, existeix $n_0 \in \mathbb{N}$ tal que

$$|x_n - x| < \varepsilon, \quad \text{per a tot } n \geq n_0.$$

En aquest cas, diem que (x_n) és una successió *convergent* cap a x.
Si una successió no té límit, s'anomena *divergent*.

Quan (x_n) té límit x, ho escriurem $\lim\limits_{n \to \infty} x_n = x$, $\lim\limits_n x_n = x$, o bé $x_n \to x$.

Observació 6.8 Unicitat del límit. *Sigui (x_n) una successió en $\mathbb{R}$ amb límit. Aleshores, (x_n) té un únic límit.*

Demostració. Suposem que la successió (x_n) té dos límits diferents: x i x'. Sigui $d = |x - x'|$ la distància entre ambdós límits. Considerem $\varepsilon = \dfrac{d}{2} > 0$. Com que x és límit de la successió, existeix un $n_1 \in \mathbb{N}$ tal que $|x_n - x| < \varepsilon$ si $n \geq n_1$. Anàlogament, com que x' és límit de la successió, existeix un $n_2 \in \mathbb{N}$ tal que $|x_n - x'| < \varepsilon$ si $n \geq n_2$. Sigui n_0 el màxim de n_1 i n_2. Llavors,

$$|x_n - x| < \varepsilon \ \text{ i } \ |x_n - x'| < \varepsilon \ \text{ si } \ n \geq n_0.$$

Aleshores, tenim per a $n \geq n_0$,

$$d = |x - x'| = |x - x_n + x_n - x'| \leq |x - x_n| + |x' - x_n| < \varepsilon + \varepsilon = d.$$

Hem obtingut un absurd: $d < d$. Aquesta contradicció prové de suposar que $x \neq x'$; per tant, el límit és únic. $\qquad\square$

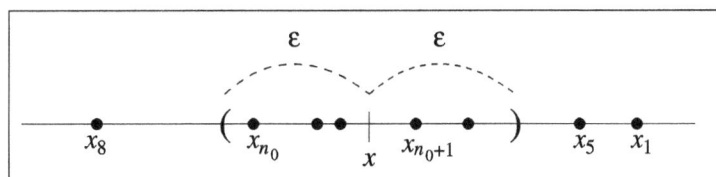

Fig. 6.2 Límit d'una successió

La idea de límit d'una successió ens diu que, a partir d'un determinat lloc, els elements de la successió es troben arbitràriament a prop del límit (figura 6.2).

És clar que el comportament d'una successió només depèn dels elements a partir d'un lloc suficientment gran, és a dir, de la *cua de la successió*. En aquest sentit, si considerem una successió real (x_n) i construïm la nova successió (y_n), que consisteix a canviar, eliminar o afegir un nombre finit d'elements de (x_n), obtenim que

$$\lim_{n \to \infty} x_n = x \iff \lim_{n \to \infty} y_n = x.$$

Exemples 6.9

Uns quants límits de successions.

a) $\dfrac{1}{n} \to 0$. En efecte, donat $\varepsilon > 0$, tenim $\left| \dfrac{1}{n} - 0 \right| = \dfrac{1}{n} < \varepsilon$ si $n \geq n_0$, prenent $n_0 > \dfrac{1}{\varepsilon}$.

b) $0, 2, 0, 2, 0, 2, \ldots$ no té límit. Si la successió tingués un límit x, hauria d'estar tan a prop com volguéssim de x (per exemple, a una distància més petita que $\frac{1}{2}$), a partir d'un lloc determinat. És evident que això no és possible, ja que la successió sempre va prenent els valors 0 i 2, alternativament.

c) $3, 3, 3, 3, 3, 3, 3, 3, \ldots \to 3$. És trivial que una successió constant té límit el valor constant dels termes.

d) $\lim\limits_{n \to \infty} \dfrac{-4n + 3}{n + 1} = -4$. Sigui $\varepsilon > 0$. Aleshores,

$$\left| \frac{-4n + 3}{n + 1} - (-4) \right| = \left| \frac{-4n + 3}{n + 1} + 4 \right| = \left| \frac{7}{n + 1} \right| = \frac{7}{n + 1} < \varepsilon \quad \text{si} \quad n \geq n_0,$$

prenent $n_0 > \dfrac{7}{\varepsilon} - 1$.

Successions pròpiament divergents

És convenient ampliar el concepte de límit a $\pm\infty$.

Definició 6.10 Sigui (x_n) una successió de nombres reals. Diem que

- (x_n) *tendeix a* $+\infty$ (o *té límit* $+\infty$) si, per a cada $K \in \mathbb{R}$, existeix un natural n_0 tal que, si $n \geq n_0$, aleshores $x_n > K$. En aquest cas, escrivim $\lim\limits_{n} x_n = +\infty$.

- (x_n) *tendeix a* $-\infty$ (o *té límit* $-\infty$) si, per a cada $K \in \mathbb{R}$, existeix un natural n_0 tal que, si $n \geq n_0$, aleshores $x_n < K$. En aquest cas, escrivim $\lim\limits_{n} x_n = -\infty$.

- (x_n) *és pròpiament divergent* o *divergent cap a infinit* si $\lim\limits_{n} x_n = +\infty$ o $\lim\limits_{n} x_n = -\infty$.

Exemples 6.11

Successions divergents cap a infinit.

a) La successió 3^n tendeix a $+\infty$, és a dir, és pròpiament divergent.

b) La successió $x_n = -n^2$ tendeix a $-\infty$.

c) La successió $x_n = (-1)^n n$ és divergent, però no és pròpiament divergent, ni cap a $+\infty$ ni cap a $-\infty$.

Teoremes sobre límits

A continuació, presentem uns resultats molt útils per al càlcul de límits. En primer lloc, donem la definició de successió fitada. Això ens permet "delimitar-ne" els elements dins la recta real.

Definició 6.12 Diem que una successió

- (x_n) és *fitada inferiorment* si existeix un nombre real M_1 tal que $M_1 \leq x_n$, $\forall n \in \mathbb{N}$; en aquest cas, M_1 és una *fita inferior* de la successió.

- (x_n) és *fitada superiorment* si existeix un nombre real M_2 tal que $x_n \leq M_2$, $\forall n \in \mathbb{N}$; en aquest cas, M_2 és una *fita superior* de la successió.

- (x_n) és *fitada* si ho és inferior i superiorment, és a dir, si existeixen nombres reals M_1, M_2 tals que $M_1 \leq x_n \leq M_2$, $\forall n \in \mathbb{N}$.

És trivial que la definició anterior de successió fitada resulta equivalent a dir que existeix un nombre real $K > 0$ tal que $|x_n| \leq K$, $\forall n \in \mathbb{N}$.

Exemples 6.13

Fitació de successions.

a) La successió $x_n = \dfrac{1}{n}$ és fitada, ja que $0 < \dfrac{1}{n} \leq 1$, $\forall n \in \mathbb{N}$.

b) La successió $x_n = n^2$ no és fitada. En efecte, donat qualsevol nombre real M, sempre existeix un nombre natural tal que $n^2 > M$, és a dir, hi ha algun terme de la successió més gran que M.

El primer resultat rellevant per a l'existència de límit d'una successió és la condició necessària de fitació.

Teorema 6.14 Condició necessària de convergència. *Tota successió convergent és fitada.*

Demostració. Sigui la successió (x_n) una successió amb límit x. Considerem $\varepsilon = 1$. Aleshores, existeix un natural n_0 tal que $|x_n - x| < 1$ si $n \geq n_0$. Podem escriure, doncs, $|x_n| = |x_n - x + x| \leq |x_n - x| + |x| < 1 + |x|$ si $n \geq n_0$. Sigui

$$M = \mathrm{màx}\{x_1, x_2, \cdots, x_{n_0-1}, 1 + |x|\}.$$

És clar que $|x_n| \leq M$, per a tot $n \in \mathbb{N}$. Això significa que (x_n) és una successió fitada. $\qquad\square$

Observació 6.15 *El recíproc del teorema anterior no és cert. Com a contraexemple, tenim $(x_n) = 0, 2, 0, 2, 0, 2, 0, 2, \ldots$ Aquesta successió és fitada perquè $0 \leq x_n \leq 2$, per a tot $n \in \mathbb{N}$, però no té límit.*

El teorema següent relaciona els límits i les operacions bàsiques.

Teorema 6.16 Límits i operacions algebraiques. *Siguin (x_n) i (y_n) successions convergents amb* $\lim_n x_n = x$ *i* $\lim_n y_n = y$. *Aleshores, també són convergents les successions* $(x_n + y_n)$, $(x_n - y_n)$ *i* $(x_n \cdot y_n)$ *i es compleix que*

- $\lim_n (x_n + y_n) = x + y$.

- $\lim_n (x_n - y_n) = x - y$.

- $\lim_n (x_n \cdot y_n) = x \cdot y$.

- $\lim_n (\lambda \cdot x_n) = \lambda x$, $\forall \lambda \in \mathbb{R}$.

A més, si $y_n \neq 0$ per a tot n i $y \neq 0$, aleshores

- $\lim_n \dfrac{x_n}{y_n} = \dfrac{x}{y}$.

Exemples 6.17

Aprofitant càlculs anteriors, tenim

a) $\lim \left(\dfrac{1}{n} + \dfrac{-4n+3}{n+1} \right) = \lim \dfrac{1}{n} + \lim \dfrac{-4n+3}{n+1} = 0 - 4 = -4$.

b) Siguin $(x_n) = 3,3,3,3,\cdots$ i $(y_n) = \dfrac{-4n+3}{n+1}$.

Aleshores, $\lim(x_n \cdot y_n) = (\lim x_n)(\lim y_n) = 3(-4) = -12$.

Teorema 6.18 Límits i desigualtats. *Siguin (x_n) i (y_n) successions de nombres reals convergents.*
- *Si existeix $n_0 \in \mathbb{N}$ tal que $x_n \geq 0$ per a tot $n \geq n_0$ $\Longrightarrow$ $\lim(x_n) \geq 0$.*
- *Si existeix $n_0 \in \mathbb{N}$ tal que $x_n \leq y_n$ per a tot $n \geq n_0$ $\Longrightarrow$ $\lim(x_n) \leq \lim(y_n)$.*

Un altre criteri que relaciona límits i desigualtats es coneix com el teorema de l'entrepà o teorema de compressió.

Teorema 6.19 Teorema de l'entrepà. *Siguin $(x_n),(y_n)$ i (z_n) successions de nombres reals amb* $\lim_{n \to \infty} x_n = \lim_{n \to \infty} z_n = L$, *on $L \in \mathbb{R} \cup \{+\infty, -\infty\}$ i tals que existeix un $n_0 \in \mathbb{N}$, de manera que $x_n < y_n < z_n$ per a tot $n \geq n_0$; aleshores,* $\lim_{n \to \infty} y_n = L$.

El criteri següent ens dóna resposta a límits en forma de producte, on un dels factors té límit 0 i l'altre factor és fitat (i pot ser convergent o divergent).

Lema 6.20 Criteri infinitèsim per fitada. *Siguin (x_n) i (y_n) successions de nombres reals tals que* $\lim_{n \to \infty} x_n = 0$ *i (y_n) és fitada. Aleshores,* $\lim_{n \to \infty} x_n y_n = 0$.

Demostració. Sigui $\varepsilon > 0$. Com que (y_n) és fitada, existeix un nombre real M tal que $|y_n| \leq M$, $\forall n \in \mathbb{R}$. Considerem $\varepsilon_1 = \dfrac{\varepsilon}{M}$. Com que $\lim x_n = 0$, existeix un natural n_0 tal que $|x_n| < \varepsilon_1 = \frac{\varepsilon}{M}$, per a $n \geq n_0$. Aleshores,

$$|x_n y_n - 0| = |x_n||y_n| < \frac{\varepsilon}{M} M = \varepsilon, \text{ si } n \geq n_0.$$

Hem provat, doncs, que $\lim\limits_{n \to \infty} x_n y_n = 0$. $\qquad\qquad\qquad\qquad\qquad\qquad\qquad\qquad\qquad\qquad$ $\square$

Exemple 6.21

Calculem $\lim\limits_{n \to \infty} \dfrac{1}{n} \sin n$. Tenim un producte de dues successions: $\dfrac{1}{n}$, amb límit 0 i $\sin n$, que no té límit. Aleshores, no podem aplicar que el límit del producte sigui el producte dels límits, ja que un d'ells no existeix. Tanmateix, $(\sin n)$ és una successió fitada. Concretament, $|\sin n| \leq 1$ per a tot n. Així, el criteri infinitèsim per fitada ens assegura que $\lim\limits_{n \to \infty} \dfrac{1}{n} \sin n = 0$.

Successions monòtones

> **Definició 6.22** Diem que una successió de nombres reals (x_n) és
>
> - *creixent* si $\ x_1 \leq x_2 \leq \cdots \leq x_n \leq x_{n+1} \leq \cdots$
> - *estrictament creixent* si $\ x_1 < x_2 < \cdots < x_n < x_{n+1} < \cdots$
> - *decreixent* si $\ x_1 \geq x_2 \geq \cdots \geq x_n \geq x_{n+1} \geq \cdots$
> - *estrictament decreixent* si $\ x_1 > x_2 > \cdots > x_n > x_{n+1} > \cdots$
> - *monòtona* si és creixent o decreixent,
> - *estrictament monòtona* si és estrictament creixent o estrictament decreixent.

És clar que les successions estrictament monòtones també són monòtones, però el recíproc no és cert, en general.

Exemples 6.23

Monotonia de les successions.

a) La successió $x_n = -n^2$ és decreixent (estrictament).

b) La successió $1, 2, 2, 3, 3, 3, 4, 4, 4, 4, \ldots$ és creixent, però no estrictament.

c) Una successió constant $x, x, x, x, x, x, x, \ldots$ és creixent i decreixent alhora.

d) La successió $0, 2, 0, 2, 0, 2, \ldots$ no és monòtona —ni creixent ni decreixent.

Observació 6.24 *Tota successió*

- *monòtona creixent és fitada inferiorment, per exemple, per x_1.*
- *monòtona decreixent és fitada superiorment, per exemple, per x_1.*

Teorema 6.25 **Teorema de la convergència monòtona.** *Una successió* (x_n) *de nombres reals monòtona és convergent si i només si és fitada. A més,*

- *Si* (x_n) *és monòtona creixent i fitada; aleshores,* $\lim x_n = \sup\{x_n\}$.
- *Si* (x_n) *és monòtona decreixent i fitada; aleshores,* $\lim x_n = \inf\{x_n\}$.

Per a les successions monòtones, doncs, la fitació és equivalent a la convergència.

Exemple 6.26

El número e d'Euler. Considerem la successió

$$x_n = 1 + \frac{1}{1!} + \frac{1}{2!} + \frac{1}{3!} + \cdots + \frac{1}{n!}.$$

Podem escriure $x_n = \sum_{k=0}^{n} \frac{1}{k!}$, recordant que $0! = 1$. Es tracta de provar que aquesta successió és monòtona creixent i fitada. Un cop vist això, pel teorema de la convergència monòtona podem concloure que és convergent. El seu límit és, en realitat, el número e d'Euler i es pren com a base dels logaritmes naturals o neperians. Vegem-ne la monotonia i la fitació.

Monotonia. Només cal observar que

$$x_{n+1} = x_n + \frac{1}{(n+1)!} > x_n, \quad \forall n \in \mathbb{N}.$$

Per tant, (x_n) és estrictament monòtona creixent.

Fitació. Com que és monòtona creixent, la successió és fitada inferiorment (per exemple, pel primer terme): $x_1 = 2 \leq x_n$, $\forall n \in \mathbb{N}$. Ara és suficient estudiar-ne fites superiors. A l'exemple 6.2 hem vist que $0 < 2^{k-1} \leq k!$ per a tot k natural. Aleshores, $\frac{1}{k!} \leq \frac{1}{2^{k-1}}$ per a tot $k \in \mathbb{N}$. Així, i tenint també en compte l'exemple 6.1, obtenim

$$x_n = 1 + \frac{1}{1!} + \frac{1}{2!} + \frac{1}{3!} + \cdots + \frac{1}{n!} \leq 1 + 1 + \frac{1}{2} + \frac{1}{2^2} + \cdots + \frac{1}{2^{n-2}} + \frac{1}{2^{n-1}} =$$

$$= 1 + \frac{1 - \frac{1}{2^n}}{1 - \frac{1}{2}} < 1 + \frac{1}{1/2} = 3.$$

D'aquí veiem que $x_n \leq 3$, $\forall n \in \mathbb{N}$. Per tant, la successió és fitada. Es defineix

$$e = \lim_{n \to \infty} \left(1 + \frac{1}{1!} + \frac{1}{2!} + \frac{1}{3!} + \cdots + \frac{1}{n!} \right).$$

Observem que, segons les fites estimades, $2 \leq e \leq 3$. De fet, e és un nombre irracional i les seves primeres xifres decimals són

$$e = 2'718281828459045235360287471352\7\ldots$$

Una manera alternativa —també molt habitual— de definir el número e és a partir d'una altra successió:

$$e = \lim_{n \to \infty} \left(1 + \frac{1}{n}\right)^n.$$

A continuació, demostrem que la successió $a_n = \left(1 + \frac{1}{n}\right)^n$ és convergent. N'hi ha prou a veure que (a_n) és monòtona i fitada.

Creixement. Volem comprovar que

$$a_n < a_{n+1}, \quad \forall n \in \mathbb{N}.$$

Escrivim aquests dos termes i els comparem. Pel binomi de Newton, tenim

$$a_n = \left(1 + \frac{1}{n}\right)^n = \binom{n}{0} + \binom{n}{1}\frac{1}{n} + \binom{n}{2}\frac{1}{n^2} + \cdots + \binom{n}{n-1}\frac{1}{n-1} + \binom{n}{n}\frac{1}{n^n}$$

$$= 1 + \frac{n}{n} + \frac{n(n-1)}{2!}\frac{1}{n^2} + \frac{n(n-1)(n-2)}{3!}\frac{1}{n^3} + \cdots + \frac{n(n-1)(n-1)\cdots 1}{n!}\frac{1}{n^n}$$

$$= 1 + 1 + \frac{1}{2!}\frac{n-1}{n} + \frac{1}{3!}\frac{(n-1)(n-2)}{n^2} + \cdots + \frac{1}{n!}\frac{(n-1)(n-2)\cdots 1}{n^{n-1}}$$

$$= 1 + 1 + \frac{1}{2!}\frac{n-1}{n} + \frac{1}{3!}\frac{n-1}{n}\frac{n-2}{n} + \cdots + \frac{1}{n!}\frac{n-1}{n}\frac{n-2}{n}\cdots\frac{1}{n}$$

$$= 1 + 1 + \frac{1}{2!}\left(1 - \frac{1}{n}\right) + \frac{1}{3!}\left(1 - \frac{1}{n}\right)\left(1 - \frac{2}{n}\right) + \cdots + \frac{1}{n!}\left(1 - \frac{1}{n}\right)\left(1 - \frac{2}{n}\right)\cdots$$
$$\cdots\left(1 - \frac{n-1}{n}\right).$$

Anàlogament,

$$a_{n+1} = \left(1 + \frac{1}{n+1}\right)^{n+1}$$

$$= 1 + 1 + \frac{1}{2!}\left(1 - \frac{1}{n+1}\right) + \frac{1}{3!}\left(1 - \frac{1}{n+1}\right)\left(1 - \frac{2}{n+1}\right) + \cdots +$$

$$+ \frac{1}{n!}\left(1 - \frac{1}{n+1}\right)\left(1 - \frac{2}{n+1}\right)\cdots\left(1 - \frac{n-1}{n+1}\right) +$$

$$+ \frac{1}{(n+1)!}\left(1 - \frac{1}{n+1}\right)\left(1 - \frac{2}{n+1}\right)\cdots\left(1 - \frac{n}{n+1}\right).$$

Observem que tots els sumands són positius i a_{n+1} en té un més que a_n. Cada sumand de a_n es correspon amb un de a_{n+1}, que és més gran que el de a_n. En altres paraules, estem dient que

$$1 - \frac{k}{n} < 1 - \frac{k}{n+1}.$$

En efecte, tenim

$$0 < n < n+1 \implies \frac{1}{n} > \frac{1}{n+1} > 0$$

i, com que $k > 0$,

$$\frac{k}{n} > \frac{k}{n+1} > 0 \implies -\frac{k}{n} < -\frac{k}{n+1} \implies 1 - \frac{k}{n} < 1 - \frac{k}{n+1}.$$

És clar, doncs, que $a_n < a_{n+1}$, com volíem demostrar.

Fitació. Atès que la successió (a_n) és monòtona creixent, podem afirmar que és fitada inferiorment, per exemple, per a_1. Ara només cal veure que també es fitada superiorment. Per l'exemple 6.2, sabem que $2^{k-1} \leq k!$; per tant, $\frac{1}{k!} \leq \frac{1}{2^{k-1}}$. A més, si k pren els valors $1, 2, \cdots, n-1$, obtenim $0 < 1 - \frac{k}{n} < 1$. En conseqüència,

$$a_n = 1 + 1 + \frac{1}{2!}\left(1 - \frac{1}{n}\right) + \frac{1}{3!}\left(1 - \frac{1}{n}\right)\left(1 - \frac{2}{n}\right) + \cdots + \frac{1}{n!}\left(1 - \frac{1}{n}\right)\left(1 - \frac{2}{n}\right)\cdots$$

$$\cdots\left(1 - \frac{n-1}{n}\right) < 1 + 1 + \frac{1}{2!} + \frac{1}{3!} + \cdots \frac{1}{n!} = x_n \leq 3,$$

gràcies a la fita que ja havíem obtingut. El teorema de la convergència monòtona ens assegura l'existència del límit de a_n.

Per acabar, hem de comprovar que els límits de les successions (x_n) i (a_n) són iguals. Designem-los com

$$e = \lim_{n \to \infty} x_n \quad \text{i} \quad e' = \lim_{n \to \infty} a_n.$$

Hem vist més amunt que $a_n \leq x_n$. Per tant, pel teorema 6.18 tenim, de moment, $e' \leq e$. Només cal justificar aquesta desigualtat en sentit contrari. Per a cada n, considerem $m < n$. Sigui

$$b_n = 1 + 1 + \frac{1}{2!}\left(1 - \frac{1}{n}\right) + \cdots + \frac{1}{m!}\left(1 - \frac{1}{n}\right)\cdots\left(1 - \frac{m-1}{n}\right).$$

De manera clara,

$$b_n \leq a_n$$

perquè hem agafat menys termes. Fixem m i fem tendir n cap a ∞. Aleshores, $\lim_{n \to \infty} b_n \leq \lim_{n \to \infty} a_n$. Resulta que

$$\lim_{n \to \infty} b_n = 1 + 1 + \frac{1}{2!} + \frac{1}{3!} + \cdots + \frac{1}{m!} = x_m.$$

Per tant,

$$x_m \leq \lim_{n \to \infty} a_n = e'.$$

Si prenem ara límit quan $m \to \infty$, obtenim $e \le e'$. Així, doncs, $e = e'$. És a dir, les dues successions x_n i a_n tenen el mateix límit.

$$e = \lim_{n \to \infty} \left(1 + \frac{1}{n} \right)^n = \lim_{n \to \infty} 1 + \frac{1}{1!} + \frac{1}{2!} + \frac{1}{3!} + \cdots + \frac{1}{n!}.$$

La versió del teorema de la convergència monòtona per a successions pròpiament divergents és la següent.

Teorema 6.27 *Una successió de nombres reals monòtona és pròpiament divergent si i només si no és fitada. En particular,*

- *si (x_n) és creixent, aleshores (x_n) és no fitada superiorment $\iff \lim_{n \to \infty} x_n = +\infty$,*

- *si (x_n) decreixent, aleshores (x_n) és no fitada inferiorment $\iff \lim_{n \to \infty} x_n = -\infty$.*

Exemples 6.28

Successions monòtones.

a) Considerem la successió $x_n = -(n+5)$. Vegem que és decreixent, és a dir, $x_n > x_{n+1}$. Tenim, per a tot n natural,

$$n + 5 < n + 6 \implies -(n+5) > -(n+6) \implies x_n > x_{n+1}.$$

Aleshores, la successió és fitada superiorment, per exemple per $x_1 = -6$. Ara bé, no és fitada inferiorment. En efecte, per a qualsevol nombre real K existeix un element de la successió menor que K; només cal prendre x_n, amb $n > -5 - K$. Per tant, la successió divergeix cap a $-\infty$.

b) La successió $x_n = \dfrac{n}{\sqrt{n+2}}$ és monòtona creixent. Examinem-ne els primers termes:

$$x_1 = \frac{1}{\sqrt{3}}, \; x_2 = 1, \; x_3 = \frac{3}{\sqrt{5}}, \; x_4 = \frac{4}{\sqrt{6}}, \cdots$$

Sospitem que és una successió creixent. Comprovem–ho. Volem veure que $x_n \le x_{n+1}$, $\forall n \in \mathbb{N}$, és a dir,

$$\frac{n}{\sqrt{n+2}} \overset{?}{\le} \frac{n+1}{\sqrt{n+3}}.$$

Com que operem amb nombres positius, la desigualtat anterior és equivalent a les següents

$$n\sqrt{n+3} \overset{?}{\le} (n+1)\sqrt{n+2} \iff n^2(n+3) \overset{?}{\le} (n+1)^2(n+2) \iff 0 \overset{?}{\le} n^2 + 5n + 2.$$

L'última desigualtat és certa per a tot n. Aleshores, anant endarrere en les implicacions, obtenim que la successió és monòtona creixent. De fet, és estrictament monòtona perquè tots els càlculs són correctes substituint el signe "$\le$" per "$<$".

Considerem la funció $f(x) = \dfrac{x}{\sqrt{x+2}}$ per a $x \in \mathbb{R}$ associada a la successió (x_n). És una funció auxiliar tal que $f(n) = x_n$. Observem que $\lim_{x \to +\infty} f(x) = +\infty$. Si considerem el límit de $f(x)$ restringit a $x = n$, per a $n \in \mathbb{N}$, obtenim $\lim\limits_{n \to +\infty} f(x) = +\infty$ i, per tant, $\lim \dfrac{n}{\sqrt{n+2}} + \infty$. Es tracta d'una successió monòtona divergent cap a $+\infty$. En conseqüència, la successió no és fitada superiorment.

Infinits i infinitèsims

En aquest apartat, considerem unes successions molt especials, les que tenen límit 0 i les que tenen límit infinit.

Definició 6.29 Diem que una successió (x_n) és *un infinitèsim* —o *un infinitesimal*— si $\lim x_n = 0$.

Exemples 6.30

Són infinitèsims les successions

$$\frac{1}{n^4}, \quad \sin\frac{1}{n}, \quad 2 - \frac{2n-3}{n+3}.$$

Clarament, una successió y_n té límit y si i només si $y_n - y$ és un infinitèsim.

Definició 6.31 Diem que una successió (x_n) és *un infinit* si $\lim x_n = +\infty$ o $\lim x_n = -\infty$.

Exemples 6.32

Són infinits les successions

$$\sqrt{n^4 + 5n}, \quad \frac{-n^5 - 3n + 3}{2n}, \quad \frac{1}{1 - \cos\frac{1}{n}}.$$

De la mateixa manera que en l'estudi de les funcions reals vàrem considerar infinitèsims equivalents, aquí, per successions, també ens seran molt útils.

Definició 6.33 Diem que *dos infinitèsims* (i també *dos infinits*) (x_n) i (y_n) *són equivalents* si

$$\lim \frac{x_n}{y_n} = 1.$$

En aquest cas, ho designarem per $x_n \sim y_n$.

A continuació, en presentem uns exemples força rellevants.

Infinitèsims equivalents

Suposem que $x_n \to 0$, és a dir, x_n és un infinitèsim. Aleshores:

- $x_n \sim \sin x_n \sim \text{tg}\, x_n \sim \text{arctg}\, x_n \sim \sinh x_n$.

- $1 - \cos x_n \sim x_n^2/2$.

- $\cosh x_n - 1 \sim x_n^2/2$.

- $\ln(1 \pm x_n) \sim \pm x_n, \; (y_n \to 1 \implies \ln y_n \sim y_n - 1)$.

- $a^{x_n} - 1 \sim x_n \ln a$. $\left(\text{Un cas particular és } a^{1/n} - 1 \sim \dfrac{\ln a}{n}\right)$

- $(1 + x_n)^k - 1 \sim k x_n$.

Infinits equivalents

- $a_k n^k + a_{k-1} n^{k-1} + \cdots + a_1 n + a_0 \sim a_k n^k$.

- $\ln(a_k n^k + a_{k-1} n^{k-1} + \cdots + a_1 n + a_0) \sim \ln(n^k)$.

- $n! \sim n^n e^{-n} \sqrt{2\pi n}$ (fórmula de Stirling).

- $\dfrac{(2n)!!}{(2n-1)!!} \sim \sqrt{2\pi n}$.

- $\ln n \sim 1 + \dfrac{1}{1} + \dfrac{1}{2} + \cdots + \dfrac{1}{n}$.

Operacions amb infinits i infinitèsims

Quan operem algebraicament amb infinits i infinitèsims, no sempre podem assegurar l'existència del límit i el seu valor. Aleshores, tenim un límit indeterminat, que s'ha d'estudiar, en cada cas, d'una manera particular.

En primer lloc, presentem un esquema de les operacions que no representen cap indeterminació.

Amb la suma:

x_n	y_n	$x_n + y_n$
$+\infty$	$+\infty$	$+\infty$
$+\infty$	a	$+\infty$
$-\infty$	$-\infty$	$-\infty$
$-\infty$	a	$-\infty$

Amb el producte:

x_n	y_n	$x_n \cdot y_n$
$+\infty$	$+\infty$	$+\infty$
$-\infty$	$-\infty$	$+\infty$
$+\infty$	$-\infty$	$-\infty$
$a > 0$	$+\infty$	$+\infty$
$a > 0$	$-\infty$	$-\infty$
$a < 0$	$+\infty$	$-\infty$
$a < 0$	$-\infty$	$+\infty$

Amb el quocient:

x_n	$1/x_n$
$\pm\infty$	0
$0, \ x_n > 0$	$+\infty$
$0, \ x_n < 0$	$-\infty$

A continuació, exposem les indeterminacions:

$$\infty - \infty, \quad 0 \cdot \infty, \quad \frac{0}{0}, \quad \frac{\infty}{\infty}, \quad 0^0, \quad \infty^0, \quad 1^\infty.$$

Altres criteris de convergència per a successions

Alguns criteris usuals per a l'estudi de límits de successions són els següents.

- **Criteri del número e**

  Si (a_n) i (b_n) són dues successions tals que $a_n \to +\infty$ i $b_n \to 1$, aleshores es compleix que

  $$\lim_{n\to\infty} b_n^{a_n} = e^{\lim_{n\to\infty} a_n(b_n-1)}.$$

- **Criteri de l'arrel enèsima**

  Sigui (x_n) una successió de termes reals positius. Aleshores,

  $$\lim_{n\to\infty} \frac{x_{n+1}}{x_n} = L \implies \lim_{n\to\infty} \sqrt[n]{x_n} = L \quad \text{on } L \in \mathbb{R} \cup \{+\infty, -\infty\}.$$

- **Criteri del quocient**

  Sigui (x_n) una successió de nombres reals positius tal que existeix $\lim\limits_{n\to\infty} \frac{x_{n+1}}{x_n} = L$. Aleshores,

  $$L < 1 \implies \lim_{n\to\infty} x_n = 0.$$

- **Criteri de Stolz**

  Siguin (x_n) i (y_n) successions de nombres reals amb (y_n) estrictament creixent cap a $+\infty$. Aleshores,

  $$\lim_{n\to\infty} \frac{x_{n+1} - x_n}{y_{n+1} - y_n} = L \implies \lim_{n\to\infty} \frac{x_n}{y_n} = L, \ \text{on } L \in \mathbb{R} \cup \{+\infty, -\infty\}.$$

- **Un altre criteri de Stolz**

  Siguin (x_n) i (y_n) successions de nombres reals tals que $\lim\limits_{n\to\infty} x_n = \lim\limits_{n\to\infty} y_n = 0$, amb (y_n) monòtona. Aleshores,

  $$\lim_{n\to\infty} \frac{x_{n+1} - x_n}{y_{n+1} - y_n} = L \implies \lim_{n\to\infty} \frac{x_n}{y_n} = L, \ \text{on } L \in \mathbb{R} \cup \{+\infty, -\infty\}.$$

- **Criteri de la mitjana aritmètica**

    Sigui (a_n) una successió amb límit l. Aleshores,

    $$\lim_{n \to \infty} \frac{a_1 + a_2 + \cdots + a_n}{n} = l.$$

- **Criteri de la mitjana geomètrica**

    Sigui (a_n) una successió convergent de nombres positius amb límit l. Aleshores,

    $$\lim_{n \to \infty} \sqrt[n]{a_1 \cdots a_n} = l.$$

6.3 Sèries numèriques reals

En aquesta secció, formalitzem la idea de sumes amb infinits nombres reals.

Intuïtivament, podem dir que una sèrie és una suma que té infinits sumands. Considerem l'exemple

$$1 + \frac{1}{2} + \frac{1}{2^2} + \frac{1}{2^3} + \cdots + \frac{1}{2^n} + \cdots$$

És la suma de tots els elements d'una progressió geomètrica de raó $r = \frac{1}{2}$. Si aquesta suma tingués un nombre finit de sumands, agafaríem els dos primers termes i els sumaríem: $1 + \frac{1}{2} = \frac{3}{2}$; després sumaríem el tercer al resultat anterior, $1 + \frac{1}{2} + \frac{1}{4} = \frac{7}{4}$, i així successivament, fins acabar amb tots els sumands. La nostra suma, en canvi, té infinits elements i això requerirà *fer un procés de pas al límit*.

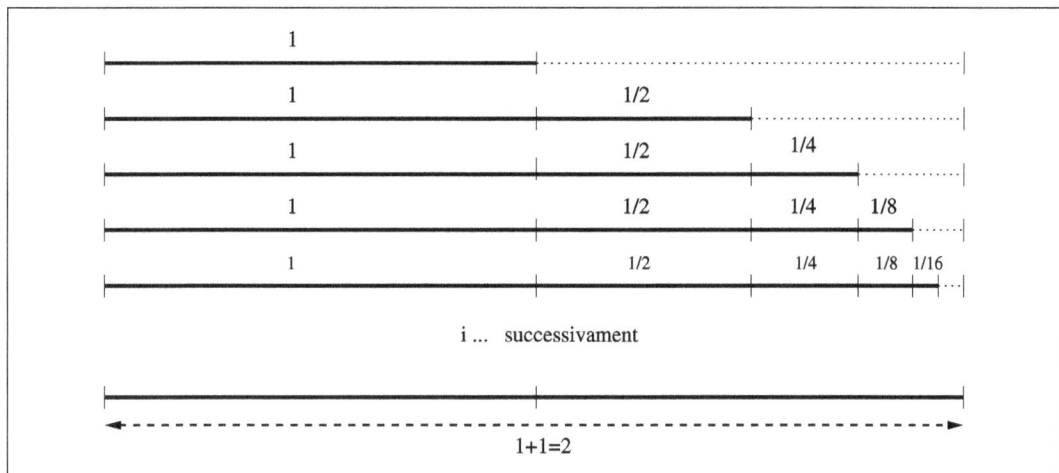

Fig. 6.3 Suma de la sèrie $1 + \dfrac{1}{2} + \dfrac{1}{2^2} + \dfrac{1}{2^3} + \cdots + \dfrac{1}{2^n} + \cdots$

Interpretem la sèrie

$$1 + \frac{1}{2} + \frac{1}{2^2} + \frac{1}{2^3} + \cdots + \frac{1}{2^n} + \frac{1}{2^{n+1}} + \cdots$$

com una suma de longituds. El primer element, 1, correspon a un segment de llargària una unitat. El segon, $\frac{1}{2}$, representa un segment de longitud $1/2$, etc. Observem que cada sumand és precisament la meitat de l'anterior. Gràficament, tenim la figura 6.3. Sembla natural, doncs, considerar la sèrie com una suma de valor 2.

En general, donada una successió (a_n), li associem una nova successió (s_n), anomenada *successió de les sumes parcials*, on

$$s_1 = a_1$$
$$s_2 = a_1 + a_2$$
$$s_3 = a_1 + a_2 + a_3$$
$$\cdots$$
$$s_n = a_1 + a_2 + a_3 + \cdots + a_n$$
$$\cdots$$

Definició 6.34 Una sèrie $\sum\limits_{n=1}^{\infty} a_n$ de terme general a_n és un parell de successions: la dels *termes*, (a_n), i la de les *sumes parcials*, (s_n).

Usualment, designem la sèrie per $\sum\limits_{n=1}^{\infty} a_n$, $\sum\limits_{n\geq 1} a_n$ o, simplement, $\sum a_n$.

Observació 6.35 *Eventualment, ens pot interessar el sumatori per a $n \in \{0\} \cup \mathbb{N}$; aleshores, escriurem $\sum\limits_{n\geq 0} a_n$. També podem considerar la sèrie només a partir d'un natural més gran que l'1, per exemple 44; llavors, tindrem $\sum\limits_{n\geq 44} a_n$.*

Notem que, donada la successió del terme general, és molt fàcil obtenir-ne la de les sumes parcials. A l'inrevés, també és senzill ja que $a_1 = s_1$ i $a_n = s_n - s_{n-1}$ per a $n > 1$. Si la successió (s_n) té límit s, és natural considerar aquest valor com la suma infinita $a_1 + a_2 + a_3 + \cdots + a_n + \cdots$ Ara ja podem parlar del *caràcter d'una sèrie*.

Definició 6.36 Diem que la sèrie

- $\sum\limits_{n=1}^{\infty} a_n$ és *convergent* i que *la seva suma val $s \in \mathbb{R}$* si la seva successió de sumes parcials (s_n) té límit s. Aleshores, escriurem $\sum\limits_{n=1}^{\infty} a_n = s$; també, $-\infty < \sum\limits_{n=1}^{\infty} a_n < +\infty$.

- $\sum\limits_{n=1}^{\infty} a_n$ és *divergent*, si la seva successió de sumes parcials és divergent. En aquest cas, la *sèrie no té suma* un nombre real.

Podem precisar més el concepte de divergència. La sèrie $\sum_{n=1}^{\infty} a_n$ és *divergent cap a* $+\infty$ o $-\infty$ si (s_n) té límit $+\infty$ o $-\infty$ (respectivament) i la sèrie *és oscil·lant* si no existeix el límit de (s_n).

Observació 6.37 *Si modifiquem un nombre finit de sumands d'una sèrie, el seu caràcter no varia.*

En les sumes infinites es presenten algunes situacions que no són possibles amb sumes finites. La suma d'infinits sumands pot

- ser un nombre real (sèrie convergent),
- valer infinit (sèrie divergent),
- no tenir cap resultat (sèrie oscil·lant).

Exemple 6.38

Sèrie geomètrica de raó r. Estudiem el caràcter de la sèrie

$$\sum_{n \geq 0} r^n = 1 + r + r^2 + r^3 + \cdots + r^n + \cdots$$

El comportament de la sèrie geomètrica depèn del valor de la raó r. Observem que, si $r = 1$, la sèrie és trivialment divergent cap a $+\infty$, ja que les sumes parcials vénen donades per

$$1, 2, 3, 4, 5, \cdots, n, \cdots \longrightarrow +\infty.$$

D'altra banda, si $r = -1$, la sèrie esdevé $\sum_{n \geq 1}(-1)^{n+1}$, que és divergent perquè oscil·la entre 0 i 1 (vegeu l'exemple 6.44). Estudiem, doncs, el cas $|r| \neq 1$. Calculem-ne les sumes parcials utilitzant l'exemple 6.1:

$$s_n = 1 + r + r^2 + r^3 + \cdots + r^n = \frac{1 - r^{n+1}}{1 - r}.$$

Si $|r| < 1$, aleshores $\lim r^{n+1} = 0$ i $\lim s_n = \dfrac{1}{1-r}$. Si $r > 1$, $\lim r^{n+1} = \infty$ i, per tant, (s_n) és divergent. Finalment, si $r < -1$, llavors (s_n) divergeix oscil·lant entre $+\infty$ i $-\infty$. En conseqüència, la sèrie geomètrica de raó r només és convergent per a $|r| < 1$ i, en aquest cas, la seva suma val

$$\sum_{n \geq 0} r^n = \frac{1}{1 - r}.$$

Val a dir que, en general,

$$\sum_{n \geq 0} ar^n = a + ar + ar^2 + ar^3 + \cdots + ar^n + \cdots = \frac{a}{1 - r}.$$

Lema 6.39 Condició necessària de convergència. *Si $\sum_{n=1}^{\infty} a_n$ és convergent, aleshores $\lim a_n = 0$.*

Equivalentment, podem escriure

$$\lim a_n \neq 0 \implies \sum_{n=1}^{\infty} a_n \text{ no és convergent.}$$

La condició necessària de convergència no és, en canvi, una condició suficient. Com a contraexemple, estudiem la sèrie harmònica $\sum_{n=1}^{\infty} \frac{1}{n}$.

Exemple 6.40

La sèrie harmònica. Considerem la sèrie $\sum \frac{1}{n}$. Tot i que $\lim a_n = \lim \frac{1}{n} = 0$, aquesta sèrie no és convergent, sinó divergent cap a $+\infty$. És clar que les sumes parcials constitueixen una successió monòtona creixent:

$$s_n = 1 + \frac{1}{2} + \frac{1}{3} + \cdots + \frac{1}{n} < 1 + \frac{1}{2} + \frac{1}{3} + \cdots + \frac{1}{n} + \frac{1}{n+1} = s_{n+1}.$$

Ara n'hi ha prou a comprovar que les sumes parcials no són fitades (superiorment). Considerem els termes de la forma s_{2^n}. Tenim l'estimació

$$s_{2^n} = 1 + \frac{1}{2^1} + \frac{1}{3} + \frac{1}{2^2} + \cdots + \frac{1}{2^3} + \cdots + \frac{1}{2^n} \geq$$

$$\geq 1 + \frac{1}{2} + \overset{2^1}{\frac{1}{2^2}} \frac{1}{2^2} + \frac{1}{2^3} + \overset{2^2}{\cdots} \frac{1}{2^3} + \cdots + \frac{1}{2^2} + \overset{2^{n-1}}{\cdots} + \frac{1}{2^n} =$$

$$= 1 + \frac{1}{2} + \frac{2}{2^2} + \frac{2^2}{2^3} + \cdots + \frac{2^{n-1}}{2^n} = 1 + \frac{1}{2} + \frac{1}{2} + \cdots + \frac{1}{2} =$$

$$= 1 + \frac{n}{2}.$$

Així, la successió de les sumes parcials no es pot fitar superiorment i, per tant, té límit $+\infty$. Llavors, la sèrie harmònica és divergent cap a $+\infty$.

Operacions algebraiques

Definició 6.41 Siguin $\sum a_n$ i $\sum b_n$ dues sèries. Definim les operacions següents terme a terme.
- *Suma:* $\sum a_n + \sum b_n = \sum c_n$, on $c_n = a_n + b_n$, $\forall n \in \mathbb{N}$.
- *Producte per un escalar:* $\lambda \sum a_n = \sum c_n$, on $c_n = \lambda a_n$, $\forall n \in \mathbb{N}$. $\lambda \in \mathbb{R}$.

La diferència de sèries es defineix de manera òbvia a partir de les anteriors. A més, tenim resultats sobre el caràcter de les sèries com a conseqüència immediata de les propietats dels límits.

Teorema 6.42 Linealitat. *Si* $\sum a_n$ *i* $\sum b_n$ *són convergents, amb sumes a i b respectives, aleshores*
- $\sum (a_n + b_n)$ *és convergent i la seva suma val* $a + b$.
- $\sum (\lambda a_n)$ *és convergent i la seva suma val* λa.

Si alguna de les sèries és divergent, les coses funcionen d'una altra manera.

Observació 6.43 *Siguin $\sum a_n$ i $\sum b_n$ dues sèries.*

- *Si $\sum a_n$ és convergent i $\sum b_n$ és divergent, aleshores la sèrie suma és divergent.*

- *Si $\sum a_n$ i $\sum b_n$ són ambdues divergents, aleshores el caràcter de la sèrie suma depèn de cada cas: tant pot ser convergent com divergent.*

A més, les propietats que tenen les sumes finites, com ara l'associativa o la commutativa, no són satisfetes, en general, per les sèries. Vegem-ne un exemple per al cas de l'associativitat.

Exemple 6.44

Associativitat (introducció del parèntesi). Sigui la sèrie

$$\sum_{n\geq 1}(-1)^{n+1} = 1 - 1 + 1 - 1 + 1 - 1 + 1 - 1 + 1 - 1 + \cdots$$

Aquí el terme general és $a_n = (-1)^{n+1}$ i les sumes parcials vénen donades per

$$s_1 = 1, s_2 = 0, s_3 = 1, s_4 = 0, \cdots, s_n = \begin{cases} 1 & \text{si } n \text{ és senar} \\ 0 & \text{si } n \text{ és parell.} \end{cases}$$

Atès que (s_n) no té límit, la sèrie $\sum_{n\geq 1}(-1)^{n+1}$ és divergent. Vegem com varia el comportament si agrupem els termes de la sèrie anterior de distintes maneres.

- Considerem els parèntesis següents:

$$(1-1) + (1-1) + (1-1) + (1-1) + (1-1) + \cdots, \text{ és a dir, } 0 + 0 + 0 + 0 + 0 + \cdots$$

  Clarament, $s_1 = 0$, $s_2 = 0, \cdots, s_n = 0, \cdots$ Com que $s_n \to 0$, la sèrie nova té suma 0.

- Fem-ne una agrupació diferent:

$$1 + (-1+1) + (-1+1) + (-1+1) + (-1+1) + \cdots, \text{ és a dir, } 1 + 0 + 0 + 0 + 0 + \cdots$$

  En aquest cas, $s_1 = 1$, $s_2 = 1, \cdots, s_n = 1, \cdots$ i, per tant, $s_n \to 1$. Així, la nova sèrie convergeix a 1.

Hem vist, doncs, com l'agrupació dels sumands pot originar noves sèries amb caràcters diferents; en altres paraules, la propietat associativa no és vàlida per a les sèries.

Sèries de termes no negatius. Criteris de convergència

Les sèries de termes no negatius són particularment interessants ja que la successió de sumes parcials és monòtona creixent i, per tant, el caràcter de ser sumable equival a la fitació de les sumes parcials.

Teorema 6.45 *Sigui (a_n) una successió de termes positius. Aleshores,*

$$\sum a_n \text{ és convergent} \iff \text{la successió de les sumes parcials és fitada.}$$

Demostració. Atès que els termes de la sèrie són positius, la successió de les sumes parcials (s_n) és monòtona creixent. Pel teorema de la convergència monòtona, (s_n) té límit si i només si és fitada.

Els criteris principals per a l'estudi del caràcter d'una sèrie de termes no negatius són els següents.

- **Criteri de comparació ordinari**

Siguin $\sum_{n=1}^{\infty} a_n$ i $\sum_{n=1}^{\infty} b_n$ dues sèries de termes no negatius. Suposem que existeixen $k > 0$ i $n_0 \in \mathbb{N}$, tals que $a_n \leq k b_n$ per $n \geq n_0$. Aleshores,

$$\sum_{n=1}^{\infty} b_n \text{ és convergent} \implies \sum_{n=1}^{\infty} a_n \text{ és convergent.}$$

Equivalentment,

$$\sum_{n=1}^{\infty} a_n \text{ és divergent} \implies \sum_{n=1}^{\infty} b_n \text{ és divergent.}$$

- **Criteri de comparació per pas al límit o generalitzat**

Siguin $\sum_{n=1}^{\infty} a_n$ i $\sum_{n=1}^{\infty} b_n$ dues sèries de termes no negatius. Suposem que existeix $l = \lim_{n \to \infty} \dfrac{a_n}{b_n}$. Aleshores,

a) $l \neq 0$, $l \neq +\infty$ $\implies$ les dues sèries tenen el mateix caràcter.

b) $l = 0$ i $\sum_{n=1}^{\infty} b_n$ és convergent $\implies$ $\sum_{n=1}^{\infty} a_n$ és convergent.

c) $l = +\infty$ i $\sum_{n=1}^{\infty} b_n$ és divergent $\implies$ $\sum_{n=1}^{\infty} a_n$ és divergent.

- **Criteri de les sèries harmòniques**

La sèrie $\sum_{n=1}^{\infty} \dfrac{1}{n^k}$ s'anomena *harmònica generalitzada*. És convergent si $k > 1$ i divergent si $k \leq 1$.

- **Criteri de l'arrel o de Cauchy**

Sigui $\sum_{n=1}^{\infty} a_n$ una sèrie de termes no negatius.

a) Suposem que existeix $l = \lim_{n \to \infty} \sqrt[n]{a_n}$. Aleshores,

  - $l < 1$ $\implies$ la sèrie és convergent.
  - $l > 1$ $\implies$ la sèrie és divergent.
  - Si $l = 1$, el criteri no decideix.

b) Si existeix $n_0 \in \mathbb{N}$ tal que, per a $n \geq n_0$ és $\sqrt[n]{a_n} \leq r$ per a un determinat $r < 1$, aleshores $\sum_{n=1}^{\infty} a_n$ és convergent. Si per a infinits valors de n es té $\sqrt[n]{a_n} \geq 1$, llavors $\sum_{n=1}^{\infty} a_n$ és divergent.

- ## Criteri del quocient o de D'Alembert

  Sigui $\sum_{n=1}^{\infty} a_n$ una sèrie de termes no negatius.

  a) Suposem que existeix $l = \lim\limits_{n \to \infty} \dfrac{a_{n+1}}{a_n}$. Aleshores,

  - $l < 1 \implies$ la sèrie és convergent.
  - $l > 1 \implies$ la sèrie és divergent.
  - Si $l = 1$, el criteri no decideix.

  b) Si existeix $n_0 \in \mathbb{N}$ tal que, per a $n \geq n_0$ és $\dfrac{a_{n+1}}{a_n} \leq r$ per a un determinat $r < 1$, aleshores $\sum_{n=1}^{\infty} a_n$ convergeix. Si, per a $n \geq n_0$ és $\dfrac{a_{n+1}}{a_n} \geq 1$, llavors $\sum_{n=1}^{\infty} a_n$ divergeix.

- ## Criteri integral

  Aquest criteri compara una sèrie amb una integral impròpia. Sigui f una funció no negativa, monòtona decreixent, definida en $[1, +\infty)$ i localment integrable. Aleshores,

  $$\sum_{n=1}^{\infty} f(n) \text{ és convergent} \iff \int_{1}^{+\infty} f(x)\, dx \text{ és convergent.}$$

- ## Criteri de condensació de Cauchy

  Sigui (a_n) una successió decreixent de nombres reals no negatius. Aleshores,

  $$\sum_{n=1}^{\infty} a_n \text{ és convergent} \iff \sum_{n=0}^{\infty} 2^n a_{2^n} \text{ és convergent.}$$

- ## Criteri del logaritme

  Sigui $\sum_{n=1}^{\infty} a_n$ una sèrie de termes estrictament positius.

  a) Suposem que existeix $l = \lim\limits_{n \to \infty} \dfrac{\ln \frac{1}{a_n}}{\ln n}$. Aleshores,

  - $l > 1 \implies \sum_{n=1}^{\infty} a_n$ és convergent.

  - $l < 1 \implies \sum_{n=1}^{\infty} a_n$ és divergent.

  - Si $l = 1$, el criteri no decideix.

b) Si existeix $n_0 \in \mathbb{N}$ tal que $\forall n \geq n_0$, es té $\dfrac{\ln \frac{1}{a_n}}{\ln n} \geq r$, per a un determinat $r > 1$, llavors $\displaystyle\sum_{n=1}^{\infty} a_n$ és convergent. Si existeix $n \in \mathbb{N}$ tal que $\forall n \geq n_0$, es té $\dfrac{\ln \frac{1}{a_n}}{\ln n} \leq 1$, aleshores $\displaystyle\sum_{n=1}^{\infty} a_n$ és divergent.

- **Criteri de Raabe**

   Sigui $\displaystyle\sum_{n=1}^{\infty} a_n$ una sèrie de termes estrictament positius.

   a) Suposem que existeix $l = \displaystyle\lim_{n \to \infty} n \left(\dfrac{a_n}{a_{n+1}} - 1 \right)$. Aleshores,

   - $l > 1 \implies \displaystyle\sum_{n=1}^{\infty} a_n$ convergeix.

   - $l < 1 \implies \displaystyle\sum_{n=1}^{\infty} a_n$ divergeix.

   - Si $l = 1$, el criteri no decideix.

   b) Si existeix $n_0 \in \mathbb{N}$ tal que $\forall n \geq n_0$ es té $n \left(\dfrac{a_n}{a_{n+1}} - 1 \right) \geq r$ per a un determinat $r > 1$, aleshores $\displaystyle\sum_{n=1}^{\infty} a_n$ és convergent. Si per $n \geq n_0$ és $n \left(\dfrac{a_n}{a_{n+1}} - 1 \right) \leq 1$, llavors $\displaystyle\sum_{n=1}^{\infty} a_n$ és divergent.

- **Criteri de Pringsheim**

   Sigui $\displaystyle\sum_{n=1}^{\infty} a_n$ una sèrie de termes no negatius.

   a) $\displaystyle\lim_{n \to \infty} n^{\alpha} a_n = \lambda < \infty$, per a un determinat $\alpha > 1 \implies \displaystyle\sum_{n=1}^{\infty} a_n$ convergeix.

   b) $\displaystyle\lim_{n \to \infty} n^{\alpha} a_n = \lambda > 0$, per a un determinat $\alpha \leq 1 \implies \displaystyle\sum_{n=1}^{\infty} a_n$ divergeix (λ pot ser ∞).

Convergència absoluta i condicional

Definició 6.46 Sigui (x_n) una successió de nombres reals. Diem que la sèrie
- $\sum x_n$ *és absolutament convergent* si la sèrie $\sum |x_n|$ és convergent.
- $\sum x_n$ *és condicionalment convergent* si és convergent però no absolutament convergent.

Observació 6.47 *Evidentment, per a sèries de termes positius, no té sentit parlar de convergència condicional, i la convergència absoluta equival a l'ordinària.*

Teorema 6.48 *Si $\sum x_n$ és absolutament convergent, aleshores és convergent. A més,*

$$\left| \sum x_n \right| \leq \sum |x_n|.$$

Les sèries condicionalment convergents tenen una propietat sorprenent: reordenant-ne convenientment els termes, s'obtenen noves sèries divergents o que sumen qualsevol nombre real fixat a priori.

Sèries alternades

Finalment, estudiarem el comportament de les sèries alternades, un cas particular que combina els termes positius i negatius.

Definició 6.49 Diem que una sèrie $\sum x_n$ és *alternada* si el terme general té la forma $x_n = (-1)^{n+1} y_n$ amb $y_n > 0$ $\forall n \in \mathbb{N}$, o bé $y_n < 0$ $\forall n \in \mathbb{N}$.

El criteri de Leibniz ens permet decidir el caràcter d'algunes sèries alternades i obtenir una estimació de l'error de la suma en cada suma enèsima.

Teorema 6.50 Criteri de Leibniz per a sèries alternades. *Sigui $\sum_{n=1}^{\infty} (-1)^{n+1} a_n$, $a_n > 0$, una sèrie alternada amb (a_n) decreixent. Aleshores,*

$$\sum_{n=1}^{\infty} (-1)^{n+1} a_n \text{ és convergent} \iff \lim_{n \to \infty} a_n = 0.$$

En aquest cas, si S és la suma de la sèrie i s_n la suma parcial enèsima, es compleix

$$|S - s_n| \leq a_{n+1}.$$

Exemple 6.51

Sèrie harmònica alternada. Estudiem el caràcter de la sèrie $\sum_{n=1}^{\infty} (-1)^{n+1} \frac{1}{n}$, anomenada *harmònica alternada*. Sabem que la sèrie harmònica $\sum \frac{1}{n}$ no és convergent. Per tant, l'harmònica alternada no és absolutament convergent.

Estudiem-ne la convergència condicional. El terme general és $(-1)^{n+1} \frac{1}{n}$, amb $a_n = \frac{1}{n} > 0$, i (a_n) és decreixent. A més, $\lim a_n = 0$. Aleshores, pel criteri de Leibniz, podem concloure que la sèrie $\sum (-1)^{n+1} \frac{1}{n}$ és convergent; és, doncs, condicionalment convergent.

6.4 Sèries numèriques complexes

Formalment, els conceptes de successió i sèrie de nombres complexos i moltes de les seves propietats són del tot anàlegs als corresponents amb nombres reals. Només cal canviar "nombre real" per "nombre complex" a les definicions 6.3, 6.5, 6.7, 6.34, 6.36, 6.41, 6.46 i als teoremes 6.16, 6.42, 6.48. A la definició 6.48, hem de tenir en compte que $|z|$ és el mòdul del complex z. Ja sabem, però, que el mòdul i el valor absolut d'un nombre real coincideixen.

Definició 6.52 Sigui $\sum z_n$ una sèrie de termes complexos. Podem escriure

$$z_n = a_n + ib_n, \text{ amb } a_n, b_n \in \mathbb{R}, \text{ per a cada } n.$$

En aquest cas, les sèries $\sum a_n$ i $\sum b_n$ s'anomenen *part real* i *part imaginària de la sèrie* $\sum z_n$ (respectivament).

Així doncs, per estudiar la sèrie complexa $\sum z_n$, convindrà considerar les sèries reals corresponents a les seves parts real i imaginària. De fet, tenim la propietat següent.

Proposició 6.53 *Sigui $z_n = a_n + ib_n$, amb $a_n, b_n \in \mathbb{R}$, $\forall n \in \mathbb{N}$. Aleshores,*

- $\sum z_n$ *és convergent* $\iff$ $\sum a_n$, $\sum b_n$ *són ambdues convergents.*

- $\sum z_n$ *és absolutament convergent* $\iff$ $\sum a_n$, $\sum b_n$ *són ambdues absolutament convergents.*

En el cas de la convergència condicional, però, no podem concloure el resultat anterior.

Exemples 6.54

Unes sèries complexes. Estudiem el caràcter d'un parell de sèries.

a) $\sum_{n \geq 1} \left((-1)^{n+1} \dfrac{4}{n+9} + i \dfrac{1}{5^n} \right)$. La part real de la sèrie és

$$\sum_{n \geq 1} (-1)^{n+1} \frac{4}{n+9} = 4 \sum_{n \geq 1} (-1)^{n+1} \frac{1}{n+9}.$$

Es tracta d'una sèrie harmònica alternada; per tant, és convergent (condicionalment, no absolutament). La part imaginària és $\sum_{n \geq 1} \dfrac{1}{5^n}$, una sèrie geomètrica de raó $r = \frac{1}{5}$ amb $|r| < 1$; és a dir, convergent. Així doncs, la sèrie complexa és convergent.

b) $\sum_{n \geq 1} \left(\dfrac{1}{n} + i(-1)^{n+1} \dfrac{1}{n} \right)$. La part real de la sèrie és l'harmònica, que és divergent. Aleshores, la sèrie complexa és divergent, malgrat la convergència de la part imaginària (l'harmònica alternada).

6.5 Sèries de potències reals

Una sèrie numèrica, si es pot sumar, és un número; anàlogament, una sèrie de potències ens dóna una funció per a cada x en què, avaluada, és convergent:

$$\text{Sèrie numèrica} \longrightarrow \text{número}$$
$$\text{Sèrie de potències} \longrightarrow \text{funció}$$

Definició 6.55 Una sèrie de la forma

$$\sum_{n=0}^{\infty} a_n(x-x_0)^n = a_0 + a_1(x-x_0) + a_2(x-x_0)^2 + \cdots + a_n(x-x_0)^n + \cdots$$

on a_n $(n = 0, 1, 2, 3, \cdots)$, $x, x_0 \in \mathbb{R}$ s'anomena *sèrie de potències real en* $x - x_0$.

Fent una translació, i sense pèrdua de generalitat, podem considerar $x_0 = 0$ i reduir el nostre estudi a les sèries de potències en x, és a dir, $\sum_{n=0}^{\infty} a_n x^n$.

Exemples 6.56

Vegem unes quantes sèries de potències.

a) $\sum_{n=0}^{\infty} n!(x+3)^n = 1 + (x+3) + 2!(x+3)^2 + 3!(x+3)^3 + \cdots$

b) $\sum_{n=0}^{\infty} \dfrac{(x-4)^n}{n!} = 1 + (x-4) + \dfrac{(x-4)^2}{2!} + \dfrac{(x-4)^3}{3!} + \cdots$

c) $\sum_{n=0}^{\infty} x^n = 1 + x + x^2 + x^3 + \cdots$

Definició 6.57 Diem que la *sèrie* $\sum_{n=0}^{\infty} a_n x^n$ *és convergent en un punt x i que la seva suma val* l $(l \in \mathbb{R})$ si

$$\lim_{m \to \infty} \sum_{n=0}^{m} a_n x^n = l,$$

és a dir, si $\lim_{m \to \infty} s_m = l$, en què $s_m = \sum_{n=0}^{m} a_n x^n = a_0 + a_1 x + a_2 x^2 + \cdots + a_m x^m$ s'anomenen *les sumes parcials en el punt x*.
En cas contrari, diem que *la sèrie és divergent*.

La idea de convergència i de sumes parcials és la mateixa que hem vist per a les sèries numèriques perquè, de fet, una sèrie de potències avaluada en un punt x és una sèrie numèrica.

Clarament, qualsevol sèrie de potències en x és convergent en $x = 0$ ja que

$$s_m = \sum_{n=0}^{m} a_n x^n \bigg|_{x=0} = a_0 + 0 + 0 + \cdots + 0 = a_0.$$

En aquest cas, doncs, $l = a_0$; la suma és el primer terme. En general, qualsevol sèrie de potències en $x - x_0$ és convergent en x_0 (i la suma val a_0).

El conjunt de punts on una sèrie de potències convergeix té una estructura molt especial.

Definició 6.58 Donada una sèrie de potències $\sum_{n=0}^{\infty} a_n x^n$, sigui $\lambda = \lim_{n \to \infty} \sqrt[n]{|a_n|}$, amb $\lambda \in [0, +\infty) \cup$
$\{+\infty\}$. Definim *el radi de convergència de la sèrie* com $R = \dfrac{1}{\lambda}$. Entenem que $R = 0$ si $\lambda = +\infty$ i
$R = +\infty$ si $\lambda = 0$.

A partir del radi R, li associem a la sèrie de potències l'interval $(-R, R)$, anomenat *interval de convergència de la sèrie*. Si la sèrie només és convergent en $x = 0$ (en general, en $x = x_0$), aleshores $R = 0$ i l'interval de convergència es redueix al punt 0. En cas que la sèrie sigui convergent per a tot $x \in \mathbb{R}$, l'interval $(-R, R) = (-\infty, +\infty)$ esdevé tot $\mathbb{R}$. Així doncs, interpretem $(-R, R)$ com un interval, un punt o tota la recta real, segons escaigui.

Aquest interval $(-R, R)$ ens indica el conjunt en què la sèrie es pot sumar. Si avaluem una sèrie de potències en un número, aleshores obtenim una sèrie numèrica. L'interval de convergència d'una sèrie de potències és el conjunt de punts on té sentit la seva suma; en altres paraules, és el domini de la sèrie (figura 6.4). Vegem el resultat següent.

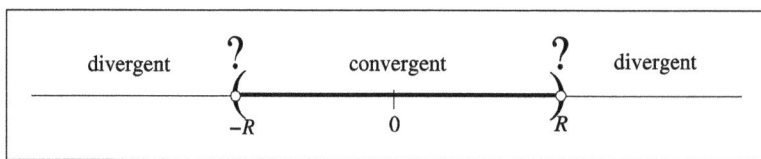

Fig. 6.4 Interval de convergència de la sèrie $\sum a_n x^n$

Teorema 6.59 Teorema de Cauchy-Hadamard. *Sigui R el radi de convergència de la sèrie* $\sum_{n=0}^{\infty} a_n x^n$.

Aleshores, la sèrie és

- *absolutament convergent si $|x| < R$,*
- *divergent si $|x| > R$.*

El teorema no ens diu res sobre el caràcter de la sèrie en els extrems de l'interval perquè, si $|x| = R$, la convergència o la divergència de la sèrie en x depèn de cada cas.

A la pràctica, a l'hora de calcular el radi associat a una sèrie de potències, sovint és més útil aplicar el criteri del quocient en comptes de la definició 6.58.

Teorema 6.60 Criteri del quocient. *Sigui una sèrie* $\sum_{n=0}^{\infty} a_n x^n$ *amb radi R.*

$$\text{Si existeix } l = \lim_{n \to +\infty} \left| \frac{a_n}{a_{n+1}} \right|, \text{ amb } l \in [0, +\infty) \cup \{+\infty\} \implies R = l.$$

Exemples 6.61

Caràcter d'unes sèries de potències.

a) $\sum_{n=0}^{\infty} n!\,(x+3)^n$. En aquest cas, $a_n = n!$ i el radi de convergència és

$$R = \lim_{n \to +\infty} \left| \frac{n!}{(n+1)!} \right| = \lim_{n \to +\infty} \frac{n!}{(n+1)n!} = \lim_{n \to +\infty} \frac{1}{(n+1)} = 0.$$

Així, la sèrie només convergeix en $x = x_0$, és a dir, en $x = -3$.

b) $\sum_{n=0}^{\infty} \frac{(x-4)^n}{n!}$. El terme general és $a_n = \frac{1}{n!}$. Tenim

$$R = \lim_{n \to +\infty} \left| \frac{\frac{1}{n!}}{\frac{1}{(n+1)!}} \right| = \lim_{n \to +\infty} \left| \frac{(n+1)!}{n!} \right| = \lim_{n \to +\infty} (n+1) = +\infty.$$

Per tant, la sèrie és convergent per a tot nombre real.

c) $\sum_{n=0}^{\infty} x^n$. El terme general és constant: $a_n = 1, \forall n$. Aleshores,

$$R = \lim_{n \to +\infty} \frac{1}{1} = 1.$$

Per tant, la sèrie convergeix si $|x| < 1$ i divergeix si $|x| > 1$. Ara ens preguntem què passa en els extrems de l'interval de convergència, és a dir, si $x = 1$ o $x = -1$. Per a $x = 1$, obtenim la sèrie numèrica $\sum_{n \geq 0} 1 = 1 + 1 + 1 + 1 + 1 + \cdots$ Les sumes parcials vénen donades per $s_n = n$, que és una successió divergent cap a $+\infty$. Per a $x = -1$, obtenim una vella sèrie coneguda, $\sum_{n \geq 0} (-1)^n$, que és divergent (exemple 6.44). Resumint, doncs, la sèrie

$$\sum_{n=0}^{\infty} x^n \text{ és } \begin{cases} \text{convergent per a } |x| < 1, \\ \text{divergent per a } |x| \geq 1. \end{cases}$$

De fet, es tracta d'una sèrie geomètrica de raó x. Recordem que ja vàrem fer l'estudi de la sèrie geomètrica a l'exemple 6.38 i sabem que és convergent si i només si el valor absolut de la raó és més petit que 1.

Continuïtat i derivabilitat d'una sèrie de potències

Sigui la sèrie

$$\sum_{n=0}^{\infty} a_n x^n = a_0 + a_1 x + a_2 x^2 + a_3 x^3 + \cdots$$

amb radi de convergència R. Designem per $f(x)$ la *funció suma* per a cada x de l'interval de convergència:

$$f(x) = \sum_{n=0}^{\infty} a_n x^n = a_0 + a_1 x + a_2 x^2 + a_3 x^3 + \cdots, \quad \forall x \in (-R, R).$$

Les propietats de la funció suma són les següents.

- La funció $f(x)$ és contínua.

- La funció $f(x)$ té derivades de tots els ordres per a $|x| < R$.

- A més, $f(x)$ es pot derivar terme a terme, de manera que

$$f'(x) = \sum_{n=1}^{\infty} n a_n x^{n-1} = a_1 + 2a_2 x + 3a_3 x^2 + \cdots$$

$$f''(x) = \sum_{n=2}^{\infty} n(n-1) a_n x^{n-2} = 2a_2 + 6a_3 x + 12a_4 x^2 + \cdots$$

$$\cdots$$

i cadascuna de les sèries resultants convergeix per a $|x| < R$.

- La relació entre els coeficients a_n i els valors de f i les seves derivades ve donada per

$$\begin{aligned}
f(0) &= a_0 + 0 + 0 + \cdots & \longrightarrow \quad a_0 &= f(0) \\
f'(0) &= a_1 + 0 + 0 + \cdots & \longrightarrow \quad a_1 &= f'(0) \\
f''(0) &= 2a_2 + 0 + 0 + \cdots & \longrightarrow \quad a_2 &= \tfrac{f''(0)}{2} \\
f'''(0) &= 3 \cdot 2 a_3 + 0 + 0 + \cdots & \longrightarrow \quad a_3 &= \tfrac{f'''(0)}{3 \cdot 2}
\end{aligned}$$

$$\cdots$$

En general,

$$a_n = \frac{f^{(n)}(0)}{n!}, \; n \in \mathbb{N}.$$

Observem que els coeficients coincideixen amb els dels polinomis de Taylor.

Integrabilitat d'una sèrie de potències

Sigui un interval $[a, b] \subset (-R, R)$. Aleshores, la sèrie $\sum_{n=0}^{\infty} a_n x^n$ és integrable en $[a, b]$ i es pot integrar terme a terme

$$\int_a^b \sum_{n=0}^{\infty} a_n x^n \, dx = \int_a^b a_0 \, dx + \int_a^b a_1 x \, dx + \int_a^b a_2 x^2 \, dx + \cdots$$

Operacions amb sèries de potències

Siguin dues sèries de potències convergents per a $|x| < R$:

$$f(x) = \sum_{n=0}^{\infty} a_n x^n = a_0 + a_1 x + a_2 x^2 + \cdots$$

$$g(x) = \sum_{n=0}^{\infty} b_n x^n = b_0 + b_1 x + b_2 x^2 + \cdots$$

Les sèries es poden sumar, restar i multiplicar terme a terme, com si fossin polinomis.

- *Suma:* $f(x) + g(x) = \sum_{n=0}^{\infty} (a_n + b_n) x^n = a_0 + b_0 + (a_1 + b_1) x + (a_2 + b_2) x^2 + \cdots$

- *Resta:* $f(x) - g(x) = \sum_{n=0}^{\infty} (a_n - b_n) x^n = a_0 - b_0 + (a_1 - b_1) x + (a_2 - b_2) x^2 + \cdots$

- *Producte:* $f(x) \cdot g(x) = \sum_{n=0}^{\infty} c_n x^n$, on

$$c_0 = a_0 b_0$$
$$c_1 = a_0 b_1 + a_1 b_0$$
$$\vdots$$
$$c_n = a_0 b_n + a_1 b_{n-1} + \cdots + a_n b_0.$$

Igualtat de sèries. Unicitat dels coeficients

Les sèries $f(x) = \sum_{n \geq 0} a_n x_n$ i $g(x) = \sum_{n \geq 0} b_n x_n$ són iguals si convergeixen a la mateixa funció, és a dir, $f(x) = g(x)$ per a $|x| < R$, i, en aquest cas, els coeficients han de ser els mateixos

$$a_0 = b_0, \, a_1 = b_1, \, \cdots, \, a_n = b_n \, \cdots$$

Sèrie de Taylor

Sigui $f(x)$ una funció contínua amb derivades de tots els ordres per a $|x| < R$, amb $R > 0$. Ens preguntem si podem representar $f(x)$ mitjançant una sèrie de potències.

A partir dels coeficients determinats abans, $a_n = \dfrac{f^{(n)}(0)}{n!}$, és natural esperar que

$$f(x) = \sum_{n=0}^{\infty} \frac{f^{(n)}(0)}{n!} x^n = f(0) + f'(0) x + \frac{f''(0)}{2!} x^2 + \cdots \tag{6.1}$$

sigui vàlid per a $|x| < R$. Però això no sempre és cert!

Recordem la fórmula de Taylor

$$f(x) = P_n(x) + R_n(x) = \sum_{k=0}^{n} \frac{f^{(k)}(0)}{k!} x^k + R_n(x),$$

on el residu és

$$R_n(x) = \frac{f^{(n+1)}(c)}{(n+1)!} x^{n+1}$$

per a un determinat punt c entre 0 i x.

Si el residu tendeix a 0, aleshores és vàlida l'expressió 6.1.

Teorema 6.62 Sèrie de Taylor. *Si* $\lim\limits_{n \to \infty} R_n(x) = 0$, *per a tot x, amb* $|x| < R$, *aleshores,*

$$f(x) = \sum_{n=0}^{\infty} \frac{f^{(n)}(0)}{n!} x^n, \ \ |x| < R$$

i aquesta sèrie s'anomena sèrie de Taylor de f(x) en x = 0.

Vegem el cas general de les sèries de potències en $x - x_0$.

Definició 6.63 Si una funció admet un desenvolupament en sèrie de potències en un entorn del punt x_0 de la forma $\sum\limits_{n=0}^{\infty} a_n(x - x_0)^n$, diem que $f(x)$ és analítica en x_0.

Quan $f(x)$ és analítica en x_0, els coeficients són $a_n = \dfrac{f^{(n)}(x_0)}{n!}$, $\ n \geq 0$, i la sèrie

$$\sum_{n=0}^{\infty} \frac{f^{(n)}(x_0)}{n!} (x - x_0)^n, \ \ |x - x_0| < R$$

es diu *sèrie de Taylor de* $f(x)$ *en* x_0.

Alguns desenvolupaments en sèrie de Taylor

Els desenvolupaments en sèrie de Taylor en $x = 0$ de les funcions elementals són els desenvolupaments de MacLaurin que vam obtenir al capítol de derivació, i ara considerem els infinits sumands de la sèrie.

- $e^x = 1 + x + \dfrac{x^2}{2!} + \dfrac{x^3}{3!} + \cdots + \dfrac{x^n}{n!} + \cdots, \ \ x \in \mathbb{R}$

- $\sin x = x - \dfrac{x^3}{3!} + \dfrac{x^5}{5!} - \cdots + (-1)^n \dfrac{x^{2n+1}}{(2n+1)!} + \cdots, \ \ x \in \mathbb{R}$

- $\cos x = 1 - \dfrac{x^2}{2!} + \dfrac{x^4}{4!} - \cdots + (-1)^n \dfrac{x^{2n}}{(2n)!} + \cdots, \quad x \in \mathbb{R}$

- $\sinh x = x + \dfrac{x^3}{3!} + \dfrac{x^5}{5!} + \cdots + \dfrac{x^{2n+1}}{(2n+1)!} + \cdots, \quad x \in \mathbb{R}$

- $\cosh x = 1 + \dfrac{x^2}{2!} + \dfrac{x^4}{4!} + \cdots + \dfrac{x^{2n}}{(2n)!} + \cdots, \quad x \in \mathbb{R}$

- $\ln(1+x) = x - \dfrac{x^2}{2} + \dfrac{x^3}{3} - \cdots + (-1)^{n+1} \dfrac{x^n}{n} + \cdots, \quad |x| < 1$

- $\operatorname{arctg} x = x - \dfrac{x^3}{3} + \dfrac{x^5}{5} - \cdots + (-1)^n \dfrac{x^{2n+1}}{2n+1} + \cdots, \quad |x| < 1$

- $(1+x)^k = 1 + \dfrac{k}{1!}x + \dfrac{k(k-1)}{2!}x^2 + \cdots + \dfrac{k(k-1)\cdots(k-n+1)}{n!}x^n + \cdots, \quad |x| < 1, \, \forall k \in \mathbb{R}$

- $\arcsin x = x + \dfrac{1}{2}\dfrac{x^3}{3} + \cdots + \dfrac{1\cdot 3\cdots(2n-1)}{2\cdot 4\cdots 2n}\dfrac{x^{2n+1}}{2n+1} + \cdots, \quad |x| < 1$

- $\operatorname{arg\,sinh} x = x - \dfrac{1}{2}\dfrac{x^3}{3} + \cdots + (-1)^n \dfrac{1\cdot 3\cdots(2n-1)}{2\cdot 4\cdots 2n}\dfrac{x^{2n+1}}{2n+1} + \cdots, \quad |x| < 1$

A partir dels desenvolupaments en sèrie anteriors, podem obtenir-ne d'altres directament. Per exemple, per a e^{-x}, simplement hem d'avaluar la sèrie de e^x en $-x$, en comptes de x.

Exemples 6.64

Altres desenvolupaments en sèrie de Taylor. Observem que les identitats entre funcions equivalen a les identitats entre els desenvolupaments de Taylor corresponents: $\cos(-x) = \cos x$, $\sin(-x) = -\sin x$, $\sinh x + \cosh x = e^x$, etc.

- $e^{-x} = 1 - x + \dfrac{x^2}{2!} - \dfrac{x^3}{3!} + \dfrac{x^4}{4!} - \dfrac{x^5}{5!} + \cdots, \quad x \in \mathbb{R}$

- $e^{x^2} = 1 + x^2 + \dfrac{x^4}{2!} + \dfrac{x^6}{3!} + \dfrac{x^8}{4!} + \cdots, \quad x \in \mathbb{R}$

- $\cos(-x) = 1 - \dfrac{x^2}{2!} + \dfrac{x^4}{4!} - \cdots + (-1)^n \dfrac{x^{2n}}{(2n)!} + \cdots = \cos x, \quad x \in \mathbb{R}$

- $\cos(x^2) = 1 - \dfrac{x^4}{2!} + \dfrac{x^8}{4!} - \cdots, \quad x \in \mathbb{R}$

- $\sin(-x) = -x + \dfrac{x^3}{3!} - \dfrac{x^5}{5!} + \cdots = -\left(x - \dfrac{x^3}{3!} + \dfrac{x^5}{5!} - \cdots \right) = -\sin x, \quad x \in \mathbb{R}$

En general, donada una sèrie de potències, és molt difícil identificar quina funció representa. Poques sèries de potències tenen com a suma una funció elemental.

Exemples de funcions analítiques

Algunes funcions es poden reconèixer com analítiques a partir d'altres ja conegudes. En donem unes mostres.

- Els polinomis, e^x, $\cos x$, $\sin x$, són analítics en R.
- Si $f(x)$ i $g(x)$ són analítiques en x_0, també ho són

$$f(x) + g(x),\ f(x) - g(x),\ f(x) \cdot g(x)\ \text{ i }\ \frac{f(x)}{g(x)}\ \ (\text{si } g(x_0) \neq 0).$$

- Si $f(x)$ és analítica en x_0 i $f'(x_0) \neq 0$, aleshores $f^{-1}(x)$ és analítica en $f(x_0)$.
- Si $f(x)$ és analítica en x_0 i $g(x)$ és analítica en $f(x_0)$, aleshores $(g \circ f)(x)$ és analítica en x_0.

6.6 Sèries de potències complexes

Per acabar el capítol, fem cinc cèntims sobre les sèries de potències amb nombres complexos.

> **Definició 6.65** Una sèrie de la forma $\displaystyle\sum_{n=0}^{\infty} a_n (z - z_0)^n$, amb $a_n\ (n = 0, 1, 2, \cdots)$, $z, z_0 \in \mathbb{C}$, s'anomena *sèrie de potències complexa en $z - z_0$*.

A cada sèrie de potències complexa $\displaystyle\sum_{n=0}^{\infty} a_n (z - z_0)^n$, se li associa un *radi de convergència R*, de la mateixa manera que es fa a les sèries reals. Aquest R es defineix com $\frac{1}{\lambda}$, on $\lambda = \lim\limits_{n \to \infty} \sqrt[n]{|a_n|}$, $\lambda \in [0, +\infty) \cup \{+\infty\}$. El criteri del quocient 6.60 també és vàlid per a nombres complexos.

A partir del radi de convergència, associem a cada sèrie de potències real un interval $(-R, R)$, de manera que la sèrie és convergent al seu interior i divergent a l'exterior. Fixem-nos que l'interval $(-R, R)$ és el conjunt de punts x tals que $|x| < R$, és a dir, que estan a una distància de 0 més petita que R. Aquesta idea, en el cas complex, ens dóna un disc, perquè ara treballem en dimensió 2.

> **Definició 6.66** El conjunt de punts del pla complex que disten de z_0 menys de R és el disc $|z - z_0| < R$, amb centre z_0 i radi R, i s'anomena *disc de convergència de la sèrie $\displaystyle\sum_{n=0}^{\infty} a_n (z - z_0)^n$.*

El disc de convergència és tal que la sèrie és absolutament convergent a l'interior del disc $|z - z_0| < R$ i divergent a l'exterior del disc $|z - z_0| > R$. En els punts de la circumferència $|z - z_0| = R$ —la vora del disc—, el caràcter de la sèrie depèn de cada cas; n'hi ha sèries que convergeixen en algun punt de la circumferència, en tots els punts o en cap. En tenim l'esquema a la figura 6.5.

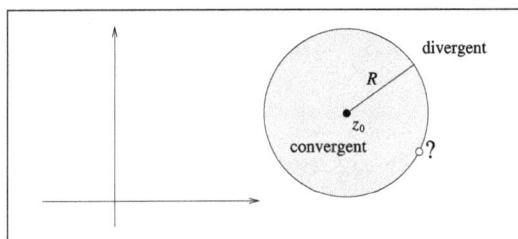

Fig. 6.5 Radi i disc de convergència de la sèrie $\sum a_n(z-z_0)^n$

Val a dir que, quan el radi de la sèrie pren els valors 0 o $+\infty$, el cercle es col·lapsa en un punt, z_0, o esdevé tot el pla complex, respectivament.

Exemple 6.67

Estudiem el radi de convergència de la sèrie

$$\sum_{n=0}^{\infty}\left[1-(-3)^n\right](z-1)^n.$$

Tenim $a_n = 1-(-3)^n$. Pel criteri del quocient,

$$R = \lim_{n \to \infty}\left|\frac{1-(-3)^n}{1-(-3)^{n+1}}\right| = \lim_{n \to \infty}\left|\frac{\frac{1}{(-3)^n}-1}{\frac{1}{(-3)^n}-(-3)}\right| = \left|\frac{-1}{3}\right| = \frac{1}{3}.$$

Aleshores, la sèrie és absolutament convergent si $|z-1| < \frac{1}{3}$ i divergent si $|z-1| > \frac{1}{3}$.

Problemes resolts

Problema 1

Demostreu la desigualtat $(1+h)^n \geq 1+nh$ per a $h \geq -1$, $n \geq 1$.

[Solució]

Ho fem per inducció sobre n.

El cas base $n=1$ és clarament cert: $1+h \geq 1+h$.

Suposem que la desigualtat és certa per a $n-1$ i veiem que, llavors, també és certa per a n. La hipòtesi d'inducció és

$$(1+h)^{n-1} \geq 1+(n-1)h$$

Multiplicant els dos membres de la desigualtat per $1+h$, i tenint en compte que $h \geq -1 \Rightarrow 1+h \geq 0$, resulta

$$(1+h)^n \geq [1+(n-1)h](1+h) = 1+h+nh+nh^2-h-h^2$$

$$= 1+nh+(n-1)h^2 \geq 1+nh, \text{ ja que } n \geq 1,$$

que és el que volíem demostrar.

Problema 2

Sigui la successió (a_n) definida per recurrència:

$$a_1 = -\frac{3}{2} \quad \text{i} \quad 3a_{n+1} = 2+a_n^3 \text{ per a } n \geq 1.$$

Demostreu que (a_n) és convergent i calculeu-ne el límit.

En primer lloc, comprovem que a_n és una successió monòtona i fitada.

- *Monotonia.* Donem uns quants valors a la n per observar la tendència de la successió:

$$a_1 = -\frac{3}{2}, \ a_2 = -\frac{11}{24} > -\frac{3}{2} = a_1, a_3 > a_2, \ldots$$

A partir dels primers termes, sospitem que la successió pot ser creixent. Tractem de provar aquest fet per inducció.

El cas base $n = 1$ ja està fet: $a_1 < a_2$.

La hipòtesi d'inducció és $a_{n-1} < a_n$. Volem veure que

$$a_{n-1} < a_n \Longrightarrow a_n < a_{n+1}.$$

Com que x^3 és una funció creixent, resulta

$$a_{n-1} < a_n \quad \Longrightarrow \quad a_{n-1}^3 < a_n^3 \quad \Longrightarrow$$

$$2 + a_{n-1}^3 < 2 + a_n^3 \quad \Longrightarrow \quad \frac{2 + a_{n-1}^3}{3} < \frac{2 + a_n^3}{3} \quad \Longrightarrow \quad a_n < a_{n+1}.$$

Per tant $a_n < a_{n+1}$, per a tot $n \in \mathbb{N}$ i, efectivament, la successió és creixent.

- *Fitació.* Una fita inferior és $a_1 = -\frac{3}{2}$, perquè la successió és creixent. Veiem per inducció que 1 és fita superior, és a dir, $a_n < 1$, per a tot $n \in \mathbb{N}$.

El cas $n = 1$ és evident: $a_1 = -\frac{3}{2} < 1$.

La hipòtesi d'inducció és $a_{n-1} < 1$. Volem veure que

$$a_{n-1} < 1 \Longrightarrow a_n < 1.$$

Tenim

$$a_{n-1} < 1 \quad \Longrightarrow a_{n-1}^3 < 1 \quad \Longrightarrow$$

$$2 + a_{n-1}^3 < 3 \quad \Longrightarrow \quad \frac{2 + a_{n-1}^3}{3} < 1 \Longrightarrow \quad a_n < 1.$$

i, per tant, $a_n < 1$, per a tot $n \in \mathbb{N}$. Concloem, doncs, que la successió és fitada: $-\frac{3}{2} < a_n < 1$, per a tot $n \in \mathbb{N}$.

El teorema de la convergència monòtona ens permet afirmar que (a_n) és convergent (atès que és monòtona i fitada).

Ara ja podem calcular-ne el límit. Si $l = \lim_{n \to \infty} a_n$, aleshores també és $l = \lim_{n \to \infty} a_{n-1}$. El límit ha de complir la relació de recurrència

$$3l = 2 + l^3 \iff l^3 - 3l + 2 = 0.$$

Aquesta equació té per solucions $l = 1$ (arrel doble) i $l = -2$. A més, de la relació de fitació resulta

$$-\frac{3}{2} \le l \le 1$$

i, per tant, el límit ha de ser $l = 1$.

Problema 3

Determineu el límit següent segons els valors de la constant $b \in \mathbb{R}^+$:

$$\lim_{n \to \infty} \left(\frac{bn^3 + 2}{n^3} \right)^{n^3}.$$

[Solució]

Aquest límit és del tipus $b^{+\infty}$; per tant, segons si b és més gran, més petit o igual que 1, el límit prendrà un valor o un altre.

- Si $b < 1$, el límit és 0.

- Si $b > 1$, el límit és $+\infty$.

- Si $b = 1$, tenim una indeterminació del tipus 1^∞. Per resoldre-la, apliquem el criteri del número e. En el nostre cas, $a_n = n^3$ i $b_n = \frac{n^3 + 2}{n^3}$. Per tant,

$$\lim_{n \to \infty} \left(\frac{n^3 + 2}{n^3} \right)^{n^3} = e^{\lim_{n \to \infty} n^3 \left(\frac{n^3 + 2}{n^3} - 1 \right)} = e^{\lim_{n \to \infty} 2} = e^2.$$

Així, finalment,

$$\lim_{n \to \infty} \left(\frac{bn^3 + 2}{n^3} \right)^{n^3} = \begin{cases} 0 & \text{si} \quad 0 < b < 1 \\ \lim_{n \to \infty} \left(\frac{n^3 + 2}{n^3} \right)^{n^3} = e^2 & \text{si} \quad b = 1 \\ \infty & \text{si} \quad b > 1. \end{cases}$$

Problema 4

Esbrineu el valor de $\lim_{n \to \infty} \frac{n^2 - 7}{3^n}$.

[Solució]

És una indeterminació del tipus $\frac{\infty}{\infty}$. Per resoldre-la, considerem la funció associada

$$f(x) = \frac{x^2 - 7}{3^x}$$

i fem $\lim_{x\to\infty} f(x)$. Aplicant la regla de L'Hôpital dues vegades, tenim

$$\lim_{x\to\infty} \frac{x^2-7}{3^x} = \lim_{x\to\infty} \frac{2x}{3^x \ln 3} = \lim_{x\to\infty} \frac{2}{3^x \ln^2 3} = 0.$$

Com que aquest límit existeix i val 0, el límit de la successió també val 0.

Problema 5

Calculeu $\lim\limits_{n\to\infty} \dfrac{1^3 + 3^3 + 5^3 + \cdots + (2n-1)^3}{n^4}$.

[Solució]

Si intentem resoldre el límit directament, obtenim una indeterminació del tipus

$$\lim_{n\to\infty} \frac{x_n}{y_n} = \frac{\infty}{\infty},$$

amb $x_n = 1^3 + 3^3 + 5^3 + \cdots + (2n-1)^3$ i $y_n = n^4$. Com que la successió del denominador, y_n, és estrictament creixent cap a $+\infty$, apliquem el criteri de Stolz:

$$\lim_{n\to\infty} \frac{x_n - x_{n-1}}{y_n - y_{n-1}} = \lim_{n\to\infty} \frac{(2n-1)^3}{n^4 - (n-1)^4}$$

$$= \lim_{n\to\infty} \frac{8n^3 - 12n^2 + 6n - 1}{4n^3 - 6n^2 + 4n - 1} = 2$$

i, per tant, el límit demanat també és 2.

Problema 6

Estudieu el caràcter de la sèrie $\displaystyle\sum_{n=1}^{\infty} \frac{1}{n + \ln\sqrt{n}}$.

[Solució]

Com que $\dfrac{1}{n + \ln\sqrt{n}} > 0$, podem utilitzar el criteri de comparació per pas al límit, comparant-la amb la sèrie harmònica $\displaystyle\sum_{n=1}^{\infty} \frac{1}{n}$ de la qual coneixem la divergència. Observem que

$$\lim_{n\to\infty} \frac{\dfrac{1}{n + \ln\sqrt{n}}}{\dfrac{1}{n}} = \lim_{n\to\infty} \frac{n}{n + \dfrac{1}{2}\ln n} = \lim_{n\to\infty} \frac{1}{1 + \dfrac{1}{2}\dfrac{\ln n}{n}}.$$

Per calcular el límit de la successió que apareix al denominador, considerem la seva funció associada i hi apliquem la regla de L'Hôpital:

$$\lim_{x\to\infty} \frac{\ln x}{x} = \lim_{x\to\infty} \frac{\dfrac{1}{x}}{1} = 0 \Rightarrow \lim_{n\to\infty} \frac{\ln n}{n} = 0$$

i, per tant,

$$\lim_{n\to\infty} \frac{1}{1+\dfrac{1}{2}\dfrac{\ln n}{n}} = 1.$$

Les dues sèries tenen, doncs, el mateix caràcter; és a dir, $\displaystyle\sum_{n=1}^{\infty} \frac{1}{n+\ln\sqrt{n}}$ és divergent.

Problema 7

Estudieu la convergència de la sèrie $\displaystyle\sum_{n=0}^{\infty} \frac{a(a+1)\cdots(a+n)}{b(b+1)\cdots(b+n)}$, $a \geq 0$, $b > 0$.

[Solució]

És una sèrie de termes positius. Si apliquem el criteri del quocient, per exemple, obtenim

$$\frac{a_{n+1}}{a_n} = \frac{\dfrac{a(a+1)\cdots(a+n+1)}{b(b+1)\cdots(b+n+1)}}{\dfrac{a(a+1)\cdots(a+n)}{b(b+1)\cdots(b+n)}} = \frac{a+n+1}{b+n+1}$$

i

$$\lim_{n\to\infty} \frac{a_{n+1}}{a_n} = \lim_{n\to\infty} \frac{n+a+1}{n+b+1} = 1,$$

amb la qual cosa el criteri del quocient no decideix. Aprofitem aquests càlculs per aplicar el criteri de Raabe

$$n\left(\frac{a_n}{a_{n+1}} - 1\right) = n\left(\frac{n+b+1}{n+a+1} - 1\right) = n\frac{b-a}{n+a+1} = \frac{(b-a)n}{n+a+1}$$

i

$$\lim_{n\to\infty} n\left(\frac{a_n}{a_{n+1}} - 1\right) = \lim_{n\to\infty} \frac{(b-a)n}{n+a+1} = b-a.$$

Per tant,

- $b-a > 1 \Leftrightarrow b > a+1 \Rightarrow$ la sèrie és convergent.

- $b-a < 1 \Leftrightarrow b < a+1 \Rightarrow$ la sèrie és divergent.

- $b-a = 1 \Leftrightarrow b = a+1$; llavors el criteri no decideix. Però substituint aquest valor en la sèrie, tenim

$$\sum_{n=0}^{\infty} \frac{a(a+1)\cdots(a+n)}{b(b+1)\cdots(b+n)} = \sum_{n=0}^{\infty} \frac{a(a+1)\cdots(a+n)}{(a+1)(a+2)\cdots(a+n+1)}$$

$$= \sum_{n=0}^{\infty} \frac{a}{a+n+1},$$

i, en aquest cas,

- si $a = 0$, tots els termes de la sèrie valen 0, i la sèrie és convergent amb suma 0,

- si $a \neq 0$, per comparació per pas al límit amb la sèrie harmònica $\sum \frac{1}{n}$ resulta

$$\lim_{n \to \infty} \frac{\dfrac{1}{n}}{\dfrac{a}{a+n+1}} = \lim_{n \to \infty} \frac{a+n+1}{an} = \frac{1}{a}$$

i les dues sèries tenen el mateix caràcter: són divergents.

Problema 8

Esbrineu el caràcter de la sèrie següent segons els valors del paràmetre $a > 0$,

$$\sum_{n=1}^{\infty} \frac{n!}{(1+a)(1+2a)\cdots(1+na)}.$$

[Solució]

És una sèrie de termes positius. Apliquem, per exemple, el criteri del quocient:

$$\frac{a_{n+1}}{a_n} = \frac{\dfrac{(n+1)!}{(1+a)(1+2a)\cdots(1+(n+1)a)}}{\dfrac{n!}{(1+a)(1+2a)\cdots(1+na)}} = \frac{n+1}{1+(n+1)a}.$$

Sigui

$$l = \lim_{n \to \infty} \frac{a_{n+1}}{a_n} = \lim_{n \to \infty} \frac{n+1}{1+(n+1)a} = \frac{1}{a}.$$

Tenim

- Si $a > 1$, aleshores $l < 1$ i la sèrie és convergent.

- Si $a < 1$, llavors $l > 1$ i la sèrie és divergent.

- Si $a = 1$, aleshores $l = 1$ i el criteri no decideix; però, en aquest cas, el terme general de la sèrie esdevé un vell conegut:

$$\frac{n!}{(1+1)(1+2)\cdots(1+n)} = \frac{n!}{(n+1)!} = \frac{1}{n+1}.$$

Es tracta de la sèrie harmònica $\sum_{n=1}^{\infty} \dfrac{1}{n+1}$, que és divergent.

Problema 9

Determineu la convergència de la sèrie $\sum_{n=0}^{\infty} \dfrac{x^n}{3^n}$.

En primer lloc, calculem el radi de convergència de la sèrie. El terme general és $a_n = \frac{1}{3^n}$. Llavors,

$$R = \lim_{n\to\infty}\left|\frac{\frac{1}{3^n}}{\frac{1}{3^{n+1}}}\right| = 3.$$

Per tant, l'interval associat és $(-3,3)$. Estudiem el caràcter de la sèrie als extrems, és a dir, als punts $x=3$ i $x=-3$.

Si $x=3$, tenim la sèrie numèrica

$$\sum_{n=0}^{\infty}\frac{3^n}{3^n} = \sum_{n=0}^{\infty}1,$$

que és divergent. Si $x=-3$, la sèrie és

$$\sum_{n=0}^{\infty}\frac{(-3)^n}{3^n} = \sum_{n=0}^{\infty}(-1)^n,$$

que també és divergent. D'aquí podem concloure que la nostra sèrie és convergent si $|x|<3$ i divergent si $|x|\geq 3$.

Problema 10

Comproveu la identitat següent a partir de les definicions de les funcions hiperbòliques i mitjançant les sèries de Taylor.

$$\sinh x + \cosh x = e^x, \ \forall x \in \mathbb{R}.$$

Recordem que les funcions hiperbòliques es poden definir a partir de l'exponencial. Aleshores, és immediat que

$$\sinh x + \cosh x = \frac{e^x - e^{-x}}{2} + \frac{e^x + e^{-x}}{2} = e^x.$$

Ara utilitzarem les sèries de Taylor de les funcions anteriors. Tenim

$$\sinh x + \cosh x = x + \frac{x^3}{3!} + \frac{x^5}{5!} + \cdots + \frac{x^{2n+1}}{(2n+1)!} + \cdots + 1 + \frac{x^2}{2!} + \frac{x^4}{4!} + \cdots + \frac{x^{2n}}{(2n)!} + \cdots$$

$$= 1 + x + \frac{x^2}{2!} + \frac{x^3}{3!} + \cdots + \frac{x^n}{n!} + \cdots = e^x, \ \forall x \in \mathbb{R}.$$

Problema 11

Trobeu la funció suma de la sèrie

$$\sum_{n=0}^{\infty}\frac{x^{4n-1}}{4n-1}.$$

Sigui la funció suma $f(x) = \sum_{n=0}^{\infty} \dfrac{x^{4n-1}}{4n-1}$. Aleshores, la seva derivada és

$$f'(x) = \sum_{n=1}^{\infty} x^{4n-2} = x^2 + x^6 + x^{10} + x^{14} + \cdots = x^2 \left(1 + x^4 + x^8 + x^{12} + \cdots\right)$$

Es tracta d'una sèrie geomètrica de raó x^4 i primer terme x^2, en què podem treure factor comú x^2. Per tal que sigui convergent, s'ha de complir $|x^4| < 1$ o, equivalentment, $|x| < 1$. Llavors,

$$f'(x) = \frac{x^2}{1 - x^4}, \ |x| < 1.$$

Finalment, integrant la funció derivada, obtenim la nostra $f(x)$:

$$f(x) = \int_0^x \frac{t^2}{1 - t^4}\, dt = \frac{1}{4} \ln \frac{1+x}{1-x} - \frac{1}{2} \operatorname{arctg} x, \ \text{per a } |x| < 1.$$

Problemes proposats

Problema 1

Són certes les afirmacions següents?

a) $n^2 - n + 5$ és un nombre primer per a tot $n \geq 2$.

b) $-1^2 + 2^2 - 3^2 + 4^2 - 5^2 + \cdots - (2n-1)^2 + (2n)^2 = 2n^2 + n$ per a tot $n \geq 1$.

En cas afirmatiu, demostreu-les per inducció. Si alguna d'elles no és correcta, doneu un valor (o valors) de n per al qual no es compleixi.

Problema 2

Esbrineu el valor del límit $\displaystyle\lim_{n \to \infty} \frac{n^2 - 7}{3^n}$.

Problema 3

Calculeu $\displaystyle\lim_{n \to \infty} \frac{\ln(n!)}{\ln(n^n)}$.

Problema 4

Analitzeu el caràcter de la sèrie $\displaystyle\sum_{n=1}^{\infty} \left(\frac{n-1}{n}\right)^{n^2}$.

Problema 5

Estudieu la convergència condicional i absoluta de la sèrie $\sum_{n=2}^{\infty}(-1)^n\dfrac{n}{n^2-1}$.

Problema 6

Comproveu que, si $\sum x_n$ és convergent i $\sum y_n$ és divergent, aleshores $\sum(x_n+y_n)$ és divergent.

Problema 7

Analitzeu el caràcter de la sèrie $\sum_{n=1}^{\infty}\dfrac{n^n}{n!\sqrt{e^n}}$.

Problema 8

Utilitzeu el criteri de la integral per determinar la convergència o la divergència de la sèrie $\sum_{n\geq 1}n\,e^{-n^2}$.

Problema 9

Identifiqueu la sèrie següent i estudieu-ne la convergència condicional i absoluta: $\sum_{n\geq 1}\dfrac{\cos(n^2\pi)}{5n+3}$.

Problema 10

Identifiqueu i calculeu la suma infinita següent

$$2-\frac{2}{3}+\frac{2}{9}-\frac{2}{27}+\frac{2}{81}-\cdots$$

Problema 11

Determineu el caràcter de la sèrie de termes complexos $\sum_{n\geq 2}\left(\dfrac{(n!)^2}{(2n)!}+i\,\dfrac{2n+1}{\sqrt{n^3-1}}\right)$.

Problema 12

Estudieu la convergència de la sèrie $\sum_{n=0}^{\infty}\dfrac{x^n}{(n+1)4^n}$.

Problema 13

Calculeu la funció suma de la sèrie de potències $\sum_{n=1}^{\infty}9^n x^{2n}$.

7 Conceptes previs

L'objectiu fonamental d'aquest capítol és refrescar alguns conceptes ja adquirits en cursos anteriors. L'enfocament és totalment pràctic. Inclou un test inicial que permetrà a l'estudiant, un cop l'hagi realitzat, decidir quins aspectes ha de repassar amb més intensitat.

En destaquem cinc grans àrees:

Polinomis i equacions: inclou bàsicament el desenvolupament d'expressions algebraiques, l'extracció de factor comú, les operacions amb polinomis i la resolució d'equacions.

Geometria elemental: comprèn la semblança de polígons, àrees de figures planes i les àrees i els volums de sòlids regulars.

Trigonometria plana: engloba les raons trigonomètriques (sinus, cosinus...), la resolució d'equacions trigonomètriques i de triangles.

Geometria analítica plana: recorda les diferents equacions d'una recta, la perpendicularitat i el parallelisme, i estudia les equacions i els elements principals de les còniques.

Derivades i integrals: es recorda el càlcul de derivades i el de primitives.

Objectius

Una vegada desenvolupat el capítol, l'estudiant ha de ser capaç de:

- Manipular adequadament les principals operacions algebraiques.
- Calcular àrees i perímetres de figures elementals.
- Determinar àrees i volums de sòlids regulars.
- Conèixer les raons trigonomètriques dels angles notables.
- Conèixer les principals identitats trigonomètriques.
- Resoldre triangles rectangles i obliquangles.
- Resoldre equacions trigonomètriques senzilles.
- Conèixer les equacions de la recta.
- Calcular l'angle entre dues rectes.
- Conèixer les equacions reduïdes de les còniques.
- Identificar els elements principals de les còniques.
- Calcular derivades aplicant la regla de la cadena.
- Calcular primitives *immediates*.

Problema 1

Un pal de 2 m projecta una ombra d'1'5 m. L'altura d'un arbre que a la mateixa hora projecta una ombra de 3'5 m és de:

a) 4 m

b) 4'7 m

c) 5'5 m

d) 6 m

e) 3'75 m

Problema 2

El costat d'un triangle equilàter mesura 2 cm. L'àrea és de:

a) $1 \, \text{cm}^2$

b) $\dfrac{\sqrt{3}}{3} \, \text{cm}^2$

c) $\sqrt{3} \, \text{cm}^2$

d) $\sqrt{2} \, \text{cm}^2$

e) $4 \, \text{cm}^2$

Problema 3

El volum d'un cilindre de radi 5 cm i altura 10 cm és:

a) $125\pi \, \text{cm}^3$

b) $100\pi \, \text{cm}^3$

c) $50\pi \, \text{cm}^3$

d) $500\pi \, \text{cm}^3$

e) $250\pi \, \text{cm}^3$

Problema 4

L'equació de la recta que passa pel punt $(1, 1)$ i té pendent 5 és:

a) $y = \frac{1}{5}x + \frac{4}{5}$

b) $y = 5x - 4$

c) $y = -5x + 6$

d) $y = x + 5$

e) $y = x + 1$

Problema 5

Tant la fórmula de la *gravitació universal de Newton* com la de *l'atracció elèctrica de Coulomb* tenen l'estructura $F = C\dfrac{ab}{d^2}$. El valor de F expressat en notació científica per al cas $C = 9\cdot 10^9$, $d = 3\cdot 10^{-4}$ i $a = b = 4\cdot 10^{-5}$ és:

a) $16\cdot 10^{-9}$

b) $16\cdot 10^{7}$

c) $1'6\cdot 10^{8}$

d) $4\cdot 10^{-10}$

e) $12\cdot 10^{-9}$

Problema 6

El resultat de desenvolupar i simplificar l'expressió $(2x^2 + x^3)^2$ és:

a) $x^9 + 4x^5 + 2x^4$

b) $x^6 + 4x^4$

c) $x^6 + 2x^4$

d) $x^6 + 4x^5 + 4x^4$

e) $x^9 + 4x^4$

Problema 7

El desenvolupament de $(1-x)^3$ és:

a) $-x^3 + 3x^2 - 3x + 1$

b) $-x^3 + 1$

c) $x^3 - x^2 - x + 1$

d) $x^3 - 3x^2 + 3x - 1$

e) $x^6 - 1$

Problema 8

En simplificar el màxim possible la fracció $\dfrac{xy - x^2}{xy^2 - x^3}$, obtenim

a) $y - x$

b) $\dfrac{1}{y-x}$

c) 0

d) $y + x$

e) $\dfrac{1}{y+x}$

Problema 9

La derivada de $y = \cos^3 4x$ és:

a) $-12\sin^2 4x$

b) $4\sin^3 4x$

c) $3\cos^2 4x$

d) $-3\cos^2 4x$

e) $-12\cos^2 4x \cdot \sin 4x$

Problema 10

El valor de la integral $\displaystyle\int \frac{2x}{x^2+5}\,dx$ és:

a) $\operatorname{arctg}(x^2+5)+C$, on C és una constant.

b) $\ln(x^2+5)+C$, on C és una constant.

c) $\arcsin(x^2+5)+C$, on C és una constant.

d) $(x^2+5)^3+C$, on C és una constant.

e) No es pot integrar.

7.2 Polinomis i equacions

Continguts:
- Propietats de les potències i de les operacions.
- Binomi de Newton. Nombres combinatoris.
- Operacions amb fraccions i amb arrels.
- Equacions de segon grau, biquadrades i irracionals.
- Operacions amb polinomis.

Breu resum teòric

Propietats de les potències.

Si $a \in \mathbb{R}$ i $n, m \in \mathbb{R}$, llavors es compleix que:

- $a^n \cdot a^m = a^{n+m}$

- $\dfrac{a^n}{a^m} = a^{n-m}$

- $(a^n)^m = a^{nm}$

- $a^{-n} = \dfrac{1}{a^n}$

- $a^0 = 1$

- $a^{\frac{m}{n}} = \sqrt[n]{a^m}$ amb $a \geq 0$

Binomi de Newton. Nombres combinatoris

Recordem que

$$(a \pm b)^2 = a^2 \pm 2ab + b^2$$
$$(a+b)(a-b) = a^2 - b^2$$
$$(a \pm b)^3 = a^3 \pm 3a^2b + 3ab^2 \pm b^3.$$

En general, si $n \in \mathbb{N}$, es té

$$(a \pm b)^n = \binom{n}{0} a^n \pm \binom{n}{1} a^{n-1}b + \binom{n}{2} a^{n-2}b^2 \pm \binom{n}{3} a^{n-3}b^3 + \cdots + (-1)^n \binom{n}{n} b^n.$$

Encara que no amb aquesta notació, Tartaglia ja coneixia aquest desenvolupament. De fet, Newton va demostrar que la igualtat anterior és vàlida per als enters i per als racionals. Posteriorment, Euler la justificà també per als irracionals. Ara és coneguda com el binomi de Newton.

L'expressió $\binom{m}{n}$ s'anomena *nombre combinatori* i es defineix com

$$\binom{m}{n} = \frac{m!}{n!(m-n)!}, \quad \text{on} \quad k! = k(k-1)(k-2)\cdots 3 \cdot 2 \cdot 1.$$

Recordem que, per definició, $0! = 1$ i que $\binom{m}{n}$ indica el nombre de subconjunts de n elements que hi ha en un conjunt de m elements.

Observant l'expressió del binomi de Newton, veiem que:

- La suma dels exponents de a i de b en cada terme és n.
- Els coeficients del desenvolupament de Newton són els nombres combinatoris de les distintes files del *triangle de Tartaglia-Pascal*:

$$
\begin{array}{cccccccc}
n=0 & & & & \binom{0}{0} & & & \\
n=1 & & & \binom{1}{0} & & \binom{1}{1} & & \\
n=2 & & \binom{2}{0} & & \binom{2}{1} & & \binom{2}{2} & \\
n=3 & \binom{3}{0} & & \binom{3}{1} & & \binom{3}{2} & & \binom{3}{3} \\
& & \cdots & & \cdots & & \cdots & \\
\end{array}
$$

o bé,

$$
\begin{array}{cccccccccc}
n=0 & & & & & 1 & & & & \\
n=1 & & & & 1 & & 1 & & & \\
n=2 & & & 1 & & 2 & & 1 & & \\
n=3 & & 1 & & 3 & & 3 & & 1 & \\
n=4 & 1 & & 4 & & 6 & & 4 & & 1 \\
& & \cdots & & \cdots & & \cdots & & & \\
\end{array}
$$

El triangle es genera de manera que, sumant dos elements consecutius d'una fila, obtenim el nombre comprès entre els dos de la fila següent.

Equacions de segon grau, biquadrades i irracionals

Definició 7.1 Anomenem *equacions biquadrades* les equacions de la forma

$$ax^{2n} + bx^n + c = 0, \quad \text{sent } n \in \mathbb{N} \text{ i } a \neq 0, b, c \in \mathbb{R}.$$

És a dir, l'exponent d'una de les potències és el doble de l'altra. La denominació *biquadrada* deriva del cas particular $n = 2$, en coincidir que al mateix temps una potència és el quadrat de l'altra:

$$ax^4 + bx^2 + c = 0.$$

Les equacions biquadrades es converteixen en equacions de segon grau mitjançant el canvi

$$x^n = z, \qquad x^{2n} = z^2$$

D'aquesta manera, només cal resoldre l'equació de segon grau

$$az^2 + bz + c = 0$$

i, després, desfer el canvi.

Anomenem *equacions irracionals* aquelles en què les incògnites estan dins d'una arrel.

Generalment, per a la seva resolució cal aïllar el radical en un membre de l'equació i després elevar els dos membres de la igualtat a la potència adequada perquè desaparegui l'arrel. Repetim el procés tants cops com sigui necessari fins a eliminar tots els radicals.

Mitjançant aquest mètode, hi ha el perill que ens apareguin nombres que, de fet, no són solució de l'equació donada. Per això, sempre cal comprovar si el resultat obtingut satisfà l'equació inicial.

Problemes resolts

Problema 1

Comproveu que es compleix la igualtat següent: $\dbinom{8}{2} + \dbinom{8}{3} = \dbinom{9}{3}$.

[Solució]

En efecte,

$$\binom{8}{2} + \binom{8}{3} = \frac{8!}{2!6!} + \frac{8!}{3!5!} = 84 \quad \text{i} \quad \binom{9}{3} = \frac{9!}{3!6!} = 84.$$

Finalment, $\dbinom{8}{2} + \dbinom{8}{3} = \dbinom{9}{3}$.

Problema 2

Desenvolupeu i simplifiqueu el màxim possible $\left(3 - \dfrac{x}{3}\right)^5$.

[Solució]

Utilitzant el desenvolupament del *triangle de Pascal* o de *Tartaglia*, tenim que

$$\left(3 - \frac{x}{3}\right)^5 = 3^5 - 5 \cdot 3^4 \cdot \frac{x}{3} + 10 \cdot 3^3 \cdot \left(\frac{x}{3}\right)^2 - 10 \cdot 3^2 \cdot \left(\frac{x}{3}\right)^3 + 5 \cdot 3 \cdot \left(\frac{x}{3}\right)^4 - \left(\frac{x}{3}\right)^5$$

i, després de simplificar, obtenim

$$\left(3 - \frac{x}{3}\right)^5 = -\frac{x^5}{243} + \frac{5}{27}x^4 - \frac{10}{3}x^3 + 30x^2 - 135x + 243.$$

Problema 3

Aplicant el binomi de Newton, calculeu el terme de grau 1 en el desenvolupament de $(x-1)^{100}$.

[Solució]

El penúltim terme del desenvolupament de $(x-1)^{100}$ serà:

$$-\binom{100}{99}x = -\frac{100!}{99!1!}x = -100x.$$

Problema 4

Calculeu i simplifiqueu el màxim possible l'expressió següent:

$$5\sqrt{75} - 8\sqrt{48} + 3\sqrt{27} + 12\sqrt{3} - 7\sqrt{108}.$$

[Solució]

Descomponent els radicands i després extraient factors fora del radical, en cas que sigui possible, obtenim

$$
\begin{aligned}
5\sqrt{75} - 8\sqrt{48} + 3\sqrt{27} \ &+ 12\sqrt{3} - 7\sqrt{108} = \\
&= 5\sqrt{3 \cdot 5^2} - 8\sqrt{3 \cdot 4^2} + 3\sqrt{3 \cdot 3^2} + 12\sqrt{3} - 7\sqrt{2^2 \cdot 3^2 \cdot 3} = \\
&= 25\sqrt{3} - 32\sqrt{3} + 9\sqrt{3} + 12\sqrt{3} - 42\sqrt{3} = \\
&= -28\sqrt{3}.
\end{aligned}
$$

Problema 5

Efectueu l'operació següent i simplifiqueu-la al màxim:

$$\frac{\sqrt{5}}{\sqrt{5} - 1} - \frac{\sqrt{3}}{3 - \sqrt{3}} - \frac{\sqrt{5}}{2}.$$

Per operar més còmodament, racionalitzarem els denominadors:

$$\frac{\sqrt{5}}{\sqrt{5}-1} = \frac{\sqrt{5}\cdot\left(\sqrt{5}+1\right)}{4}, \qquad \frac{\sqrt{3}}{3-\sqrt{3}} = \frac{\sqrt{3}\cdot(3+\sqrt{3})}{6}.$$

Així,

$$\frac{\sqrt{5}}{\sqrt{5}-1} - \frac{\sqrt{3}}{3-\sqrt{3}} - \frac{\sqrt{5}}{2} = \frac{\sqrt{5}\cdot\left(\sqrt{5}+1\right)}{4} - \frac{\sqrt{3}\cdot(3+\sqrt{3})}{6} - \frac{\sqrt{5}}{2}$$

$$= \frac{-\sqrt{5}-2\sqrt{3}+3}{4}.$$

Problema 6

Calculeu i simplifiqueu:

$$\frac{2x^3 - 4x^2 - 6x}{(x-1)^2 - 4} + \frac{-2x^3 + 5x^2 + 4x - 3}{(x+1)(x-3)}.$$

[Solució]

Tenint en compte que $(x-1)^2 - 4 = x^2 - 2x - 3 = (x+1)(x-3)$, podem escriure

$$\frac{2x^3 - 4x^2 - 6x}{(x-1)^2 - 4} + \frac{-2x^3 + 5x^2 + 4x - 3}{(x+1)(x-3)} = \frac{x^2 - 2x - 3}{(x+1)(x-3)} = 1.$$

Problema 7

Resoleu les equacions següents:

a) $x^8 - 17x^4 + 16 = 0$

b) $\sqrt{x+5} + \sqrt{2x+8} = \sqrt{7x+21}$

[Solució]

a) És una equació biquadrada; per tant,

$$x^8 - 17x^4 + 16 = 0 \Longleftrightarrow x^4 = \frac{17 \pm \sqrt{225}}{2} \Longrightarrow \begin{cases} x^4 = 16 & \Longrightarrow x = \pm 2 \\ x^4 = 1 & \Longrightarrow x = \pm 1. \end{cases}$$

b) És una equació irracional i, per tant, hem de *manipular-la* adequadament per desfer-nos de les arrels:

$$\begin{aligned} \sqrt{x+5} + \sqrt{2x+8} &= \sqrt{7x+21} \\ x+5+2\sqrt{x+5}\cdot\sqrt{2x+8}+2x+8 &= 7x+21 \\ \sqrt{2x^2+18x+40} &= 2x+4 \\ 2x^2+18x+40 &= 4x^2+16x+16. \end{aligned}$$

Per tant,

$$2x^2 - 2x - 24 = 0 \Longleftrightarrow x_1 = 4, \quad x_2 = -3.$$

Si comprovem aquests resultats a l'equació inicial, observem que $x_2 = -3$ no és vàlid. Finalment, la solució de l'equació donada és $x = 4$.

Problema 8

Descomponeu en factors irreductibles:

a) $25x^4 - 29x^2 + 4$

b) $x^3 - 5x^2 + 2x + 8$

[Solució]

a) Les arrels de l'equació biquadrada $25x^4 - 29x^2 + 4 = 0$ són $x = \pm 1$, $x = \pm\frac{2}{5}$; així, podem escriure:

$$25x^4 - 29x^2 + 4 = 25(x-1)(x+1)\left(x - \frac{2}{5}\right)\left(x + \frac{2}{5}\right).$$

b) Dividint pel mètode de Ruffini (si més no, una vegada), obtenim que les arrels de $x^3 - 5x^2 + 2x + 8 = 0$ són $x = -1$, $x = 2$ i $x = 4$. Per tant,

$$x^3 - 5x^2 + 2x + 8 = (x+1)(x-2)(x-4).$$

Problemes proposats

Propietats de les potències i de les operacions

Problema 11

Escriviu com a potència de x:

a) $x^4 x^{-5}$

b) $\dfrac{x^5}{x^{-3}}$

c) $(x^{-6})^{-2}$

d) $\left(\dfrac{1}{x}\right)^{-1}$

Problema 12

Escriviu en potències de 10 els nombres següents:

$$0'001; \quad \sqrt[3]{10.000}; \quad \frac{1}{0'0001}; \quad \frac{1}{\sqrt[4]{10.000}}; \quad (10^{1/3} \cdot 10^{-3})^{-1}; \quad \frac{0'01}{0'0001}100.$$

Problema 13

Desenvolupeu i reduïu les expressions següents:

a) $(2x+5y)(3x-2y)-(2x-1)(3x+2y)-(x-2y)(5y-1)$

b) $(ax^2-b)(ax^2-2b)+3b(ax^2-b)+b(b-1)$

c) $(a-1)(a-2)(a-3)+6(a-1)(a-2)+7(a-1)$

d) $\left(\frac{1}{3}a^2b-\frac{5}{6}ab^2+10b^3+20\right)\left(-\frac{4}{5}a^2b\right)$

Binomi de Newton

Problema 14

Efectueu els desenvolupaments següents:

a) $(a-b)^3$

b) $(2x-4)^5$

c) $\left[(x+y)^2+z\right]^2$

d) $(a+b)^4$

Problema 15

Determineu el coeficient de x^5 en el desenvolupament de $\left(5x-\dfrac{1}{x}\right)^7$.

Problema 16

Quin és el terme independent de x en el desenvolupament de $\left(\dfrac{x^2}{2}-\dfrac{2}{x}\right)^9$?

Notació científica

Problema 17

Sabent que $X=2\times10^{-2}$, $Y=3\times10^{-3}$, $Z=4\times10^{-4}$, calculeu els nombres següents i expresseu-ne el resultat en notació científica:

a) $X^4Y^5Z^2$

b) $\dfrac{Z^4Y^4}{X^8}$.

Problema 18

Escriviu els nombres següents en forma de producte d'un enter per una potència de 10:

$$30^4; \quad 20.000^{-3}; \quad 0'025^2; \quad (4'56^2)^3.$$

Operacions amb fraccions i amb arrels

Problema 19

Simplifiqueu les fraccions següents:

a) $\dfrac{4ax - 2a^2x}{2a^3 - 8a}$

b) $\dfrac{a-2}{a^2 - 4a + 4}$

c) $\dfrac{x^2 + 2yx + y^2}{x^2 - y^2}$

d) $\dfrac{\dfrac{b}{c} - \dfrac{c}{b}}{1 + \dfrac{c}{b}}$

Problema 20

Efectueu les operacions següents i simplifiqueu-ne el resultat:

a) $\dfrac{a}{a^2 - b^2} - \dfrac{1}{a+b}$

b) $\dfrac{a+1}{a-1} - \dfrac{(a^2+1)^2}{a^2-1}$

c) $\dfrac{b^2 + 2bc + c^2}{b^2 - 1} \cdot \dfrac{b+1}{b+c}$

Problema 21

Desenvolupeu i reduïu les expressions següents:

a) $(3\sqrt{2} - 3\sqrt{3} + 6\sqrt{5})(2\sqrt{2} + 2\sqrt{3} + 4\sqrt{5})$

b) $(\sqrt{3} + \sqrt{5})(2\sqrt{3} + 3\sqrt{5}) - (3\sqrt{3} - 2\sqrt{5})(\sqrt{3} + 2\sqrt{5})$

c) $(\sqrt{2} + 2)^2(1 - \sqrt{2})^2$

Racionalització de denominadors

Problema 22

Racionalitzeu els denominadors de les fraccions següents i simplifiqueu-ne el resultat:

a) $\dfrac{5\sqrt{3} + \sqrt{12}}{14\sqrt{3}}$

b) $\dfrac{6\sqrt{5}}{\sqrt[4]{3}}$

c) $\dfrac{2-\sqrt{2}}{5-3\sqrt{2}}$

d) $\dfrac{(3\sqrt{3}+2)(\sqrt{3}-1)}{\sqrt{3}+1}$

Problema 23

Efectueu les operacions que s'indiquen:

a) $\dfrac{2+\sqrt{2}}{\sqrt{3}-1}-\dfrac{\sqrt{3}-1}{2+\sqrt{2}}-2$

b) $\dfrac{5-\sqrt{5}}{5+\sqrt{5}}-\dfrac{5+\sqrt{5}}{5-\sqrt{5}}+\dfrac{5}{\sqrt{5}}$

Equacions

Problema 24

Resoleu les equacions de segon grau següents:

a) $\dfrac{x-5}{2}=\dfrac{2}{x-2}$

b) $(x+2)^2=24-4x$

c) $(x+6)(x-6)-8=1-4x$

d) $\dfrac{x}{5}-\dfrac{4}{x-9}=\dfrac{7}{3}$

Problema 25

Trobeu les solucions de les equacions següents:

a) $x^4+5x^2-36=0$

b) $(4x-7)(x^2-5x+4)(2x^2-7x+3)=0$

c) $(x^3+3x^2-1)^2-(x^3-2x+1)^2=0$

d) $\dfrac{x^2-32}{4}+\dfrac{28}{x^2-9}=0$

Problema 26

Resoleu les equacions irracionals següents i comproveu-ne els resultats:

a) $\sqrt{20+2x}=4$

b) $\sqrt{x+4}=1+\sqrt{x-1}$

c) $\sqrt{x+19}=12-\sqrt{x-5}$

d) $\sqrt{3+x}+\sqrt{x}=\dfrac{6}{\sqrt{3+x}}$

Operacions amb polinomis

Problema 27

Obteniu el quocient i el residu de les divisions que s'indiquen a continuació (comproveu-ne el resultat):

a) $(3a^3+10a^2-5a+12):(a+4)$

b) $(x^4-x^3y+2x^2y^2-xy^3+y^4):(x^2+y^2)$

c) $(a^5-41a-120):(a^2+4a+5)$

d) $(x^6-y^6):(x+y)$

Problema 28

Descomponeu en factors irreductibles els polinomis següents:

a) $2x^2-5x-7$

b) $2x^4+x^3-8x^2-x+6$

c) $2x^3-7x^2+8x-3$

d) $4x^4-2x^3-28x^2+38x-12$

Problema 29

Calculeu i simplifiqueu:

a) $\dfrac{x+1}{x-3}-\dfrac{4}{x+3}+\dfrac{5x-9}{x^2-9}$

b) $\dfrac{1}{1-x}+\dfrac{x}{1+x}-\dfrac{1+x^2}{x^2-1}$

c) $\dfrac{3}{x+2}-\dfrac{x^2}{x^2+x-2}+\dfrac{x^2+1}{x-1}$

d) $\dfrac{x+2}{(x^2-4)(x-1)}+\dfrac{x+1}{(x-2)(x-1)^2}-\dfrac{x^2+3}{(x+2)(x-1)}$

7.3 Geometria elemental

Continguts:

- Teoremes de Pitàgores, de l'altura i del catet.
- Àrees i perímetres de figures planes.
- Àrees i volums de sòlids regulars.

Breu resum teòric

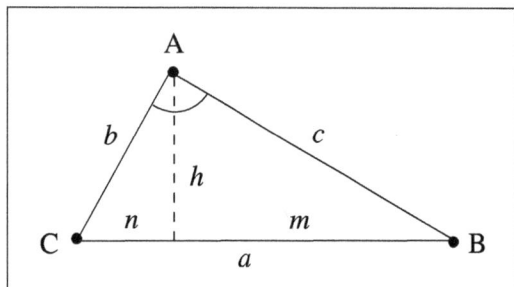

Donat un triangle rectangle ABC, amb angle recte en A, es tenen els resultats següents:

Teorema del catet: $\quad c^2 = a \cdot m; \quad b^2 = a \cdot n$

Teorema de l'altura: $\quad h^2 = m \cdot n$

Teorema de Pitàgores: $\quad a^2 = b^2 + c^2$

Figura	Perímetre	Àrea
Cercle de radi r	$2\pi r$	πr^2
Paral·lelogram d'altura h i costats a, b (base)	$2a + 2b$	$b \cdot h$
Quadrat de costa a	$4a$	a^2
Rectangle de base a i altura b	$2a + 2b$	$a \cdot b$
Rombe de diagonals d, D	$2\sqrt{d^2 + D^2}$	$\dfrac{D \cdot d}{2}$
Triangle d'altura h_a i costats a, b, c	$a + b + c$	$\dfrac{a \cdot h_a}{2}$
Trapezi d'altura h i costats paral·lels a i b	$--$	$\dfrac{(a+b) \cdot h}{2}$
Polígon regular de n costats de longitud l	$n \cdot l$	$\dfrac{n \cdot l \cdot \text{apotema}}{2}$
Sector circular d'angle α i radi r	$\alpha \cdot r$ (arc)	$\dfrac{\alpha \cdot r^2}{2}$

Taula d'àrees i perímetres de figures planes

Figura	Àrea lateral	Àrea total	Volum
Paral·lelepípede (ortoedre) d'arestes a, b, c	$2(ab + bc)$	$2(ab + ac + bc)$	$a \cdot b \cdot c$
Prisma recte amb base d'àrea A_{base} i altura h	$h \times$ (perímetre base)	$2A_{base} +$ àrea lateral	$A_{base} \cdot h$
Piràmide recta amb base d'àrea A_{base} i altura h	Suma d'àrees triangles	$A_{base} +$ àrea lateral	$\dfrac{A_{base} \cdot h}{3}$
Cilindre circular recte de radi r i altura h	$2\pi r h$	$2\pi r(h + r)$	$\pi r^2 h$
Con circular recte de radi r, altura h i generatriu g	$\pi r g$	$\pi r g + \pi r^2$	$\dfrac{\pi r^2 h}{3}$
Esfera de radi r	– – –	$4\pi r^2$	$\dfrac{4\pi r^3}{3}$

Taula d'àrees i volums de cossos

Problemes resolts

Problema 9

Les projeccions dels catets d'un triangle rectangle sobre la hipotenusa mesuren 9 cm i 16 cm. Determineu la longitud dels catets i de l'altura relativa a la hipotenusa.

[Solució]

- Pel teorema de l'altura, sabem que $\dfrac{h}{9} = \dfrac{16}{h}$; per tant, $h = 12$ cm.

- Apliquem el teorema del catet dues vegades (o bé el teorema de Pitàgores) i n'obtenim la longitud dels catets: 15 cm i 20 cm.

Problema 10

Les àrees de dos polígons semblants són $36 \ \mathrm{m}^2$ i $900 \ \mathrm{m}^2$. Si el perímetre del segon fa 125 m, quin és el perímetre del primer polígon?

[Solució]

Sabem que si dos polígons, d'àrees A_1 i A_2, són semblants, i la raó de semblança entre els costats és k, llavors $\dfrac{A_2}{A_1} = k^2$.

Per tant, $\dfrac{900}{36} = k^2$ i, d'aquí, $k = 5$. Finalment, $5 = \dfrac{125}{P_1} \Rightarrow P_1 = 25$ m.

Problema 11

Calculeu l'àrea de la superfície total d'un con de volum 24π i base de radi 1.

[Solució]

A partir del volum del con, obtenim l'altura:

$$V = \frac{\pi}{3} r^2 h = 24\pi \quad \Longrightarrow \quad h = 72.$$

D'altra banda, l'àrea total ve donada per

$$A_{\text{total}} = A_{\text{lateral}} + A_{\text{base}} = \pi r g + \pi r^2.$$

Tenint en compte la relació $g^2 = 72^2 + 1$, determinem la generatriu $g = \sqrt{5.185}$. Finalment,

$$\text{Àrea total} = (\sqrt{5.185} + 1)\pi.$$

Problema 12

Un sòlid està format per un cilindre i dos cons iguals, construïts sobre les bases del cilindre, externament a aquest. El volum global és 128π, el radi és igual a 4 cm i la generatriu del con val 5 cm. Quina és l'àrea de la superfície total del sòlid?

Fixem-nos que el volum total està format pel volum del cilindre, més dues vegades el del con. Siguin h l'altura del con i H la del cilindre.

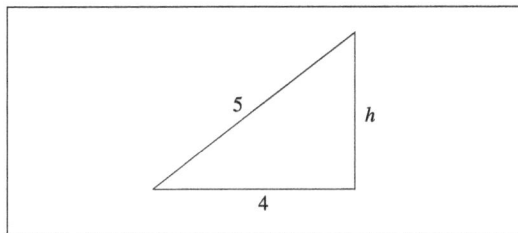

Aplicant el teorema de Pitàgores, es dedueix que $h = 3$ cm. Per tant,

$$\text{Volum total} = V_{cil} + 2V_{con} = \pi 4^2 H + 2\,\tfrac{1}{3}\pi 4^2 \cdot 3 =$$
$$= \cdots = 128\pi \quad \Rightarrow \quad H = 6 \text{ cm}.$$

$$\text{Àrea total} = A_{cil} + 2A_{\text{lateral con}} = 2\pi \cdot 4 \cdot 6 + 2\pi \cdot 4 \cdot 5 =$$
$$= 88\pi \text{ cm}^2.$$

Problemes proposats

Generalitats

Problema 30

En un triangle rectangle, l'altura sobre la hipotenusa la divideix en dues parts que mesuren 3 cm i 12 cm. Esbrineu les longituds de l'altura i dels catets.

Problema 31

Les àrees de dos polígons semblants són 74 cm^2 i 1.850 cm^2. Si el perímetre del primer és de 37 cm, calculeu-ne el del segon.

Problema 32

Si un camp està dibuixat a escala 1:500, quina serà sobre el terreny la distància que en el dibuix fa $3'4$ cm?

Problema 33

El perímetre d'un triangle és 27 cm, i els costats d'un triangle semblant mesuren 2 cm, 3 cm i 4 cm. Calculeu les longituds dels costats del primer triangle.

Problema 34

Quants costats té un polígon regular tal que el seu angle interior és de $162°$?

Àrees de figures planes

Problema 35

L'àrea d'un trapezi isòsceles és de 420 cm^2, les bases mesuren 40 cm i 30 cm. Determineu-ne les longituds dels costats no paral·lels.

Problema 36

Donat un paral·lelogram de costats 24 cm i 36 cm, calculeu-ne el valor de l'altura, sabent que la projecció del costat petit sobre el gran és de 12 cm. Determineu també l'àrea del paral·lelogram.

Problema 37

Trobeu l'àrea d'un hexàgon regular de costat 2'5 m.

Problema 38

Determineu la longitud d'un arc de circumferència corresponent a un angle de 42°, sabent que el radi és 4 m.

Problema 39

Calculeu la graduació d'un sector circular de 104'72 cm^2 d'àrea i 10 cm de radi. Trobeu també la longitud de l'arc corresponent.

Àrees i volums de sòlids regulars

Problema 40

L'àrea de la superfície d'un cub és 600 cm^2. Determineu:

a) la longitud de l'aresta;

b) la longitud de la diagonal;

c) el volum del cub.

Problema 41

Un prisma recte té per base un hexàgon regular de 8 cm d'aresta i 10 cm d'altura. Determineu l'àrea total de la superfície i el volum del prisma.

Problema 42

Determineu el volum d'una piràmide recta de base quadrada, sabent que l'àrea de la base és 64 cm^2 i l'apotema lateral de 5 cm.

Problema 43

Quina és l'altura d'un cilindre de 16π d'àrea de la base i d'àrea lateral el doble que l'àrea de la base?

Problema 44

Determineu la superfície lateral d'un con l'àrea de la base del qual és $6'25\pi$ cm^2 i l'altura és 4 cm.

7.4 Trigonometria plana

Breu resum teòric

Relacions fonamentals

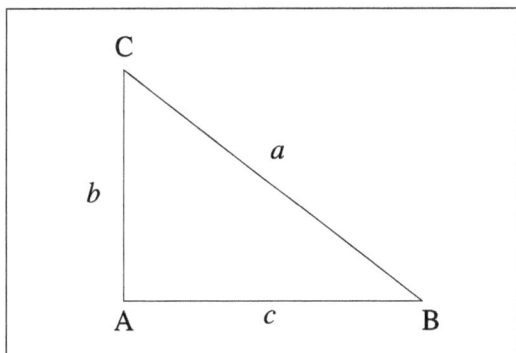

$$\sin B = \frac{b}{a} = \cos C = \cos(90° - B)$$

$$\cos B = \frac{c}{a} = \sin C = \sin(90° - B)$$

$$\operatorname{tg} B = \frac{b}{c} = \frac{\sin B}{\cos B} = \operatorname{cotg} C = \operatorname{cotg}(90° - B)$$

$$\operatorname{cosec} B = \frac{1}{\sin B} = \sec C = \sec(90° - B)$$

$$\sec B = \frac{1}{\cos B} = \operatorname{cosec} C = \operatorname{cosec}(90° - B)$$

Si α és un angle qualsevol, es compleixen:

$$\sin^2 \alpha + \cos^2 \alpha = 1 \qquad 1 + \operatorname{tg}^2 \alpha = \sec^2 \alpha$$

Teorema del sinus:

$$\frac{a}{\sin A} = \frac{b}{\sin B} = \frac{c}{\sin C}$$

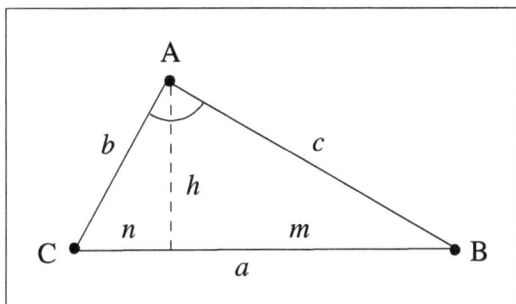

Teorema del cosinus:

$$a^2 = b^2 + c^2 - 2bc \cos A$$

$$b^2 = a^2 + c^2 - 2ac \cos B$$

$$c^2 = a^2 + b^2 - 2ab \cos C$$

Raons trigonomètriques d'angles notables

α radiants	α graus	$\sin\alpha$	$\cos\alpha$	tg α
0	0°	0	1	0
$\dfrac{\pi}{6}$	30°	$\dfrac{1}{2}$	$\dfrac{\sqrt{3}}{2}$	$\dfrac{\sqrt{3}}{3}$
$\dfrac{\pi}{4}$	45°	$\dfrac{\sqrt{2}}{2}$	$\dfrac{\sqrt{2}}{2}$	1
$\dfrac{\pi}{3}$	60°	$\dfrac{\sqrt{3}}{2}$	$\dfrac{1}{2}$	$\sqrt{3}$
$\dfrac{\pi}{2}$	90°	1	0	--

Raons trigonomètriques de la suma d'angles

- $\sin(a \pm b) = \sin a \, \cos b \pm \cos a \, \sin b$.

- $\cos(a \pm b) = \cos a \, \cos b \mp \sin a \, \sin b$.

- $\operatorname{tg}(a \pm b) = \dfrac{\operatorname{tg} a \pm \operatorname{tg} b}{1 \mp \operatorname{tg} a \, \operatorname{tg} b}$.

Raons trigonomètriques de l'angle doble

- $\sin 2a = 2 \sin a \, \cos a$.

- $\cos 2a = \cos^2 a - \sin^2 a = 1 - 2\sin^2 a = 2\cos^2 a - 1$.

- $\operatorname{tg} 2a = \dfrac{2\operatorname{tg} a}{1 - \operatorname{tg}^2 a}$.

Raons trigonomètriques de l'angle meitat

- $\sin\dfrac{a}{2} = \pm\sqrt{\dfrac{1 - \cos a}{2}}$ $\quad\left(\begin{array}{l}\text{signe } + \text{ si } \frac{a}{2} \text{ està als quadrants I o II}\\ \text{signe } - \text{ si } \frac{a}{2} \text{ està als quadrants III o IV}\end{array}\right)$

- $\cos\dfrac{a}{2} = \pm\sqrt{\dfrac{1 + \cos a}{2}}$ $\quad\left(\begin{array}{l}\text{signe } + \text{ si } \frac{a}{2} \text{ està als quadrants I o IV}\\ \text{signe } - \text{ si } \frac{a}{2} \text{ està als quadrants II o III}\end{array}\right)$

- $\operatorname{tg}\dfrac{a}{2} = \pm\sqrt{\dfrac{1 - \cos a}{1 + \cos a}}$ $\quad\left(\begin{array}{l}\text{signe } + \text{ si } \frac{a}{2} \text{ està als quadrants I o III}\\ \text{signe } - \text{ si } \frac{a}{2} \text{ està als quadrants II o IV}\end{array}\right)$

Transformació de sumes de raons trigonomètriques en productes, i viceversa

- $\sin a + \sin b = 2 \sin\dfrac{a+b}{2} \, \cos\dfrac{a-b}{2}$

- $\sin a - \sin b = 2 \cos \dfrac{a+b}{2} \, \sin \dfrac{a-b}{2}$

- $\cos a + \cos b = 2 \cos \dfrac{a+b}{2} \, \cos \dfrac{a-b}{2}$

- $\cos a - \cos b = 2 \sin \dfrac{a+b}{2} \, \sin \dfrac{a-b}{2}$

- $\sin a \, \sin b = \dfrac{1}{2} \left[\cos(a-b) - \cos(a+b) \right]$

- $\cos a \, \cos b = \dfrac{1}{2} \left[\cos(a-b) + \cos(a+b) \right]$

- $\sin a \, \cos b = \dfrac{1}{2} \left[\sin(a-b) + \sin(a+b) \right]$

Les *equacions trigonomètriques* són aquelles en què les incògnites apareixen com a variables d'alguna funció trigonomètrica.

Problemes resolts

Problema 13

Trobeu tots els valors que satisfan l'equació $\cos 2x + \sin x = 1$.

[Solució]

A partir de l'expressió del cosinus de l'angle doble $\cos 2x = \cos^2 x - \sin^2 x$, substituint a l'equació inicial obtenim:

$$-2\sin^2 x + \sin x = 0 \quad \Longleftrightarrow \quad \sin x(-2\sin x + 1) = 0.$$

Així,

$$\sin x = 0 \quad \Longleftrightarrow \quad x = \pi k$$

o bé,

$$\sin x = \frac{1}{2} \quad \Longleftrightarrow \quad \begin{cases} x & = \frac{\pi}{6} + 2\pi k \\ x & = \frac{5\pi}{6} + 2\pi k, \quad k \in \mathbb{Z}. \end{cases}$$

Problema 14

Trobeu tots els valors de x que satisfan l'equació

$$\sin x + \cos^2 x = \frac{5}{4}.$$

[Solució]

A partir de la igualtat fonamental $\sin^2 x + \cos^2 x = 1$, obtenim $\cos^2 x = 1 - \sin^2 x$, i substituint a l'equació inicial

$$-4\sin^2 x + 4\sin x - 1 = 0,$$

que és una equació de segon grau en $\sin x$. Així,

$$\sin x = \frac{1}{2} \quad \Rightarrow \quad \begin{cases} x &= \frac{\pi}{6} + 2\pi k \\ x &= \frac{5\pi}{6} + 2\pi k, \quad k \in \mathbb{Z}. \end{cases}$$

Problema 15

Una persona de 2 m d'alçària, que està a la vora d'un riu, veu la punta més alta d'un arbre, situat a la vora oposada, amb un angle de 60°. En allunyar-se'n 40 m, aquest angle es redueix a 30°. Determineu l'altura de l'arbre i l'amplada del riu.

[Solució]

Siguin h l'altura de l'arbre i a l'amplada del riu. Llavors,

$$\begin{cases} \operatorname{tg} 60° &= \dfrac{h-2}{a} \\ \operatorname{tg} 30° &= \dfrac{h-2}{a+40} \end{cases} \Longleftrightarrow \begin{cases} \sqrt{3} &= \dfrac{h-2}{a} \\ \dfrac{\sqrt{3}}{3} &= \dfrac{h-2}{a+40} \end{cases} \Longleftrightarrow \quad \cdots \quad \Longleftrightarrow \quad a = 20 \text{ m.}$$

Finalment, $h = \sqrt{3}a + 2$, és a dir, l'altura de l'arbre és de $20\sqrt{3} + 2$ m.

Problemes proposats

Identitats

Problema 45

Demostreu les identitats següents:

a) $\sin^2 \alpha = \dfrac{1 - \cos 2\alpha}{2}$

b) $\cos^2 \alpha = \dfrac{1 + \cos 2\alpha}{2}$

c) $\operatorname{tg}\alpha + \operatorname{cotg}\alpha = \dfrac{2}{\sin 2\alpha}$

d) $6\sin^2 \alpha + 8\cos^2 \alpha = 7 + \cos 2\alpha$

e) $\sin(\alpha + \beta) \cdot \sin(\alpha - \beta) = \sin^2 \alpha - \sin^2 \beta$

f) $1 + \operatorname{tg}^2\alpha = \sec^2 \alpha$

Equacions trigonomètriques

Problema 46

Resoleu les equacions següents:

a) $2\sin^2 x = \sin 2x$

b) $\dfrac{\cos 2x}{2} = 2 - 3\sin^2 x$

Resolució de triangles

Problema 47

Calculeu l'àrea d'un trapezi isòsceles de base petita de 14 m, sabent que els costats valen 5'3 m i que l'angle d'aquests amb la base petita és de 135°.

Problema 48

Esbrineu el valor del costat d'un pentàgon regular tal que el radi de la circumferència circumscrita és de 2 cm.

Problema 49

Dues forces de 14'5 N i 23'1 N donen una resultant de 10'5 N. Quin angle formen entre si i quins angles formen amb la resultant?

Problema 50

A una distància de 30 m d'una torre, n'observem el punt més alt sota un angle de 60°. Si ens n'allunyem 10 m en la direcció torre-observador, amb quin angle veurem el punt més alt de la torre esmentada?

Problema 51

Donat el gràfic de la figura 7.1, calculeu la distància BC.

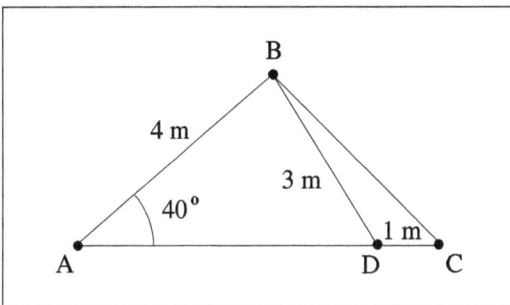

Fig. 7.1 Resolució d'un triangle

7.5 Geometria analítica plana

Breu resum teòric

Equacions de la recta

- Equació *vectorial*: $\vec{x} = \vec{a} + \lambda \vec{v}$, $\lambda \in \mathbb{R}$, on $\vec{a} = (a_1, a_2)$ és un punt particular de la recta, $\vec{v} = (v_1, v_2)$ és el vector director i $\vec{x} = (x, y)$ és un punt qualsevol de la recta.

- Equació *contínua*: $\dfrac{x - a_1}{v_1} = \dfrac{y - a_2}{v_2}$.

- Equació *cartesiana o implícita*: $Ax + By + C = 0$ (notem que $\vec{v} = (-B, A)$).

- Equació *explícita*: $y = -\dfrac{A}{B}x - \dfrac{C}{B}$ o, equivalentment, $y = mx + n$, on $m = \operatorname{tg}\alpha \equiv$ pendent de la recta

  ($\alpha =$ angle format per la recta i l'eix d'abscisses).

- Equació de la recta, *coneguts un punt*, $P = (x_1, y_1)$, i el *pendent m*: $y - y_1 = m(x - x_1)$.

Angle entre dues rectes

Considerem dues rectes r i s de pendents respectius m i m_1, i sigui α l'angle que formen les rectes r i s. Llavors,

$$\operatorname{tg}\alpha = \left| \frac{m - m_1}{1 + m \cdot m_1} \right|.$$

(També podem determinar α mitjançant el producte escalar, un cop coneguts els vectors directors de les rectes.)

Estudi de les còniques

Tota *secció cònica* o, simplement, *cònica*, es pot descriure com la intersecció d'un con de doble fulla amb un pla. Segons la inclinació del pla respecte de la generatriu del con, s'obtenen una paràbola, una el·lipse o una hipèrbola (figura 7.2). Si el pla passa pel vèrtex, la figura resultant s'anomena *cònica degenerada* i es redueix a un punt o una recta.

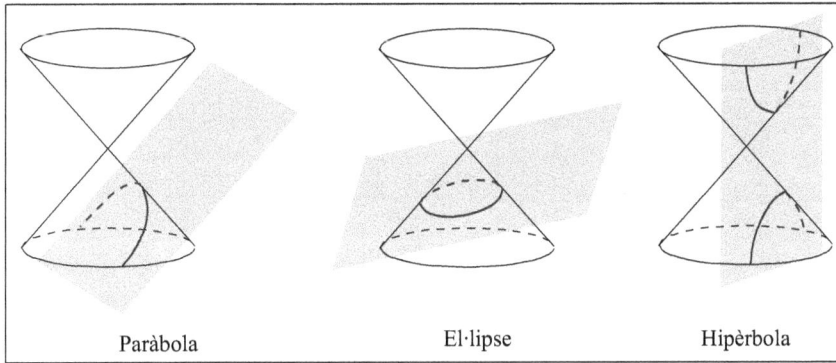

| Paràbola | El·lipse | Hipèrbola |

Fig. 7.2 Còniques

Aquest enfocament de les seccions còniques fou donat pel grec Apol·loni de Perga el segle III a.C. Hi ha, però, diverses maneres de definir les còniques:

- Com a intersecció de pla i con.
- Algebraicament, mitjançant una equació de segon grau amb dues variables. En aquest cas, una cònica és el conjunt de punts (x, y) del pla que satisfan una equació de la forma

$$Ax^2 + By^2 + Cxy + Dx + Ey + F = 0.$$

Aquest procés el discutirem més endavant.

- Com una col·lecció de punts que satisfan una propietat geomètrica determinada.

Aquest darrer punt de vista és el que considerarem tot seguit.

El·lipse

Definició 7.2 Anomenem *el·lipse* el lloc geomètric dels punts P del pla tals que la suma de distàncies a dos punts fixos, F_1 i F_2, anomenats *focus* (figura 7.3), és constant:

$$\overline{PF_1} + \overline{PF_2} = k.$$

Designem per a i b els *semieixos*. Si $a > b$, aquesta constant és $k = 2a$; mentre que si $a < b$, tenim $k = 2b$.

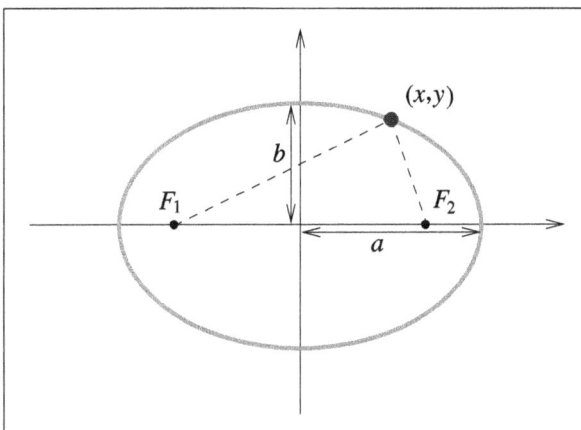

Fig. 7.3 El·lipse

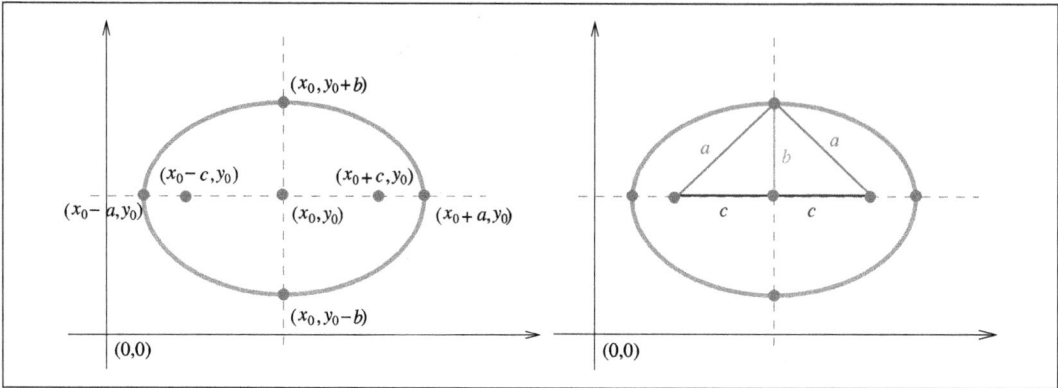

Fig. 7.4 Elements característics de l'el·lipse, amb $a > b$

L'equació canònica o reduïda de l'el·lipse de centre (x_0, y_0) i semieixos a i b és

$$\frac{(x - x_0)^2}{a^2} + \frac{(y - y_0)^2}{b^2} = 1.$$

Si $a > b$, té els elements característics següents (figura 7.4):

- *centre* (x_0, y_0)
- *a semieix major, b semieix menor*
- *vèrtexs* $(x_0 - a, y_0)$; $(x_0 + a, y_0)$; $(x_0, y_0 - b)$; $(x_0, y_0 + b)$
- *$2c$ distància entre focus, on* $a^2 = b^2 + c^2$
- *focus* $(x_0 - c, y_0)$; $(x_0 + c, y_0)$
- *excentricitat* $e = \dfrac{c}{a}, \quad 0 < e < 1$

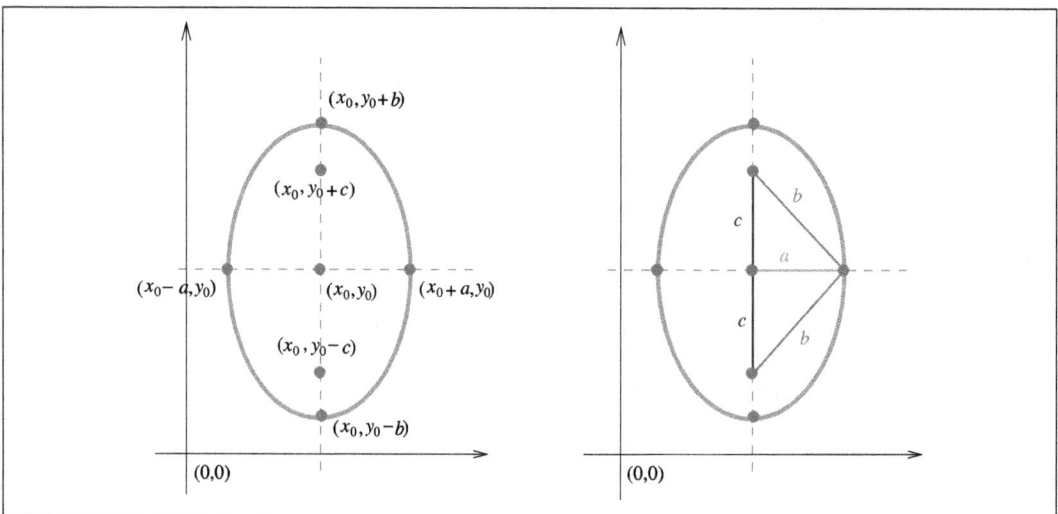

Fig. 7.5 Elements característics de l'el·lipse, amb $a < b$

Si $a < b$, té els elements característics següents (figura 7.5):

- centre (x_0, y_0)
- a semieix menor, b semieix major
- vèrtexs $(x_0 - a, y_0)$; $(x_0 + a, y_0)$; $(x_0, y_0 - b)$; $(x_0, y_0 + b)$
- $2c$ distància entre focus on $b^2 = a^2 + c^2$
- focus $(x_0, y_0 - c)$; $(x_0, y_0 + c)$
- excentricitat $e = \dfrac{c}{b}$, $\quad 0 < e < 1$

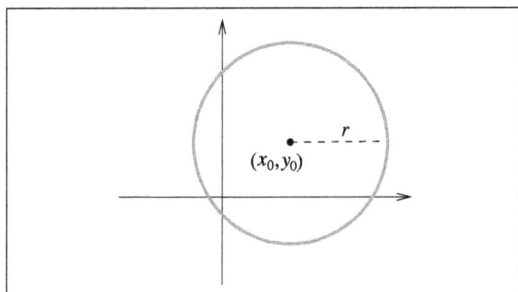

Fig. 7.6 Circumferència de radi r

Cas particular. Notem que, si $a = b$, l'el·lipse es transforma en una circumferència de centre (x_0, y_0) i radi $r = a = b$, com ens mostra la figura 7.6.

Definició 7.3 Anomenem circumferència el lloc geomètric dels punts del pla que equidisten d'un punt fix anomenat centre. Aquesta distància es coneix com a radi.

L'equació canònica de la circumferència de centre (x_0, y_0) i radi r és

$$(x - x_0)^2 + (y - y_0)^2 = r^2.$$

Hipèrbola

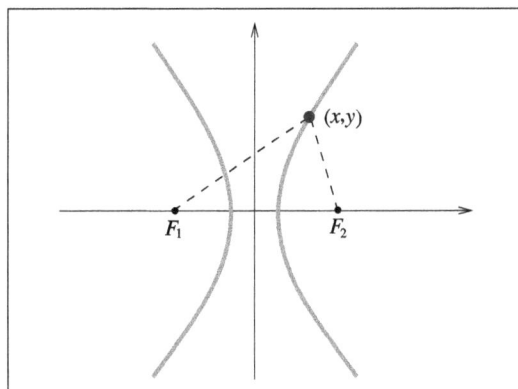

Fig. 7.7 Hipèrbola

Definició 7.4 S'anomena hipèrbola el lloc geomètric dels punts P del pla tals que el valor absolut de la diferència de distàncies a dos punts fixos, F_1 i F_2, anomenats focus (figura 7.7), és constant:

$$|\overline{PF_1} - \overline{PF_2}| = k.$$

Aquesta constant, k, és igual a la longitud de l'eix transversal, que va de vèrtex a vèrtex.

L'equació canònica de la hipèrbola de centre (x_0, y_0) i eix transversal $2a$ és

$$\frac{(x - x_0)^2}{a^2} - \frac{(y - y_0)^2}{b^2} = 1.$$

Té els elements característics següents (figura 7.8):

- centre (x_0, y_0)
- a semieix real, b semieix imaginari

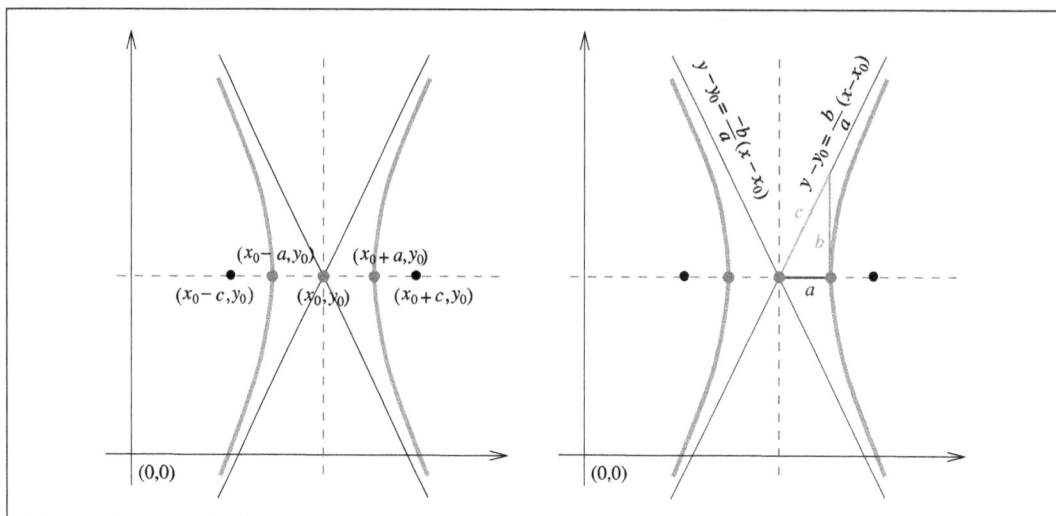

Fig. 7.8 Elements característics de la hipèrbola amb eix transversal $2a$

- vèrtexs $(x_0 - a, y_0)$; $(x_0 + a, y_0)$
- $2c$ distància entre focus, on $c^2 = a^2 + b^2$
- focus $(x_0 - c, y_0)$; $(x_0 + c, y_0)$
- asímptotes $y - y_0 = \pm \dfrac{b}{a}(x - x_0)$
- excentricitat $e = \dfrac{c}{a}, \quad e > 1$

L'*equació canònica* de la hipèrbola de centre (x_0, y_0) i eix transversal $2b$ és

$$-\frac{(x - x_0)^2}{a^2} + \frac{(y - y_0)^2}{b^2} = 1$$

Té els elements característics següents (figura 7.9):

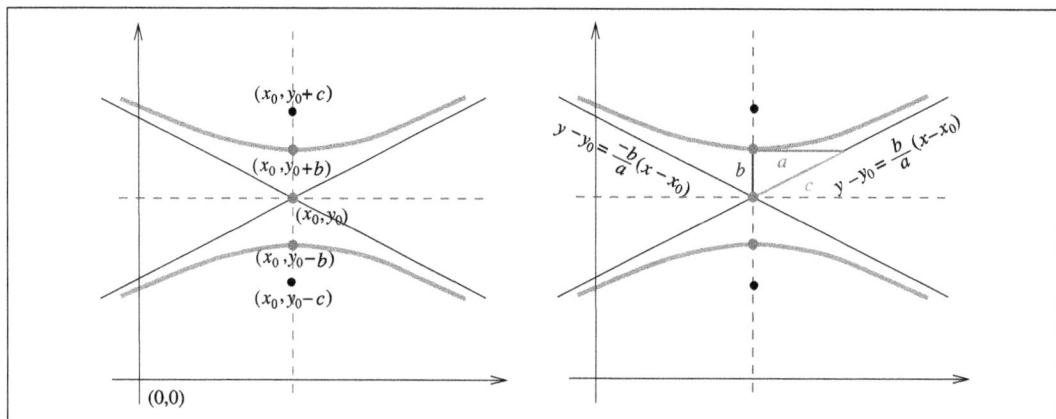

Fig. 7.9 Elements característics de la hipèrbola amb eix transversal $2b$

- centre (x_0, y_0)

- a semieix imaginari, b semieix real

- vèrtexs $(x_0, y_0 - b)$; $(x_0, y_0 + b)$

- $2c$ distància entre focus, on $c^2 = a^2 + b^2$

- focus $(x_0, y_0 - c)$; $(x_0, y_0 + c)$

- asímptotes $y - y_0 = \pm \dfrac{b}{a}(x - x_0)$

- excentricitat $e = \dfrac{c}{b}$, $\quad e > 1$

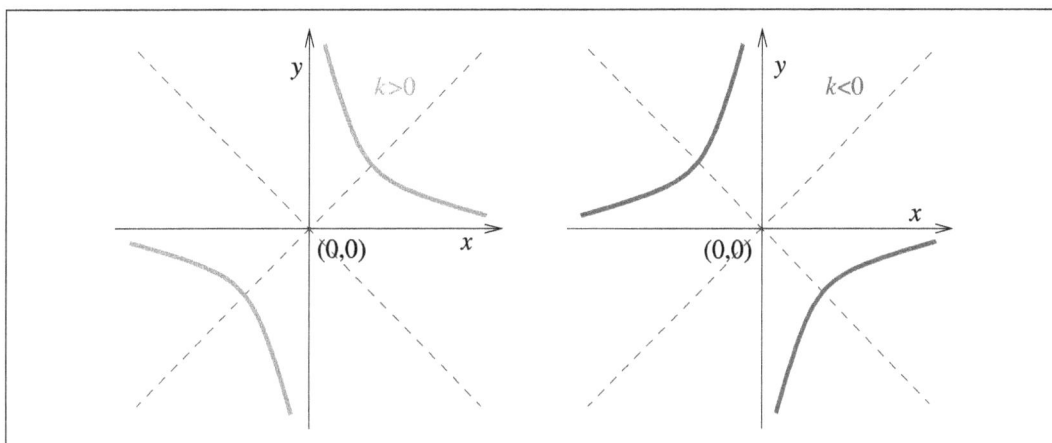

Fig. 7.10 Hipèrboles equilàteres $xy = k$

Observació 7.5 Si $a = b$, la hipèrbola s'anomena equilàtera. En aquest cas, les asímptotes són les bisectrius del 1r i el 3r quadrants, i del 2n i el 4t quadrants. Un exemple especialment interessant d'hipèrbola equilàtera és la que té equació

$$xy = k.$$

L'equació $xy = k$ s'obté a partir de l'equació canònica, fent un gir de $\frac{\pi}{4}$ rad. En aquest cas, les asímptotes són els eixos de coordenades (figura 7.10).

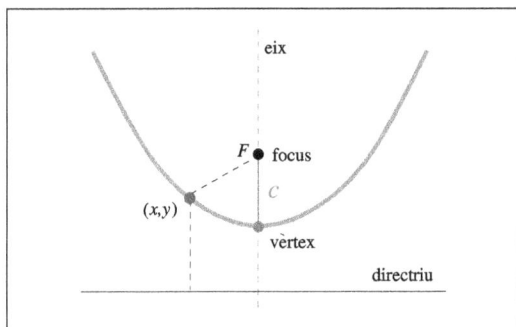

Fig. 7.11 Paràbola

Paràbola

Definició 7.6 Anomenem paràbola el lloc geomètric dels punts P del pla que equidisten d'un punt fix, F, anomenat focus, i d'una recta r, anomenada directriu (figura 7.11).

$$\overline{PF} = \overline{Pr}.$$

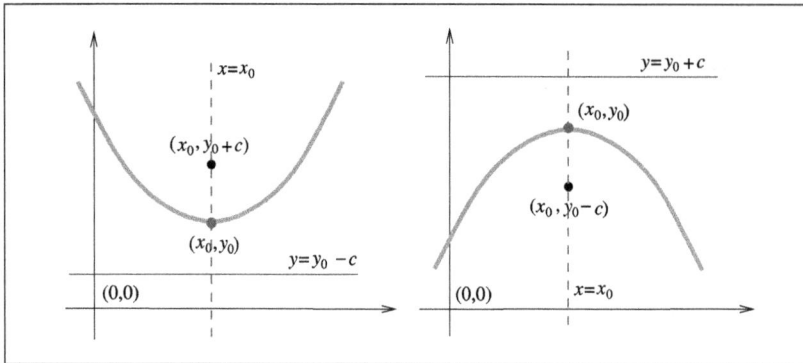

Fig. 7.12 Elements característics de la paràbola amb eix paral·lel a OY

L'*equació canònica de la paràbola* de vèrtex (x_0, y_0), distància del focus a la directriu $2c$ i eix paral·lel a l'eix d'ordenades és

$$(x - x_0)^2 = \pm 4c(y - y_0).$$

Té els elements característics següents (figura 7.12):

- *vèrtex* (x_0, y_0)
- *focus* $F = (x_0, y_0 \pm c)$
- *eix* $x = x_0$
- *directriu* $y = y_0 \mp c$
- *excentricitat* $e = 1$

L'*equació canònica de la paràbola* de vèrtex (x_0, y_0), distància del focus a la directriu $2c$ i eix paral·lel a l'eix d'abscisses és

$$(y - y_0)^2 = \pm 4c(x - x_0).$$

Té els elements característics següents (figura 7.13):

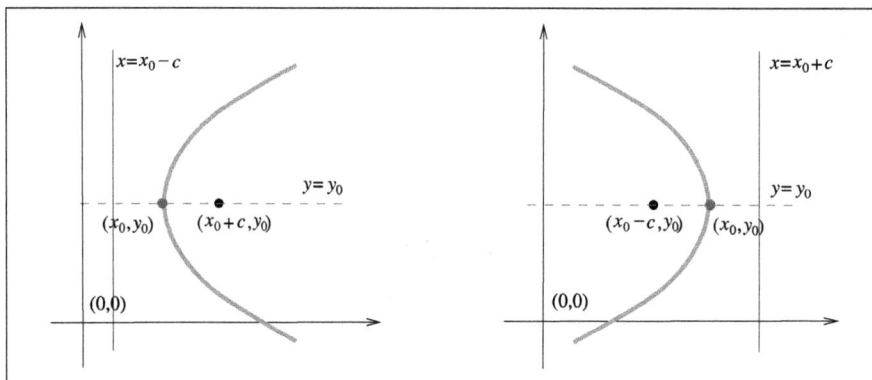

Fig. 7.13 Elements característics de la paràbola amb eix paral·lel a OX

- vèrtex (x_0, y_0)
- focus $F = (x_0 \pm c, y_0)$
- eix $y = y_0$
- directriu $x = x_0 \mp c$
- excentricitat $e = 1$

Propietats reflectores de les còniques

- A cada punt P de l'el·lipse, els radis focals $F_1 P$ i $F_2 P$ formen amb la tangent angles iguals. La conseqüència física és que la llum o el so emesos des d'un focus d'un reflector el·líptic són concentrats per aquest cap a l'altre focus. En podem veure una il·lustració a la figura 7.14.

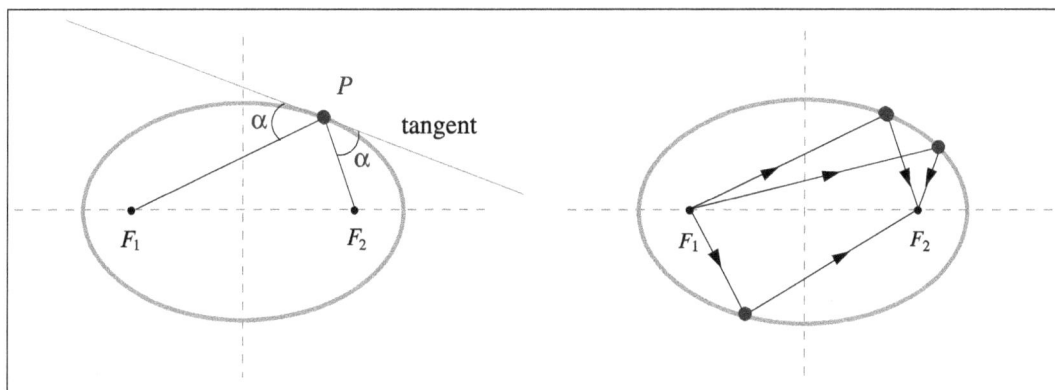

Fig. 7.14 Propietat reflectora de l'el·lipse

- A cada punt P d'una hipèrbola, la tangent és la bisectriu de l'angle format pels radis focals $F_1 P$ i $F_2 P$ (figura 7.15). La conseqüència física és que la llum o el so emesos des d'un focus d'un reflector hiperbòlic són reflectits per aquest cap a la direcció de la recta que passa per l'altre focus. S'aplica en *telemetria* (càlcul de distàncies).

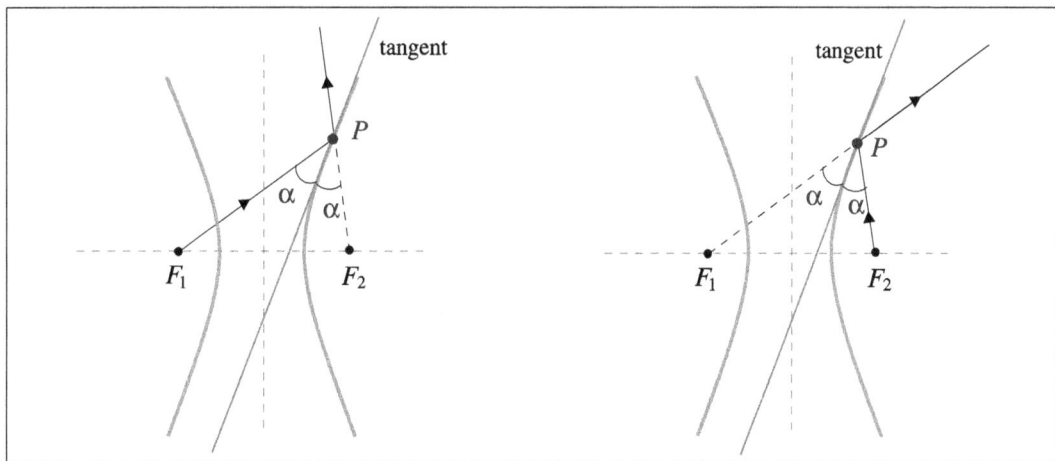

Fig. 7.15 Propietat reflectora de la hipèrbola

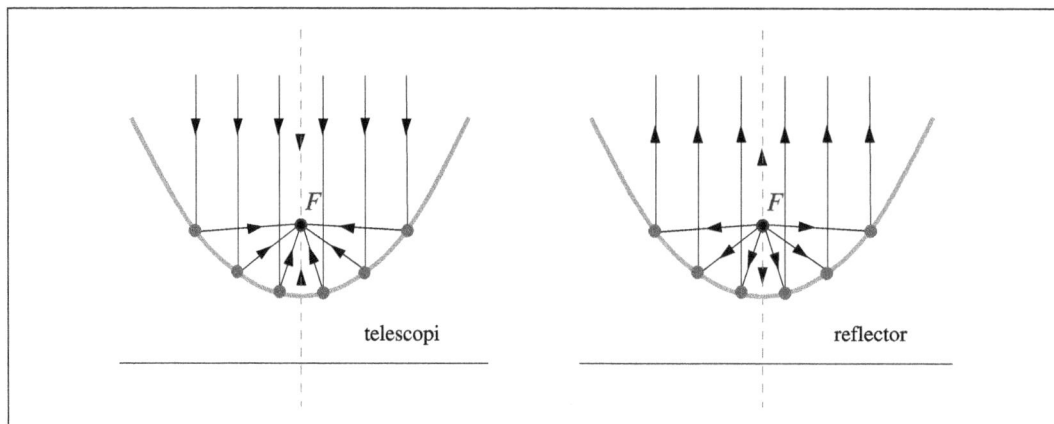

Fig. 7.16 Propietats reflectores de la paràbola

- La tangent a una paràbola en un punt P forma angles iguals amb:

  a) La recta que passa per P i pel focus.

  b) La recta que passa per P i és paral·lela a l'eix de la paràbola.

La conseqüència física és que la llum procedent d'una font situada en el focus d'un mirall parabòlic es reflecteix en el mirall i forma un feix paral·lel al seu eix; aquest és el principi del *projector*. En tenim un esquema a la figura 7.16.

També significa que un feix de llum que arriba al mirall paral·lelament al seu eix serà completament reflectit cap al focus; aquest és el principi del *telescopi de reflexió* (figura 7.16).

Problemes resolts

Problema 16

Calculeu el valor de b, de manera que les rectes $2x + 2y - 7 = 0$ i $bx - y + 14 = 0$ formin un angle de $45°$.

[Solució]

Considerem $r: 2x + 2y - 7 = 0$ i $s: bx - y + 14 = 0$. Llavors, deduïm que

$$m_r = -1 \quad \text{i} \quad m_s = b.$$

Per tant,

$$1 = \operatorname{tg} 45° = \left| \frac{m_r - m_s}{1 + m_r \cdot m_s} \right| = \left| \frac{-1 - b}{1 - b} \right| \iff b = 0.$$

Problema 17

Determineu l'equació d'una circumferència de la qual sabem que els punts $A(3,2)$ i $B(-1,6)$ són els extrems d'un dels seus diàmetres.

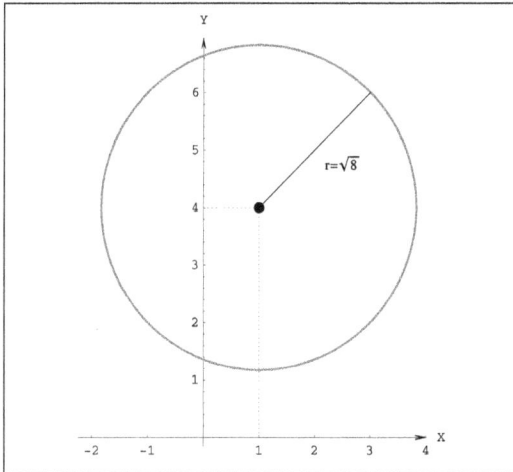

[Solució]

A partir dels dos punts donats, obtenim

$$C = \frac{A+B}{2} = (1,4),$$

$$r = d[(3,2),(1,4)] = \sqrt{8}.$$

Per tant, l'equació és

$$(x-1)^2 + (y-4)^2 = 8.$$

Problema 18

Trobeu el centre i el radi de la circumferència

$$x^2 + y^2 - 2x + 4y - 20 = 0.$$

[Solució]

Podem completar quadrats a l'equació donada, de manera que sigui immediat determinar-ne el centre i el radi:

$$x^2 + y^2 - 2x + 4y - 20 = 0 \iff (x-1)^2 + (y+2)^2 = 25.$$

Així, deduïm que $C = (1,-2)$ i $r = 5$.

Problema 19

Determineu l'equació de l'el·lipse que té els focus a l'eix d'abscisses i el centre a l'origen de coordenades, si sabem que $2a = 20$ i $2c = 8$.

[Solució]

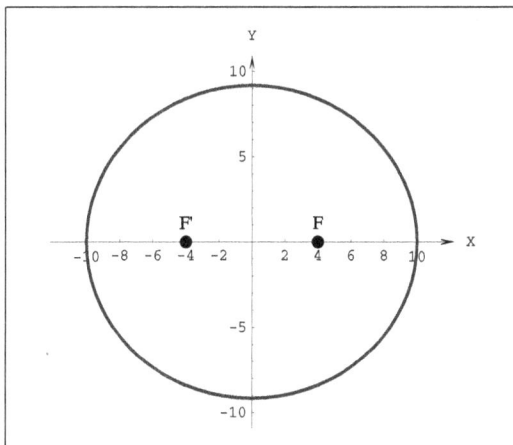

A partir de $a = 10$ i $c = 4$, utilitzant la relació

$$a^2 = b^2 + c^2,$$

obtenim $b^2 = 84$.

L'equació demanada és

$$\frac{x^2}{100} + \frac{y^2}{84} = 1.$$

Problema 20

Determineu l'equació de la hipèrbola que té els focus a l'eix d'abscisses i el centre a l'origen de coordenades, si sabem que $2c = 10$ i $2b = 8$.

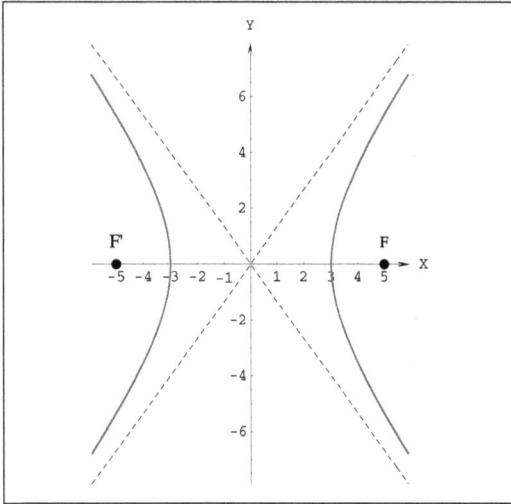

[Solució]

A partir de $c = 5$ i $b = 4$, utilitzant la relació

$$c^2 = a^2 + b^2,$$

obtenim $a^2 = 9$. L'equació és

$$\frac{x^2}{9} - \frac{y^2}{16} = 1.$$

Problema 21

Determineu l'equació de la paràbola amb vèrtex a l'origen de coordenades, si sabem que està situada en el semiplà de les abscisses negatives, és simètrica respecte de OX i $2c = \frac{1}{2}$.

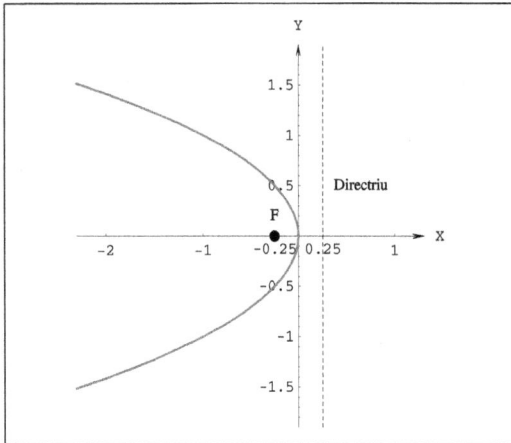

[Solució]

El vèrtex de la paràbola és $(0,0)$ i $c = \frac{1}{4}$. L'equació demanada és

$$y^2 = -x.$$

Problemes proposats ▰▰▰▰▰▰▰▰▰▰▰▰▰▰▰▰▰▰▰▰▰▰▰

Equacions de la recta. Paral·lelisme. Perpendicularitat

Problema 52

Calculeu el valor de m de manera que els punts $A = (1,1)$, $B = (2,3)$ i $C = (5,m)$ estiguin alineats.

Problema 53

Determineu l'equació de la recta que passa pel punt $A = (5,2)$ i és:

a) paral·lela a la recta $2x - 3y - 5 = 0$,

b) perpendicular a la recta $x + 5y - 37 = 0$.

Problema 54

Calculeu el valor de a, de manera que les rectes $x + 2y - 1 = 0$ i $ax - y + 3 = 0$ formin un angle de $60°$.

Circumferència

Problema 55

Determineu l'equació de la circumferència en cadascun dels casos següents:

a) la circumferència passa per l'origen de coordenades i el seu centre és $C(6, -8)$;

b) els punts $A(3,2)$ i $B(-1,6)$ són extrems d'un dels diàmetres de la circumferència;

c) el centre de la circumferència és $C(1, -1)$ i la recta $5x - 12y + 9 = 0$ és tangent a la circumferència.

Problema 56

Esbrineu quines de les equacions següents determinen una circumferència. Trobeu també el centre i el radi de cadascuna d'elles.

a) $(x - 5)^2 + (y + 2)^2 = 0$

b) $x^2 + y^2 - 2x + 4y - 20 = 0$

c) $x^2 + y^2 + 4x - 2y + 5 = 0$

d) $x^2 + y^2 + y = 0$

Problema 57

El centre d'una circumferència està en la recta $x + y = 0$. Determineu l'equació d'aquesta circumferència, si sabem que passa pel punt d'intersecció de les dues circumferències:

$$(x - 1)^2 + (y + 5)^2 = 50, \quad (x + 1)^2 + (y + 1)^2 = 10.$$

El·lipse

Problema 58

Determineu l'equació de l'el·lipse que té els focus a l'eix d'abscisses i el centre a l'origen de coordenades en cadascun dels casos següents:

a) els semieixos són 5 i 2.

b) $2a = 10$ i $2c = 8$

c) $2a = 20$ i $e = \frac{3}{5}$

Problema 59

Trobeu l'equació de l'el·lipse, sabent que l'eix major és 26 i els focus són $F_1(-10,0)$ i $F_2(14,0)$.

Problema 60

Comproveu que cadascuna de les equacions següents determina una el·lipse i trobeu-ne l'equació reduïda:

a) $5x^2 + 9y^2 - 30x + 18y + 9 = 0$

b) $16x^2 + 25y^2 + 32x - 100y - 284 = 0$

c) $4x^2 + 3y^2 - 8x + 12y - 32 = 0$

Hipèrbola

Problema 61

Determineu l'equació de la hipèrbola que té els focus a l'eix d'abscisses i el centre a l'origen de coordenades en cadascun dels casos següents:

a) $2a = 10$ i $2b = 8$

b) $2c = 10$ i $2b = 8$

c) $2c = 20$ i les equacions de les asímptotes són $y = \pm\frac{4}{3}x$.

Problema 62

Comproveu que cada una de les equacions següents determina una hipèrbola i calculeu-ne l'equació reduïda:

a) $16x^2 - 9y^2 - 64x - 54y - 161 = 0$

b) $9x^2 - 16y^2 + 90x + 32y - 367 = 0$

c) $16x^2 - 9y^2 - 64x - 18y + 199 = 0$

Problema 63

Trobeu l'equació d'una hipèrbola tal que, per a qualssevol dels seus punts, la diferència de distàncies als punts $(-3,0)$ i $(-3,3)$ és 2.

Paràbola

Problema 64

Determineu l'equació de la paràbola amb vèrtex l'origen de coordenades en cadascun dels casos següents:

a) la paràbola està situada en el semiplà de les abscisses positives, és simètrica respecte de OX i $2c = 3$;

b) la paràbola està situada en el semiplà de les abscisses negatives, és simètrica respecte de OX i $2c = \frac{1}{2}$;

c) la paràbola està situada en el semiplà inferior, és simètrica respecte de OY i $2c = 3$.

Problema 65

Comproveu que cadascuna de les equacions següents determina una paràbola i trobeu les coordenades del seu vèrtex, del focus i l'equació de la directriu:

a) $x + 3 + (y - 2)^2 = 0$

b) $y^2 - 4y - 4x = 0$

c) $x^2 + 4x + 4y - 4 = 0$

d) $x^2 = 6y + 2$

7.6 Derivades i integrals

Continguts:
- Derivades de les funcions elementals.
- Primitives de les funcions elementals.

Breu resum teòric

Derivades de les funcions elementals

La taula següent conté les derivades principals.

$(x^r)' = rx^{r-1}$	$(f^r(x))' = rf^{r-1}(x)f'(x)$
$(a^x)' = a^x \cdot \ln a$	$(\log_a x)' = \frac{1}{x} \cdot \log_a e$
$(e^x)' = e^x$	$(\ln x)' = \frac{1}{x}$
$(\sin x)' = \cos x$	$(\arcsin x)' = \frac{1}{\sqrt{1 - x^2}}$
$(\cos x)' = -\sin x$	$(\arccos x)' = \frac{-1}{\sqrt{1 - x^2}}$
$(\operatorname{tg} x)' = \frac{1}{\cos^2 x} = 1 + \operatorname{tg}^2 x$	$(\operatorname{arctg} x)' = \frac{1}{1 + x^2}$
$(\operatorname{cotg} x)' = \frac{-1}{\sin^2 x}$	$(\operatorname{arccotg} x)' = \frac{-1}{1 + x^2}$

Primitives de les funcions elementals

A la taula següent teniu les integrals immediates més usuals. Per simplificar la notació, escrivim f en comptes de $f(x)$.

$\int f' \cdot f^r \, dx = \dfrac{f^{r+1}}{r+1} + C \, (r \neq -1)$	$\int \dfrac{f'}{f} \, dx = \ln|f| + C$
$\int f' \cdot e^f \, dx = e^f + C$	$\int f' \cdot a^f \, dx = \dfrac{a^f}{\ln a} + C \quad (a \in (0,\infty) - \{1\})$
$\int f' \cdot \cos f \, dx = \sin f + C$	$\int f' \cdot \sin f \, dx = -\cos f + C$
$\int \dfrac{f'}{\cos^2 f} \, dx = \operatorname{tg} f + C$	$\int \dfrac{f'}{\sin^2 f} \, dx = -\operatorname{cotg} f + C$
$\int \dfrac{f'}{\sin f} \, dx = \ln \left| \operatorname{tg} \dfrac{f}{2} \right| + C$	$\int \dfrac{f'}{\sqrt{1-f^2}} \, dx = \arcsin f + C$
$\int \dfrac{-f'}{\sqrt{1-f^2}} \, dx = \arccos f + C$	$\int \dfrac{f'}{1+f^2} \, dx = \operatorname{arctg} f + C$

Problemes resolts

Problema 22

Calculeu la derivada de les funcions següents:

a) $f(x) = (x^4 + 3)^{\cos x}$

b) $f(x) = \operatorname{tg}^2 x - e^{3x^2} + \sin^4 x$

[Solució]

a) Notem que tenim una funció elevada a una altra funció i, per tant, no podem derivar directament utilitzant les derivades elementals. Es tracta d'utilitzar la *derivació logarítmica*, és a dir, aplicar logaritmes i tot seguit les propietats dels logaritmes amb l'objectiu de poder derivar amb facilitat.

Apliquem logaritmes a banda i banda:

$$\ln f(x) = \ln(x^4 + 3)^{\cos x} = \cos x \ln(x^4 + 3);$$

derivem

$$\frac{f'(x)}{f(x)} = -\sin x \ln(x^4 + 3) + \cos x \frac{4x^3}{x^4 + 3},$$

i, finalment,

$$f'(x) = (x^4 + 3)^{\cos x} \left[-\sin x \ln(x^4 + 3) + \cos x \frac{4x^3}{x^4 + 3} \right].$$

b) Derivant i aplicant la regla de la cadena, obtenim

$$f'(x) = 2\operatorname{tg} x \frac{1}{\cos^2 x} - 6xe^{3x^2} + 4\sin^3 x \cos x.$$

Problema 23

Calculeu les integrals següents:

a) $\displaystyle\int \frac{\sin\alpha}{3+2\cos\alpha}\, d\alpha$

b) $\displaystyle\int \frac{t^2}{\sqrt{t^3+9}}\, dt$

c) $\displaystyle\int \operatorname{tg}^2 x\, dx$

d) $\displaystyle\int \frac{2x+5}{x^2+25}\, dx$

[Solució]

a) $\displaystyle\int \frac{\sin\alpha}{3+2\cos\alpha}\, d\alpha = -\frac{1}{2}\int \frac{-2\sin\alpha}{3+2\cos\alpha}\, d\alpha = -\frac{1}{2}\ln|3+2\cos\alpha| + C$

b) $\displaystyle\int \frac{t^2\, dt}{\sqrt{t^3+9}} = \frac{1}{3}\int 3t^2 \cdot \left(t^3+9\right)^{-\frac{1}{2}}\, dt = \frac{2}{3}\sqrt{t^3+1} + C$

c) $\displaystyle\int \operatorname{tg}^2 x\, dx = \int \frac{\sin^2 x}{\cos^2 x}\, dx = \int \frac{1-\cos^2 x}{\cos^2 x}\, dx = \operatorname{tg} x - x + C$

d) $\displaystyle\int \frac{2x+5}{x^2+25}\, dx = \int \frac{2x\, dx}{x^2+25} + \int \frac{5\, dx}{x^2+25} = \ln(x^2+25) + \int \frac{\frac{5}{25}\, dx}{\left(\frac{x}{5}\right)^2+1}$

Finalment, $\displaystyle\int \frac{2x+5}{x^2+25}\, dx = \ln(x^2+25) + \operatorname{arctg}\frac{x}{5} + C.$

Problema 24

Calculeu la integral $\displaystyle\int \frac{x^3-3x-2}{x^3-x^2}\, dx.$

[Solució]

Dividint els dos polinomis, obtenim: $\displaystyle\frac{x^3-3x-2}{x^3-x^2} = 1 + \frac{x^2-3x-2}{x^3-x^2}.$

Descomponem en *fraccions simples*:

$$\frac{x^2-3x-2}{x^3-x^2} = \frac{x^2-3x-2}{x^2(x-1)} = \frac{A}{x}+\frac{B}{x^2}+\frac{C}{x-1} = \frac{Ax(x-1)+B(x-1)+Cx^2}{x^2(x-1)}.$$

Ara, igualant i donant valors a la x, obtenim

$$x^2-3x-2 = Ax(x-1)+B(x-1)+Cx^2 \quad \cdots \Longrightarrow \cdots A=5, B=2, C=-4.$$

Finalment,

$$\int \frac{x^3-3x-2}{x^3-x^2}dx = \int 1\,dx+5\int \frac{1}{x}dx+2\int \frac{1}{x^2}dx-4\int \frac{1}{x-1}dx$$

$$= x-\frac{2}{x}+5\ln|x|-4\ln|x-1|+C.$$

Problema 25

Calculeu la integral $\displaystyle\int \sin^2 x\,dx$. **[Solució]**

$$\int \sin^2 x\,dx \underset{(*)}{=} \int \frac{1-\cos 2x}{2}dx = \frac{x}{2}-\frac{\sin 2x}{4}+C.$$

$(*)$ S'obté la identitat $\sin^2 x = \frac{1-\cos 2x}{2}$ restant, terme a terme, les dues igualtats següents:

$$\left.\begin{array}{rcl} 1 &=& \cos^2 x+\sin^2 x \\ \cos 2x &=& \cos^2 x-\sin^2 x \end{array}\right\}$$

Problemes proposats ▰▰▰▰▰▰▰▰▰▰▰▰▰▰▰▰▰▰▰▰▰▰▰▰▰▰▰▰▰▰▰

Càlcul de derivades

Problema 66

Calculeu la derivada de les funcions següents:

a) $f(x) = \sqrt{4x^2-7x+2}$

b) $f(x) = 2x^3 - \ln\sqrt[3]{4x^2}$

c) $f(x) = (2x+3)^8 (4x^2-7x)$

d) $f(t) = \ln\dfrac{t^3}{e^t+\sqrt{t}}$

e) $y = \frac{1}{3}\operatorname{tg}^3 x - \operatorname{tg} x + x$

f) $y = \cos^2 \dfrac{1-\sqrt{x}}{1+\sqrt{x}}$

g) $u = \sin^2(\cos 3v)$

h) $y = (x^2 + 1)^{\sin x}$

Càlcul de primitives

Problema 67

Calculeu les integrals immediates següents:

a) $\displaystyle\int \sqrt{x}\,dx$

b) $\displaystyle\int \frac{dx}{x^2}$

c) $\displaystyle\int 10^x\,dx$

d) $\displaystyle\int (x+1)^{15}\,dx$

e) $\displaystyle\int x\sqrt{1-x^2}\,dx$

f) $\displaystyle\int x^2 \sqrt[5]{x^3+2}\,dx$

g) $\displaystyle\int \sin^3 x \cos x\,dx$

h) $\displaystyle\int \frac{\sin x}{\cos^2 x}\,dx$

i) $\displaystyle\int \cos^3 x \sin 2x\,dx$

Problema 68

Calculeu les integrals immediates següents:

a) $\displaystyle\int \frac{2\ln x}{x}\,dx$

b) $\displaystyle\int \frac{3x}{x+2}\,dx$

c) $\displaystyle\int \sin^5 x \cos x\,dx$

d) $\displaystyle\int \frac{\sin x}{1+\cos^2 x}\,dx$

e) $\displaystyle\int \frac{\cos x}{\sin^3 x}\,dx$

f) $\displaystyle\int \cos 5x\,dx$

Problema 69

Calculeu les integrals immediates següents:

a) $\displaystyle\int \sin(3x + \sqrt{2})\,dx$

b) $\displaystyle\int e^{-50x}\,dx$

c) $\displaystyle\int \frac{x}{\sqrt{(x^2 - 4)^3}}\,dx$

d) $\displaystyle\int \frac{1 + \cos^2 x}{1 + \cos 2x}\,dx$

e) $\displaystyle\int \operatorname{tg}^2 x\,dx$

f) $\displaystyle\int \frac{3x - 1}{x^2 + 9}\,dx$

g) $\displaystyle\int \frac{e^x}{e^{2x} + 1}\,dx$

h) $\displaystyle\int \frac{6}{x^2 + 3}\,dx$

i) $\displaystyle\int \frac{3\cos 2x}{\cos^2 x \sin^2 x}\,dx$

Solucions dels problemes

8

Problema 1

a) $(-\infty, -2) \cup (3, +\infty)$

b) $\left[-\frac{2}{3}, \frac{1}{3}\right]$

c) $\emptyset$, no té solució.

d) $(-\infty, -1) \cup (3, 7)$

Problema 2

a) $[-2, -1)$

b) $(0, 1)$

Problema 3

a) $(-\infty, 1] \cup [2, 3] \cup [4, +\infty)$

b) $(-\infty, -2)$

Problema 4

$\lambda \in (-\infty, -5] \cup [1, +\infty)$

Problema 5

$z_1 = 6\sqrt{2} + 6\sqrt{2}i$ i $z_2 = -6\sqrt{2} - 6\sqrt{2}i$.

Problema 6

a) La suma de les arrels val 0 i el producte, 16.

b) $P(z) = (z^2 - 2z + 4)(z^2 + 2z + 4)$

Problema 7

Indicació: preneu $z = a + bi$, amb $a^2 + b^2 = 1$.

Problema 8

$$4\left(z - \frac{\sqrt{2}}{4} - \frac{\sqrt{6}-2}{4}i\right)\left(z + \frac{\sqrt{2}}{4} + \frac{\sqrt{6}+2}{4}i\right)$$

Problema 9

Són els complexos que formen la circumferència de centre 1 i radi 2.

8.2 Funcions

Problema 1

a) Tots els nombres reals.

b) Tots els nombres reals.

c) Tots els nombres reals menys el 3.

d) Tots els nombres reals menys el 2 i el -2.

e) $[-2, +\infty)$

f) $(-\infty, -3] \cup [3, +\infty)$

g) Tots els nombres reals.

h) $[-\frac{3}{2}, +\infty) \setminus \{5\}$

i) $(-\frac{5}{3}, +\infty)$

j) $(-\infty, -2] \cup (1, +\infty)$

k) Tots els nombres reals.

Problema 2

$[3, 5]$

Problema 3

$\text{Dom}(f) = [2, 3] \cup [4, 5]$, $\text{Im}(f) = [0, \pi]$

Problema 4

a) 3

b) $\pm 1, \pm \frac{1}{3}$

c) 3

d) 1

Problema 5

a) $\frac{2}{3}$

b) -3

c) 0

d) -4

Problema 6

a) 64

b) $0'0625$

c) $\frac{1}{5}$

d) $0'707$

Problema 7

a) $x = 3$

b) $x = 29$

c) $x = 20$, i $x = 80$.

d) $x = e^2, y = e$

Problema 8

Cal tenir en compte que $k \in \mathbb{Z}$.

a) $\begin{cases} x_1 = k\pi \\ x_2 = \frac{\pi}{4} + k\pi \end{cases}$

b) $\begin{cases} x_1 = \frac{\pi}{3} + k\pi \\ x_2 = \frac{2\pi}{3} + k\pi \end{cases}$

c) $\begin{cases} x_1 = \frac{\pi}{2} + k\pi \\ x_2 = \frac{4\pi}{3} + 2k\pi \\ x_3 = \frac{5\pi}{3} + 2k\pi \end{cases}$

d) $\begin{cases} x_1 = \frac{\pi}{4} + 2k\pi \\ x_2 = \frac{3\pi}{4} + 2k\pi \\ y = \frac{\pi}{2} + k\pi \end{cases}$

Problema 9

$(g \circ f)(x) = x$, $\text{Dom}(g \circ f)(x) = (-\infty, 2]$

Problema 10

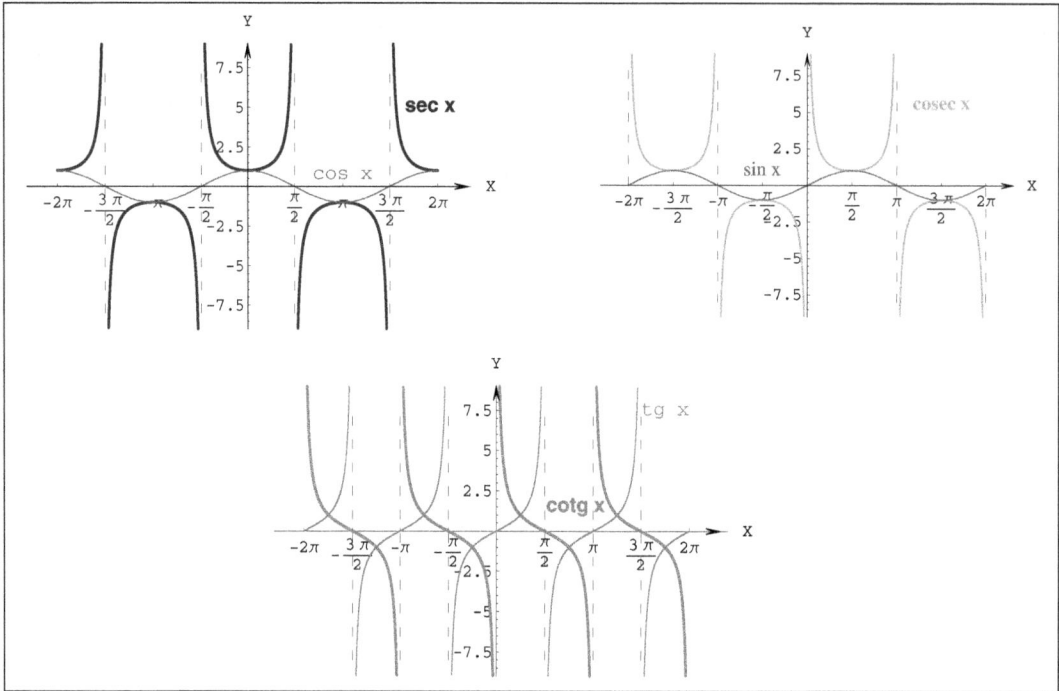

Problema 11

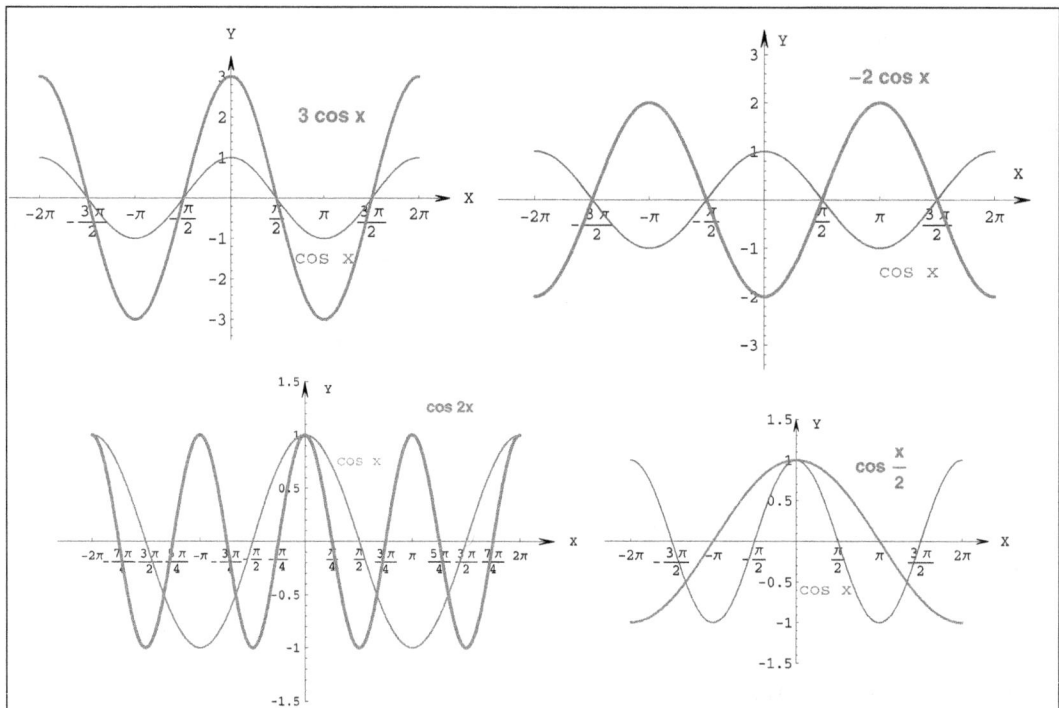

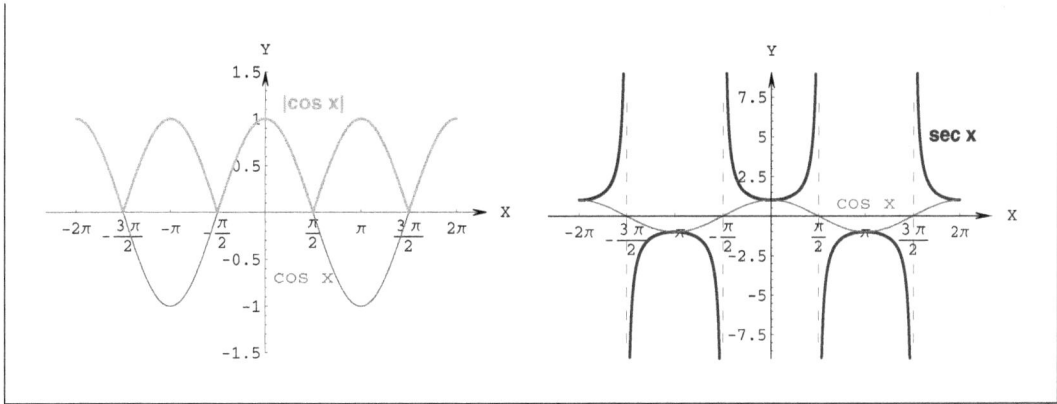

Problema 12

$$y^2 - x^2 = 4$$

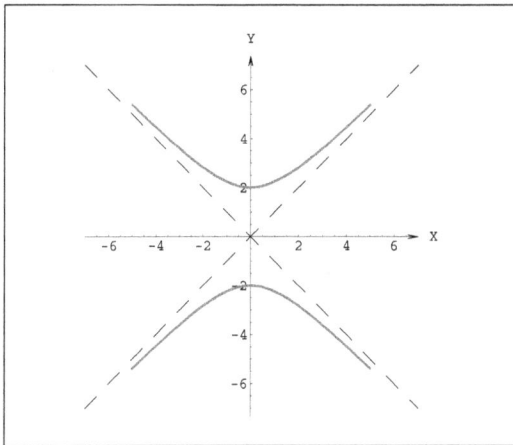

Problema 13

$$r^2 = \cos\alpha$$

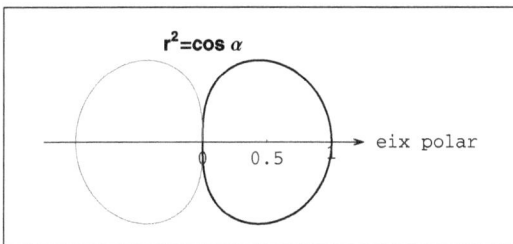

Problema 14

Són dues circumferències d'equacions $r = 3\cos\alpha$ i $r = -6\sin\alpha$.

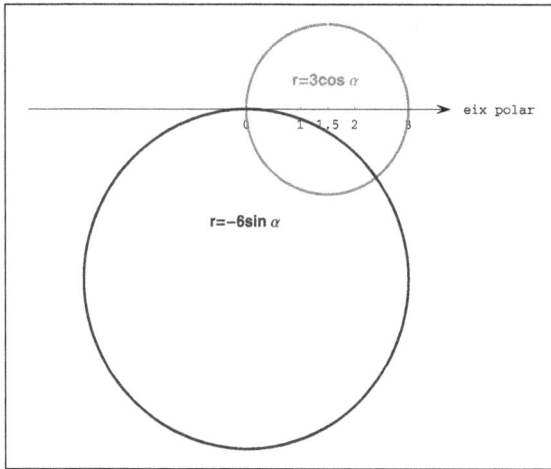

8.3 Continuïtat

Problema 1

Una possible funció és

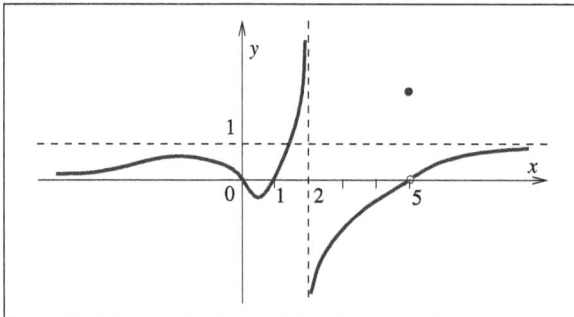

Problema 2

a) $\dfrac{1}{4y\sqrt{y}}$

b) 0

Problema 3

$p > 0$

Problema 4

Indicació: apliqueu el teorema de Bolzano en els subintervals $[-2, -1]$ i $[1, 2]$.

Problema 5

Sí, pel teorema de Weierstrass, ja que és una funció contínua en un interval tancat.

Problema 6

Infinites arrels.

8.4 Derivació

Problema 1

$a = -6$, $b = -4$

Problema 2

Indicació: deriveu i substituïu.

Problema 3

Indicació: deriveu i substituïu.

Problema 4

a) $(2, 4)$

b) $\left(\frac{-3}{2}, \frac{9}{4}\right)$

c) $(-1, 1)$

d) $\left(\frac{1}{4}, \frac{1}{16}\right)$

Problema 5

1) $y' = \dfrac{\sqrt{1 - y^2}\left(1 - \sqrt{1 - x^2}\right)}{\sqrt{1 - x^2}\left(1 - \sqrt{1 - y^2}\right)}$

2) $y' = -\sqrt[3]{\dfrac{y}{x}}$

3) $y' = \dfrac{\sin y}{2\sin 2y - \sin y - x\cos y}$

4) $y' = \dfrac{y^2 - xy\ln y}{x^2 - xy\ln x}$

Problema 6

a) $A = 34$

b) $x_0 = 3$

Problema 7

90°

Problema 8

$a = \frac{1}{2}$

Problema 9

$3x - 4y - 10 = 0$; $3x - 4y + 10 = 0$

Problema 10

$2x + 11y - 10 = 0$

Problema 11

Es compleix $f(8) = f(-8) = 0$. La derivada primera és diferent de 0 per a tot $x \neq 0$; de fet, $f(x)$ no és derivable en $x = 0$. Per tant, no es contradiu el teorema de Rolle.

Problema 12

a) Els punts són $P = (-\sqrt{3}, 0)$ i $Q = (\sqrt{3}, 0)$. Les rectes normals són paral·leles perquè ambdues tenen pendent $-1/2$.

b) El polinomi de Taylor de grau 2 entorn del punt $(1, -1)$ és $P_{2,1}(x) = x^2 - 3x + 1$.

Problema 13

L'altura del con és $\frac{4}{3}R$ i el radi de la base val $\frac{\sqrt{8}}{3}R$. El volum màxim és $\frac{32\pi}{81}R^3$.

Problema 14

$(-1, 10)$

Problema 15

$f'''(x) = -\cos x$; $f^{(4)}(x) = \cos x$

Problema 16

a) $(-1)^n \frac{n!}{x^{n+1}}$

b) $(-1)^{n-1} \frac{(n-1)!}{x^n}$

8.5 Integració

Problema 1

A totes les solucions, cal afegir-hi la constant d'integració.

1) $xe^x - e^x$

2) $x\ln x - x$

3) $\cos x + x\sin x$

4) $x\,\text{arctg}\,x - \frac{1}{2}\ln(1+x^2)$

5) $\frac{1}{2}x(\sin(\ln x) - \cos(\ln x))$

6) $\frac{1}{3}x^3\ln x - \frac{1}{9}x^3$

7) $\frac{1}{5}e^x\cos 2x + \frac{2}{5}e^x\sin 2x$

8) $-\frac{1}{5}e^{2x}\cos x + \frac{2}{5}e^{2x}\sin x$

Problema 2

a) $\dfrac{9}{20}\sqrt[9]{(v^2+9)^{10}} + C$

b) $\sqrt{t^2-1} + C$

c) $\dfrac{3}{4}(1+e^x)^{\frac{4}{3}} + C$

d) $\dfrac{1}{2}(\ln x)^2 + C$

e) $\dfrac{1}{2}\ln 13$

Problema 3

140 cm

Problema 4

$\approx 122'6$ m

Problema 5

a) $19/3$

b) $2\left(e - \frac{1}{e}\right)$

Problema 6

$k = \frac{\pi^2}{2002}$

Problema 7

$P_{1,0}(x) = 12 - 3x$

Problema 8

π

Problema 9

$1 - \ln 2$

Problema 10

$$A = \frac{3\sqrt{3}}{4} + \frac{\pi}{3}$$

Problema 11

$A = 4 - \pi$

Problema 12

$1 - \frac{\pi}{4}$

Problema 13

a) $8\pi/3$ b) $6\pi^2$

Problema 14

$$a = \frac{\sqrt[3]{9\pi^2}}{4}$$

Problema 15

La gràfica és

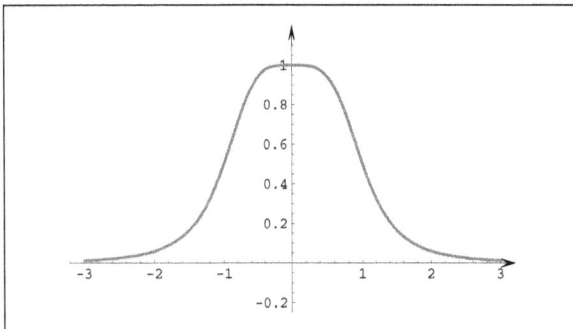

i el volum val $\frac{\pi^2}{2}$.

Problema 16

$\frac{4}{3}\pi R^3$

8.6 Successions i sèries

Problema 1

a) És falsa; per a $n = 5$, obtenim un nombre no primer: 25.

b) És certa.

Problema 2

0

Problema 3

1

Problema 4

La sèrie és convergent.

Problema 5

La sèrie és condicionalment convergent.

Problema 6

Indicació: si $\sum(x_n + y_n)$ fos convergent, podríem expressar $\sum y_n$ com la suma de dues sèries convergents.

Problema 7

La sèrie és divergent.

Problema 8

La sèrie és convergent.

Problema 9

Es tracta d'una harmònica alternada. És condicionalment convergent.

Problema 10

És la suma d'un progressió geomètrica de raó $\dfrac{-1}{3}$. La seva suma val $\dfrac{3}{2}$.

Problema 11

La sèrie és divergent.

Problema 12

La sèrie és convergent si $x \in [-4, 4)$ i divergent en altre cas.

Problema 13

La suma val $\dfrac{9x^2}{1-9x^2}$, per a $|x| < \dfrac{1}{3}$.

8.7 Conceptes previs

Problema 1

La resposta correcta és la *b)*

Problema 2

La resposta correcta és la *c)*

Problema 3

La resposta correcta és la *e)*

Problema 4

La resposta correcta és la *b)*

Problema 5

La resposta correcta és la *b)*

Problema 6

La resposta correcta és la *d)*

Problema 7

La resposta correcta és la *a)*

Problema 8

La resposta correcta és la *e)*

Problema 9

La resposta correcta és la *e)*

Problema 10

La resposta correcta és la *b)*

Problema 11

a) x^{-1}

b) x^8

c) x^{12}

d) x

Problema 12

10^{-3}; $10^{4/3}$; 10^4; 10^{-1}; $10^{8/3}$; 10^4

Problema 13

a) $2x(y+2)$

b) $a^2x^4 - b$

c) $a^3 - 1$

d) $-\frac{4}{15}a^4b^2 + \frac{2}{3}a^3b^3 - 8a^2b^4 - 16a^2b$

Problema 14

a) $a^3 - 3a^2b + 3ab^2 - b^3$

b) $32x^5 - 320x^4 + 1.280x^3 - 2.560x^2 + 2.560x - 1.024$

c) $[x^2 + 2xy + y^2 + z]^2 = x^4 + 4x^3y + 6x^2y^2 + 2x^2z + 4xy^3 + 4xyz + 2y^2z + y^4 + z^2$

d) $a^4 + 4a^3b + 6a^2b^2 + 4ab^3 + b^4$

Problema 15

-109.375

Problema 16

És el terme 7è i el seu valor és 672.

Problema 17

a) $6'2208 \cdot 10^{-27}$

b) $8'1 \cdot 10^{-11}$

Problema 18

81×10^4; 125×10^{-15}; 625×10^{-6}; 89.906×10^{-1}

Problema 19

a) $-\dfrac{x}{a+2}$

b) $\dfrac{1}{a-2}$

c) $\dfrac{x+y}{x-y}$

d) $\dfrac{b}{c}-1$

Problema 20

a) $\dfrac{b}{a^2-b^2}$

b) $-a\dfrac{a^3+a+2}{a^2-1}$

c) $\dfrac{b+c}{b-1}$

Problema 21

a) $114+24\sqrt{10}$

b) $32+\sqrt{15}$

c) 2

Problema 22

a) $\dfrac{1}{2}$

b) $2\sqrt[4]{3^3 5^2}$

c) $\dfrac{4+\sqrt{2}}{7}$

d) $4\sqrt{3}-5$

Problema 23

a) $\sqrt{6}$

b) 0

Problema 24

a) $x=1,\ x=6$

b) $x=2,\ x=-10$

c) $x=5,\ x=-9$

d) $x=15,\ x=\frac{17}{3}$

Problema 25

a) $x = 2$ i $x = -2$.

b) $x = \dfrac{7}{4}$, $x = 4$, $x = 1$, $x = 3$ i $x = \dfrac{1}{2}$

c) $x = 0$, $x = \dfrac{1}{2}$, $x = -2$, $x = \dfrac{-1+\sqrt{7}}{3}$ i $x = \dfrac{-1-\sqrt{7}}{3}$

d) $x = 4$, $x = -4$, $x = 5$ i $x = -5$

Problema 26

a) $x = -2$

b) $x = 5$

c) $x = 30$

d) $x = 1$

Problema 27

a) $3a^2 - 2a + 3$ (exacta).

b) $x^2 - xy + y^2$ (exacta).

c) $a^3 - 4a^2 + 11a - 24$ (exacta).

d) $x^5 - x^4y + x^3y^2 - x^2y^3 + xy^4 - y^5$ (exacta).

Problema 28

a) $2x^2 - 5x - 7 = (x+1)(2x-7)$

b) $2(x-1)\left(x-\frac{3}{2}\right)(x+2)(x+1)$

c) $2\left(x-\frac{3}{2}\right)(x-1)^2 = (2x-3)(x-1)^2$

d) $4(x-1)(x-2)\left(x-\frac{1}{2}\right)(x+3) = 2(x-1)(x-2)(2x-1)(x+3)$

Problema 29

a) $\dfrac{x+2}{x-3}$

b) $\dfrac{-2}{x-1}$

c) $\dfrac{x^3 + 2x^2 - x}{x^2 - 1}$

d) $\dfrac{-x^4 + 3x^3 - 3x^2 + 13x - 6}{(x+2)(x-1)^2(x-2)}$

Problema 30

6 cm, $6\sqrt{5}$ cm i $3\sqrt{5}$ cm.

Problema 31

185 cm

Problema 32

17 m

Problema 33

6 cm, 9 cm i 12 cm.

Problema 34

20

Problema 35

13 cm

Problema 36

h$\simeq$ 20'78 cm; A$\simeq$ 748 cm^2

Problema 37

$\simeq$ 16'24 m^2

Problema 38

2'9 m

Problema 39

2'09 rad. $\simeq$ 120°; $l = \frac{20\pi}{3}$

Problema 40

a) 10 cm

b) $10\sqrt{3}$

c) 1.000 cm^3

Problema 41

V=960$\sqrt{3}$ cm^3; àrea total=480+192$\sqrt{3}$ cm^2.

Problema 42

64 cm^3

Problema 43

4

Problema 44

$11'79\,\pi$

Problema 45

Indicació: utilitzeu la definició i les igualtats conegudes.

Problema 46

a) $\begin{cases} x_1 = k\pi \\ x_2 = \frac{\pi}{4} + k\pi \end{cases}$

b) $\begin{cases} x_1 = \frac{\pi}{3} + k\pi \\ x_2 = \frac{2\pi}{3} + k\pi \end{cases}$

Problema 47

$66'6 \text{ m}^2$

Problema 48

$2'35 \text{ cm}$

Problema 49

Entre si formen un angle de $72'2°$. Amb la resultant, els angles són de $26'6°$ i $45'6°$, respectivament.

Problema 50

$52°24'39''$

Problema 51

$BC = 3'62 \text{ cm}$

Problema 52

$m = 9$

Problema 53

a) $2x - 3y - 16 = 0$

b) $5x - y - 27 = 0$

Problema 54

$$a = \frac{2\sqrt{3} - 1}{\sqrt{3} + 2}, \text{ o bé, } a = \frac{2\sqrt{3} + 1}{\sqrt{3} - 2}.$$

Problema 55

a) $(x - 6)^2 + (y + 8)^2 = 100$

b) $(x - 1)^2 + (y - 4)^2 = 8$

c) $(x - 1)^2 + (y + 1)^2 = 4$

Problema 56

a) No és una circumferència.

b) $C(1, -2); r = 5$

c) No és una circumferència.

d) $C(0, \frac{-1}{2}), r = \frac{1}{2}$

Problema 57

$(x + 3)^2 + (y - 3)^2 = 10$

Problema 58

a) $4x^2 + 25y^2 = 100$

b) $9x^2 + 25y^2 = 225$

c) $\dfrac{x^2}{100} + \dfrac{y^2}{64} = 1$

Problema 59

$$\frac{(x - 2)^2}{169} + \frac{y^2}{25} = 1$$

Problema 60

a) $\dfrac{(x - 3)^2}{9} + \dfrac{(y + 1)^2}{5} = 1$

b) $\dfrac{(x+1)^2}{25} + \dfrac{(y-2)^2}{16} = 1$

c) $\dfrac{(x-1)^2}{12} + \dfrac{(y+2)^2}{16} = 1$

Problema 61

a) $\dfrac{x^2}{25} - \dfrac{y^2}{16} = 1$

b) $\dfrac{x^2}{9} - \dfrac{y^2}{16} = 1$

c) $\dfrac{x^2}{36} - \dfrac{y^2}{64} = 1$

Problema 62

a) $\dfrac{(x-2)^2}{9} - \dfrac{(y+3)^2}{16} = 1$

b) $\dfrac{(x+5)^2}{64} - \dfrac{(y-1)^2}{36} = 1$

c) $-\dfrac{(x-2)^2}{9} + \dfrac{(y+1)^2}{16} = 1$

Problema 63

$(y-3/2)^2 - \dfrac{(x+3)^2}{5/4} = 1$

Problema 64

a) $y^2 = 6x$

b) $y^2 = -x$

c) $x^2 = -6y$

Problema 65

	vèrtex	focus	directriu
a)	$(-3,2)$	$\left(\frac{-13}{4},2\right)$	$x = -\frac{11}{4}$
b)	$(-1,2)$	$(0,2)$	$x = -2$
c)	$(-2,2)$	$(-2,1)$	$y = 3$
d)	$A = \left(0,-\frac{1}{3}\right)$	$\left(0,\frac{7}{6}\right)$	$6y + 11 = 0$

Problema 66

a) $f'(x) = \dfrac{8x-7}{2\sqrt{4x^2-7x+2}}$

b) $f'(x) = 6x^2 - \frac{2}{3x}$

c) $f'(x) = (80x^2 - 102x - 21)(3+2x)^7$

d) $f'(x) = \dfrac{3}{t} - \dfrac{2e^t\sqrt{t}+1}{2e^t\sqrt{t}+2t}$

e) $y' = \operatorname{tg}^4 x$

f) $y' = -\dfrac{\sin 2\frac{-1+\sqrt{x}}{1+\sqrt{x}}}{\sqrt{x}+2x+(\sqrt{x})^3} \equiv \dfrac{1}{\sqrt{x}(1+\sqrt{x})^2}\sin\left[2\frac{1-\sqrt{x}}{1+\sqrt{x}}\right]$

g) $u' = -6\sin(\cos 3v)\cos(\cos 3v)\sin 3v$

h) $y' = (x^2+1)^{\sin x}\left(\cos x \ln(x^2+1) + 2x\dfrac{\sin x}{x^2+1}\right)$

Problema 67

A totes les solucions, cal afegir-hi la constant d'integració.

a) $\dfrac{2}{3}\sqrt{x^3}$

b) $-\dfrac{1}{x}$

c) $\dfrac{10^x}{\ln 10}$

d) $\dfrac{1}{16}(x+1)^{16}$

e) $-\dfrac{1}{3}\sqrt{(1-x^2)^3}$

f) $\dfrac{5}{18}\sqrt[5]{(x^3+2)^6}$

g) $\dfrac{1}{4}\sin^4 x$

h) $\sec x$

i) $-\dfrac{2}{5}\cos^5 x$

Problema 68

A totes les solucions, cal afegir-hi la constant d'integració.

a) $\ln^2 x$

b) $3(x-2)\ln|x+2|$

c) $\frac{1}{6}\sin^6 x$

d) $-\arctg(\cos x)$

e) $-\dfrac{1}{2\sin^2 x}$

f) $\frac{1}{5}\sin 5x$

Problema 69

A totes les solucions, cal afegir-hi la constant d'integració.

a) $-\dfrac{\cos\left(3x+\sqrt{2}\right)}{3}$

b) $-\frac{1}{50}e^{-50x}$

c) $-\dfrac{1}{\sqrt{-4+x^2}}$

d) $\frac{1}{2}\tg x+\frac{1}{2}x$

e) $\tg x - x$

f) $\frac{3}{2}\ln(x^2+9)-\frac{1}{3}\arctg\frac{1}{3}x$

g) $\arctg(e^x)$

h) $2\sqrt{3}\arctg\frac{1}{3}\sqrt{3}x$

i) $-3\cotg x - 3\tg x$

Bibliografia

Apostol, T.M. *Calculus*. Vol. I. Barcelona: Reverté, 1982.

Bartle, R.G.; Sherbert, D. R. *Introducción al análisis matemático de una variable*. México: Limusa, 1984.

Berman, G.N. *Problemas y ejercicios de análisis matemático*. Moscou: Mir, 1977.

Bombal, F.; Marín, L.R.; Vera, G. *Problemas de análisis matemático*. Madrid: AC, 1988.

Burgos, J. de. *Cálculo infinitesimal (teoría y problemas)*. Madrid: Alhambra, 1984.

Castellnuovo, E. *La matemàtica. La geometría*. Barcelona: Ketres, 1981.

Clemens, Stanley R. *Geometría*. Addison Wesley, 1989.

Coquillat, F. *Cálculo integral. Metodología y problemas*. Madrid: Tebar Flores, 1986.

Danko, P.; Popov, A. *Ejercicios y problemas de matemáticas superiores*. Vol. I i II. Madrid: Paraninfo, 1982.

Demidovich, B. P. *5.000 Problemas de análisis matemático*. Madrid: Paraninfo, 1985.

Diego, B. de. *Ejercicios de análisis*. Sevilla: Deimos, 1984.

Kletenik, D. *Problemas de geometría analítica*. 5a ed. Moscou: Mir, 1981.

Lang, S. *Basic Mathematics*. Nova York: Springer–Verlag, 1988.

Larson, R.E.; Hostetler, R.P.; Edwards, B.H. *Cálculo*. Vol. 1. 5a ed. Madrid: McGraw–Hill, 1999.

Leseduarte, M.C. [et al.] *Càlcul I. Problemes i exercicis*. Terrassa, 2007.

— *Exàmens de càlcul resolts*. Terrassa, 2003.

Lubary, J.A.; Magaña, A. *Càlcul I i II. Problemes*. Barcelona: Edicions UPC, 1996.

Ortega, J.M. *Introducció a l'anàlisi matemàtica*. Bellaterra: Manuals de la UAB, 1990.

Salas, S.L.; Hille, E. *Calculus*. Vol. 1 i 2. 4a ed. Barcelona: Reverté, 2002.

Spivak, M. *Calculus*. Barcelona: Reverté, 1986.

Tebar, E. *Problemas de cálculo infinitesimal*. Madrid: Tebar Flores, 1978.

Índex alfabètic

www.ingramcontent.com/pod-product-compliance
Lightning Source LLC
Chambersburg PA
CBHW080515220326
41599CB00032B/6087